Ea(s)t meets West – Fit und gesund mit der Westlichen
5-Elemente-Ernährung

Veronika Ottenschläger
Claudia Radbauer

Ea(s)t meets West –
Fit und gesund
mit der Westlichen
5-Elemente-Ernährung

Ein neuer Weg in der Ernährung

Mit 70 Abbildungen

Veronika Ottenschläger
Wien, Österreich

Claudia Radbauer
Wien, Österreich

ISBN 978-3-662-56049-5   ISBN 978-3-662-56050-1 (eBook)
https://doi.org/10.1007/978-3-662-56050-1

Die Deutsche Nationalbibliothek verzeichnet diese Publikation in der Deutschen Nationalbibliografie;
detaillierte bibliografische Daten sind im Internet über http://dnb.d-nb.de abrufbar.

Springer
© Springer-Verlag GmbH Deutschland, ein Teil von Springer Nature 2019

Umschlaggestaltung: deblik Berlin
Fotonachweis Umschlag: © Adobe Stock, Exclusive-Design
Grafiken: Florian Kastner-Galle

Springer ist ein Imprint der eingetragenen Gesellschaft Springer-Verlag GmbH, DE und ist ein Teil von
Springer Nature
Die Anschrift der Gesellschaft ist: Heidelberger Platz 3, 14197 Berlin, Germany

Vorwort

Unsere Buchidee ist eine einzigartige Kombination aus der 5-Elemente-Ernährung und der ausgewogenen Ernährungsweise der Ernährungsmedizin. Das Beste aus beiden Welten soll Ihnen vermittelt werden. Wir kombinieren die jahrtausendealte Erfahrung der chinesischen Medizin mit unserem modernen Wissen. Es ist für all jene gedacht, die gerne mehr über gesunde Ernährung und Gesundheitserhaltung erfahren möchten, auch der gute Geschmack und der Genuss spielen in unserem Buch eine wichtige Rolle.

Geschmackvolles, gesundes Essen muss nicht immer aufwändig sein. Mit hochwertigen Zutaten und Wissen können köstliche, ausgewogene und auch kreative Gerichte gezaubert werden. In unserem Buch werden auch Nahrungsmittelgruppen genauer beleuchtet und erklärt. Regionalität und Saisonalität eines Lebensmittels sind uns ein besonderes Anliegen, ebenso wie clevere Tipps für den Alltag.

Gemeinsam veranstalten wir erfolgreich Kochkurse und Vorträge zu diesem Thema. Wir möchten gerne unsere Erfahrungen durch unser Buch jedem zugänglich machen. In dieser Verbindung und mit unserer Erfahrung ist unser Fachbuch eine Innovation auf diesem Sektor.

Mit unseren ärztlichen und ernährungswissenschaftlichen Empfehlungen begleiten wir Sie zu einer gesunden Ernährung. Stärken Sie durch eine geschickte Kombination von östlicher und westlicher Ernährungsweisen Ihre Gesundheit und Ihr Wohlbefinden!

Uns ist es wichtig, unser Wissen und unsere Erfahrung in Ihren Alltag einzubringen. Das Kochen mit saisonalen, regionalen und biologischen Zutaten liegt uns sehr am Herzen!

» Koch oder Arzt?
Fisch, Fleisch, Gemüse, Getreide und Obst:
Köstliche Gerichte statt Tabletten und Pillen.
Nahrhafte Speisen sind das Mittel gegen alle Leiden.
Chinesische Weisheit

Dr. univ. med. Claudia Radbauer
Ärztin für Allgemeinmedizin und Traditionelle Chinesische Medizin, Ernährungsmedizinerin

Mag. Veronika Ottenschläger
Ernährungswissenschaftlerin und diplomierte Ernährungsberaterin nach den 5 Elementen

Inhaltsverzeichnis

Über die Autorinnen

Mag. Veronika Ottenschläger, Ernährungswissenschaftlerin und diplomierte Ernährungsberaterin nach den 5 Elementen

Kochen und das Erlebnis, ein selbst gezaubertes Gericht zu essen oder andere damit zu verwöhnen, waren für mich schon immer wichtig. Die Küche ist Mittelpunkt und Seele in unserem Haus, aber auch des Familienlebens. Schon bei meiner Mutter haben sich immer alle in ihrer Küche aufgehalten, wo sie wunderbare Sachen gezaubert hat. Das heißt, ich bin immer wieder unzählige Stunden in der Küche gestanden, habe gekocht und habe Gerichte ausprobiert. Schlussendlich habe ich eines meiner Hobbys zu einem Teil meines Berufes gemacht.

Alles hat angefangen, als ich während meines Studiums der Ernährungswissenschaften immer wieder Diäten und unterschiedliche Ernährungseinstellungen ausprobiert habe, die es damals so gab. Keine hat das erfüllt, was sie versprochen hat. So kam es, dass ich nach meinem Studium eine Ausbildung in Traditioneller Chinesischer Medizin und Ernährung nach den 5 Elementen gemacht habe.

Diese beiden Ausbildungen haben es mir ermöglicht, Menschen eine sehr individuelle Ernährung empfehlen zu können. Sie beinhaltet das Beste aus beiden Welten.

Gerade in unserer heutigen schnelllebigen Zeit ist es umso wichtiger, sich gut und ausgewogen zu ernähren. Vorbeugen ist besser, als Krankheiten behandeln zu müssen. Ich möchte daher mehr Menschen wieder für Ernährung, heimische Nahrungsmittel und das Erlebnis „Kochen" begeistern. Das Interesse an der Herkunft unserer Lebensmittel zu wecken ist mir ein großes Anliegen. Essen kann so viel mehr, als einfach nur den Hunger zu stillen und nebenher „reingestopft" zu werden. Wirklich gutes und gesundes Essen muss nicht kompliziert sein – egal ob im Büro oder zu Hause. Wir sollten uns einfach wieder bewusst werden, was wir essen, und uns etwas mehr Zeit dafür nehmen.

Dr. univ. med. Claudia Radbauer, Ärztin für Allgemeinmedizin und Traditionelle Chinesische Medizin, Ernährungsmedizinerin.

Gutes Essen und Kochen ist und war mir immer wichtig. Schon als Kind habe ich mit meiner Mutter und meinen Großeltern mit Freude gekocht und die selbst zubereiteten Speisen mit Genuss verzehrt. Damals habe ich schon erfahren, dass unsere Nahrung nicht zu fettig und leicht bekömmlich sein soll. Damit wir unseren Körper vor Erkrankungen schützen und gesund erhalten können.

Nachdem ich als junge Ärztin die Ursachen von Erkrankungen weder während meiner Tätigkeit auf der Pathologie noch in der Chirurgie oder in anderen Fachrichtungen gefunden hatte, wandte ich mich wieder der Ernährung zu. Denn schon in meiner Studienzeit war mein Interesse für gesunde Ernährung groß.

Damit war ich für verschiedene Ernährungsweisen offen. Bald bin ich auf die 5-Elemente-Ernährung der Traditionellen Chinesischen Medizin (TCM) gestoßen und war begeistert. Zur Gesundheiterhaltung war und ist die 5-Elemente-Ernährung neben Akupunktur und der Einnahme von chinesischen Kräutern besonders wichtig. Die 5-Elemente-Ernährung ermöglicht eine individuelle Beratung. Auch die jeweilige Jahreszeit wird beachtet. Doch ich war noch nicht zufrieden, und so begann ich für uns „Westler" die TCM zu „entmystifizieren". Für uns ist das Verstehen sehr wichtig – Analysen und Inhaltsstoffe von Nahrungsmitteln bringen uns „Westlern" eine hochwertige und gesunde Ernährung näher. Seither verbinde ich erfolgreich die 5-Elemente-Ernährung mit der Ernährungsmedizin und konnte schon vielen Menschen helfen.

In meiner nun langjährigen Erfahrung als TCM-Ärztin und Ernährungsmedizinerin habe ich mich neben der Heilung von Erkrankungen auf die Gesundheiterhaltung – Prävention von Krankheiten spezialisiert. Neben ausreichender Bewegung und einem geordneten Lebensumfeld ist für mich die Ernährung ein wichtiger Faktor für einen gesunden Körper und Geist – nach dem Motto „Leben in Balance".

Gesundheit ist Lebensqualität!

Osten trifft Westen – die 5-Elemente-Ernährung der Traditionellen Chinesischen Medizin (TCM) und die westliche Ernährungsweise

Inhaltsverzeichnis

Grundlagen der Traditionellen Chinesischen Medizin (TCM) und der 5-Elemente-Ernährung

© Springer-Verlag GmbH Deutschland, ein Teil von Springer Nature 2019
V. Ottenschläger, C. Radbauer, *Ea(s)t meets West – Fit und gesund mit der Westlichen 5-Elemente-Ernährung*
https://doi.org/10.1007/978-3-662-56050-1_1

In der Traditionellen Chinesischen Medizin spielt die 5-Elemente-Ernährung eine wichtige Rolle. Sie beruht auf der jahrtausendealten Erfahrung der TCM. Die TCM ist eine ganzheitliche Heilmethode, die auf Beobachtung und Erfahrung beruht. Das höchste Ziel ist es hier, das Yin und Yang im Gleichgewicht zu halten, damit die Lebensenergie – das „Qi" (gesprochen: „Tschi") – ungehindert fließen kann. Das Yin verkörpert das Weibliche, das Blut und die Säfte im Körper. Das Yang steht für die Energie, das „Qi", also für unsere Aktivität und Kraft. Die Ernährung nach den 5 Elementen stellte in China zu früheren Zeiten die höchste Kunst der TCM dar. Primär dient sie der Gesundheitserhaltung. Gerne wird sie in Kombination mit chinesischen Kräutern und Akupunktur eingesetzt. Dabei werden die Nahrungsmittel, je nach ihrem Geschmack, den 5 Elementen – Holz (sauer), Feuer (bitter), Erde (süß), Metall (scharf) und Wasser (salzig) – zugeordnet. Auch werden die einzelnen Lebensmittel nach thermischen Aspekten – heiß, warm, neutral, erfrischend, kalt – eingeteilt.

Sowohl in unserer westlichen Ernährungsmedizin als auch in der 5-Elemente-Ernährung nach der Traditionellen Chinesischen Medizin besteht das Ziel darin, die Gesundheit und Vitalität zu erhalten, Erkrankungen zu heilen oder deren Verlauf positiv zu beeinflussen. Jedoch gibt es in Hinblick auf westliche und östliche Ernährungslehren Unterschiede. Durch eine geschickte Kombination beider Sichten kann man Gesundheit und Wohlbefinden stärken.

In den letzten Jahren hat sich, gefördert durch eine hochtechnisierte Lebensmittelindustrie, eine einseitige Ernährung etabliert. Durch zu wenig Zeit für die Zubereitung und das Essen von Speisen haben sich bei vielen Menschen Verdauungsbeschwerden und Nahrungsmittelunverträglichkeiten entwickelt. Bei vielen Menschen wirkt sich das oftmals stark aus. Sie wissen nicht, was ihrem Körper gut tut oder sogar schadet. Viele der Betroffenen sind offen für Neues. Sie wenden sich natürlichen Ernährungs- und Heilmethoden zu. Die 5-Elemente-Ernährung hat dabei einen hohen Stellenwert erlangt. Schon der griechische Arzt Hippokrates sagte: „Lass Nahrung deine Medizin und Medizin deine Nahrung sein."

1

1.1   Die Weisheit der „alten Chinesen"

Die Traditionelle Chinesische Medizin (TCM) ist eine ganzheitliche traditionelle Naturheilkunde. Sie hat sich aus Erfahrung und Beobachtung über Jahrtausende entwickelt. Die TCM erhält Gesundheit und Vitalität des Menschen. Das Ziel ist, ein gesundes und langes Leben zu führen.

1.1.1   Yin und Yang/Blut, Säfte und Qi – Gleichgewicht ist wichtig!

Die Balance von Yin und Yang (© Marek / stock.adobe.com)

Nach dem daoistischen Prinzip sollen Yin und Yang im Gleichgewicht sein. Yin und Yang sind Polaritäten, die sich gegenseitig ergänzen. Sie sorgen für Wohlbefinden und Gesundheit. Sie halten Körper, Geist und Seele in Balance.

Wenn Sie sich fit und gesund fühlen, sind Yin und Yang in Balance! Sind Yin und Yang im Ungleichgewicht, entstehen Unwohlsein und Erkrankungen.

Das Yin verkörpert das weibliche Prinzip. Es steht für Blut und Säfte im Körper, zur Ruhe kommen können und Kraft tanken. Während des Schlafens werden das Yin, Blut und Säfte aufgebaut. Das Yang hingegen steht für das Männliche. Es verkörpert die Lebensenergie „Qi" (gesprochen: „Tschi") – wie aktiv und kraftvoll wir uns fühlen. Yang und Qi werden etwa zu 80 % aus der Nahrung und zu etwa 20 % aus der Atemluft gewonnen – die sog. nachgeburtliche Energie.

1.1.2 Jedem Menschen seine Konstitution

Sind Yin und Yang im Gleichgewicht, fließen Lebensenergie „Qi" und Blut gleichmäßig. Unser Körper ist stark und vital. Ist das Yang zu wenig, fühlt man sich müde und leicht erschöpft. Der Körper ist geschwächt, und es kommt zu häufigen Verkühlungen, Verdauungsproblemen und vermehrtem Kältegefühl. Bei einem Yin-Mangel trocknet der Körper zunehmend aus, und Hitze entsteht. Schlafstörungen, Hitzewallungen im Klimakterium oder Verstopfung sind die Folge. Ist ein Überschuss an Säften im Körper – in der TCM auch Feuchtigkeit oder Schleim genannt – manifestieren sich Gewichtszunahme und Cellulite.

> Das „DAO": Der Daoismus ist eine chinesische Philosophie und Weltanschauung. Er wirkte sich auf Medizin, Ernährungslehre, Politik, Literatur, Kunst und Musik in China aus. „Dao" bedeutet ursprünglich „Weg". Im Zentrum steht das Erlangen von Unsterblichkeit.

Wenn Yin und Yang in Balance sind, fließen die Lebensenergie „Qi" und Blut gleichmäßig!

1.1.3 Klimatische Einflüsse, Emotionen und Lebensweise wirken auf unsere Gesundheit!

Das Klima beeinflusst unseren Körper. In der TCM kennt man sechs äußere Krankheitsfaktoren – Hitze, Kälte, Wind, Feuchtigkeit, Trockenheit und Sommerhitze. Unser Körper ist, abhängig von der Jahreszeit, den verschiedenen klimatischen Bedingungen ausgesetzt. Bei extremen Bedingungen, z. B. Kälte im Winter, kommt es bei einigen Menschen leicht zu Kältegefühl und Infekten. Andere wiederum vertragen die Hitze im Hochsommer sehr schlecht.

Warum ist das so? Manche Menschen haben selbst wenig Energie „Qi". Wind und Kälte dringen leicht in den Körper ein. Andere hingegen haben viel Hitze, z. B. bei Wechselbeschwerden, und leiden besonders unter sommerlichen Temperaturen.

Emotionen haben eine starke Wirkung. In der TCM sind Zorn, Eifersucht, Grübeln, Trauer, Angst, Sorge und Kummer sogenannte innere Krankheitsfaktoren. Jede Emotion gehört nach dem daoistischen Weltbild zu einem Element (▶ Abschn. 1.2). Bei längerer oder sehr starker emotionaler Belastung geraten wir in einen enormen Stress. „Qi" und Blut fließen nicht mehr gleichmäßig. Die Balance von Yin und Yang geht verloren, und wir können krank werden. Sowohl psychische als auch körperliche Beschwerden können auftreten.

Emotionen können krank machen.

Wir leben als Individuen in einer ständigen Wechselbeziehung zu unserem Umfeld. Wir entscheiden täglich neu, wie wir uns organisieren, angefangen von der Ernährung, beruflichen und familiären Situationen. Regelmäßige Bewegung, Sport, Freunde treffen und Schlaf sorgen für ein gutes Wohlbefinden.

Auf die richtige Lebensweise kommt es an.

In der TCM ist es wichtig, rhythmisch zu leben. Dann werden „Qi", Blut und Säfte bewahrt. Das bedeutet einen gleichmäßigen Tagesablauf – regelmäßige Mahlzeiten, Zeit für Erholung und Regeneration, gleichmäßige Schlafzeiten, und natürlich auch, Freude und Spaß am Leben zu haben!

> **Das Klima, Emotionen und unsere Lebensweise spielen bei der Entstehung von Erkrankungen eine große Rolle.**

1.2   Die 5 Elemente Holz – Feuer – Erde – Metall – Wasser: ein ewig während Zyklus

Die 5 Elemente in der TCM bilden, nach der daoistischen Anschauung einen in sich geschlossenen Zyklus (◘ Abb. 1.1). Aus dem Wasser sprießt Holz – aus dem Holz entspringt Feuer – Asche wird zu Erde – dort entsteht Metall. Dies beschreibt einen ewig während Zyklus, ohne Zeit und Raum. Alles ist Eines – alles existiert gleichzeitig: die Vergangenheit, die Gegenwart und die Zukunft. Das bedeutet für uns Menschen: Wir existieren nicht, hinsichtlich der Materie. Unser Geist ist allgegenwärtig. Wir sind unsterblich!

Jedem der 5 Elemente sind Funktionen zugeordnet.

In der TCM sind jedem Element zwei Organe zugeordnet: Das eine entspricht dem Yin- und das andere dem Yang-Prinzip. Die Yin-Organe haben Speicher- und Aufbaufunktion, z. B.: die Leber speichert Blut. Die Yang-Organe sind aktiv und trennen, z. B.:

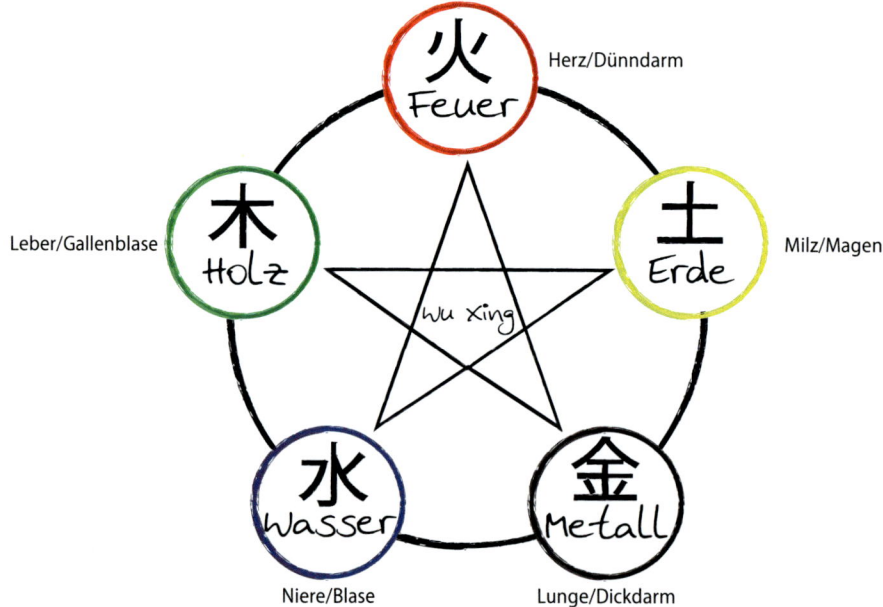

◘ **Abb. 1.1**   Die 5 Elemente. (Modifiziert nach © Gulien Diavel / stock. adobe.com)

Sekretion von Galle aus der Gallenblase oder Urin aus der Harnblase. Den einzelnen Elementen sind nicht nur Organe, sondern auch Jahreszeiten, Emotionen, Farben, Geschmäcker und Sinnesorgane zugeordnet.

1.2.1 Das Element Holz – Kreativität und Freigeist

- **Yin-Organ:** Leber
  Die Leber reguliert den gleichmäßigen Fluss von Qi im ganzen Körper. Sorgt für eine gute Verdauung, emotionale Ausgeglichenheit, eine geleichmäßige Gallensekretion sowie für einen harmonischen Fluss der Menstruation. Sie speichert und reguliert die Zirkulation des Blutes (Xue). Bei Aktivität verlässt das Blut die Leber und fließt im Körper, bei Ruhe kehrt das Blut in die Leber zurück. Sie sorgt für einen ruhigen und tiefen Schlaf.
- **Yang-Organ:** Gallenblase, sie reguliert die Gallensekretion.
- **Sinnesorgane:** Augen
- **Geschmack:** sauer, zieht zusammen und hält Säfte im Körper, schließt die Oberfläche
- **Farbe:** grün
- **Jahreszeit:** Frühling
- **Tageszeit:** Leber – 1.00–3.00 Uhr, Gallenblase – 23.00–1.00 Uhr
- **Manifestiert sich in:** Sehnen, Bändern, Muskeln im kontraktilen Anteil
- **Emotion:** Wut und Zorn, Pläne und Entscheidungen

1.2.2 Das Element Feuer – unser Bewusstsein „Shen"

- **Yin-Organ:** Herz
  Reguliert die Bewegung von Blut (Xue) im Körper. Es produziert gemeinsam mit der Milz wertvolles Blut. Das Herz-Qi und das Herz-Blut gewährleisten einen gleichmäßigen Herzschlag, wenn sie ausreichend vorhanden sind. Das Herz beherbergt unser Bewusstsein „Shen". Wenn das Herz gut mit Blut und Qi versorgt ist, können wir gut zur Ruhe kommen, uns entspannen und gut Einschlafen.
- **Yang-Organ:** Dünndarm, er klärt und verdaut, trennt Klares vom Trüben, er sorgt auch für geistige Klarheit.
- **Sinnesorgane:** Zunge
- **Geschmack:** bitter – leitet nach unten
- **Farbe:** rot
- **Jahreszeit:** Sommer
- **Tageszeit:** Herz – 11.00–13.00 Uhr, Dünndarm – 13.00–15.00 Uhr

- **Manifestiert sich im:** Gesicht
- **Emotion:** Freude, Eifersucht

1.2.3 Das Element Erde – Aufbau von Energie „Qi"

Können die Organe Milz und Magen aus der Nahrung genug Qi und Blut produzieren, spricht man von einer „starken Mitte".
- **Yin-Organ:** Milz oder Bauchspeicheldrüse
  Die Milz sorgt für die Umwandlung von Nahrung in reine und trübe Anteile. Die reinen Anteile leitet die Milz in die Lunge, wo sie in Energie „Qi" und Blut umgewandelt werden. Wenn die Mitte stark ist, sind die Muskeln ausreichend versorgt, besonders Arme und Beine haben viel Kraft und Energie. Außerdem hält die Milz unsere Organe an ihrem Platz und kontrolliert das Blut. Bei einer Schwäche der Milz kann es z. B. zu einer Senkung der Gebärmutter oder zu Krampfadern oder Besenreisern kommen.
- **Yang-Organ:** Magen, er liebt Feuchtigkeit und leitet die trüben Nahrungsanteile in den Darm zur weiteren Verdauung.
- **Sinnesorgan:** Mund (Schmecken)
- **Geschmack:** süß
- **Farbe:** gelb
- **Jahreszeit:** Spätsommer – Dojo-Zeit
- **Tageszeit:** Magen – 7.00–9.00 Uhr, Milz – 9.00–11.00 Uhr
- **Manifestiert sich in:** den Lippen, sollen rot und feucht sein
- **Emotion:** Sorgen, Grübeln
- **Geistige Ebene:** geerdet sein, Konzentration, Vernunft, Stabilität, Gegenwart
- **Disharmonie:** Störung des Gleichgewichtes, aus der Mitte sein, Suchtverhalten

1.2.4 Das Element Metall – lenkt das Immunsystem

- **Yin-Organ:** Lunge
  Sie liebt Feuchtigkeit und ist anfällig für Trockenheit. Die Lunge herrscht über die Atmung. Sie ist für das gleichmäßige Atmen und für die Ausatmung zuständig. Sie verteilt das Qi im Körper. Stärkt das Immunsystem und die Organe. Die Lunge senkt Qi zur Niere ab. Niere und Lunge regulieren gemeinsam den Wasserhaushalt.
- **Yang-Organ:** Dickdarm
- **Sinnesorgane:** Nase, Nebenhöhlen, Kehlkopf – Riechen
- **Geschmack:** scharf
- **Farbe:** grau
- **Jahreszeit:** Herbst

- **Tageszeit:** Lunge – 3.00–5.00 Uhr, Dickdarm – 5.00–7.00 Uhr
- **Manifestiert sich in:** Haut und Körperbehaarung
- **Emotion:** Trauer

1.2.5 Das Element Wasser – Die „Batterie" unseres Körpers

- **Yin-Organ:** Niere
  Die Niere ist die Energiezentrale des Körpers. Sie speichert
  die Essenz „Jing" (▶ Abschn. 1.5). Das Jing besteht aus einer
  vor- und nachgeburtlichen Essenz. Der Yin-Anteil des Jing
  dient der Bildung von Knochen- und Rückenmark, Gehirn
  und Fortpflanzung. Der Yang-Aspekt bildet die Grundlage für
  das Nieren-Yang und für das Mingmen – Quelle der Körper-
  wärme, Organfunktionen und auch Fortpflanzung.
  Die Niere regiert das Wasser. Das heißt, aus Darm, Lunge
  und Milz wird Flüssigkeit gesammelt und in „klare" und
  „trübe" Säfte verdampft. Die „klaren" steigen zur Lunge auf,
  die „trüben" werden über Blase ausgeschieden.
  Die Niere empfängt das absinkende Qi der Lunge und nimmt
  es auf. Sie ist zuständig für die Einatmung.
- **Yang-Organ:** Blase, zuständig für die Harnausscheidung
- **Sinnesorgane:** Ohren
- **Geschmack:** salzig
- **Farbe:** schwarz
- **Jahreszeit:** Winter
- **Tageszeit:** Niere – 17.00–19:00 Uhr, Blase – 15.00–17.00 Uhr
- **Manifestiert sich in:** Haaren
- **Emotion:** Angst und Furcht, regiert die Willenskraft (Zhi) –
  Durchhaltewille

In der Schulmedizin ist ein Organ eine Zellstruktur bzw. ein Gewebe, das bestimmte Funktionen ausführt. Das Herz ist beispielsweise ein Muskel, der sich ständig kontrahiert und Blut in das
Herz-Kreislauf-System pumpt. Organe und Körperfunktionen
können untersucht und gemessen werden – wie Blutuntersuchun-
gen oder Gewebeproben.

In der TCM hingegen sind den einzelnen Organen spezielle
Funktionen zugeordnet. Das Herz bildet z. B. Blut und beherbergt
den Geist „Shen", die Niere ist zuständig für die Einatmung. Hier
gibt es keine Struktur, die gemessen oder untersucht wird. Die Zuordnung der Funktionen zu den 5 Elementen bzw. zu dem jeweiligen Organ hat sich durch Beobachtung und Erfahrung entwickelt.

Eine Diagnose nach der TCM stellt die Ärztin/der Arzt durch
Befragung nach dem Prinzip von Yin und Yang, den 5 Elementen
und ihren Funktionen. Sie/er betrachtet die Zunge des Patienten
und tastet seinen Puls. Sie/er stellt fest, welche Organe bzw. Funk-

1

tionen nicht in Balance sind. Das Ungleichgewicht wird nach den 5 Behandlungssäulen der TCM behandelt.

> **Die 5 Therapiesäulen der TCM – Gesundheit erhalten und Erkrankungen heilen**
> - 5-Elemente-Ernährung
> - Akupunktur
> - Chinesische Kräuter
> - Chinesische Massage – Tuina
> - Qi Gong

Schmerzen lindern und Krankheiten heilen mit Akupunktur

Die Akupunktur kommt bei Erkrankungen und Unwohlsein zur Anwendung:
- Sie lindert Schmerzen der Wirbelsäule und Gelenke, Kopfschmerzen und Migräne sowie gynäkologische Beschwerden.
- Sie hilft bei Allergien, Atemwegserkrankungen, Schlafstörungen und Stress.
- Sie stärkt das Immunsystem.

Die Akupunktur bringt die Energie im Körper ins Gleichgewicht. Sie hat sowohl in China als auch in Europa einen sehr hohen Stellenwert. Mit speziellen dünnen Nadeln reizt man dabei ausgewählte Akupunkturpunkte. Dadurch verteilt sich die Energie – das Qi – über die entsprechenden Leitbahnen (Meridiane) gleichmäßig im Körper.

Heilen mit chinesischen Kräutern

Die chinesische Heilkunde kennt eine große Anzahl an Heilpflanzen. Diese Kräuter helfen bei einer Vielzahl von Erkrankungen, z. B. bei Magen- und Darmerkrankungen, Müdigkeit, Infekten und Erkrankungen der Atemwege, Allergien sowie bei Wechselbeschwerden. In der passenden Zusammensetzung – der individuellen Rezeptur – entfalten sie ihre volle Wirkung. Allgemein unterstützen sie bei der Entschlackung und stärken das Immunsystem.

Entspannen mit Tuina

Mit der chinesischen Massagetechnik Tuina lösen sich Verspannungen der Muskeln, im Nacken oder Rücken. Die Tuina bringt auch Entspannung bei Stress und Schlafstörungen und hilft bei Kopfschmerzen und Migräne. Eine Kombination mit Akupunktur verstärkt die Wirkung.

Die Tuina leitet sich von Tui (Schieben) und Na (Greifen) ab. Weitere Behandlungsgriffe sind z. B. An (Drücken), Mo (Reiben) und Ca (Streichen). Unterschiedlich starke Massagereize erzeugen ein sogenanntes De-Qi-Gefühl, das sich in Kribbeln und Wärme zeigt. Ein weiterer Effekt: Das Qi wird angeregt, d. h. die Energie beginnt gleichmäßig zu fließen.

Lebensenergie – „Qi" mit Qi Gong stärken

Das Qi Gong ist eine chinesische Bewegungs-, Konzentrations- und Meditationsform zur Kultivierung von Körper, Geist und Seele. Die Energie, „Qi" in den Energieleitbahnen, den Meridianen, wird durch regelmäßige Bewegungsabläufe in Fluss gebracht.

Besonders bei alten Menschen ist das Qi Gong in China sehr beliebt und wird regelmäßig praktiziert. Qi Gong stärkt vor allem die Nierenenergie.

1.3 Der Wechsel von Yin und Yang wirkt auf unseren Körper

1.3.1 Der Tag-Nacht-Rhythmus

Unser Tag-Nacht-Rhythmus geht mit einem Wechsel von Yin und Yang einher. Der Tag ist Yang – Aktivität und die Energie ist hier am größten. Die Nacht ist Yin. Ruhe und Regeneration stärken unseren Organismus in dieser Phase. Der Übergang von Yin und Yang erfolgt fließend. Das bedeutet, das Yang beginnt von 24 Uhr bis 12 Uhr Mittag gleichmäßig anzusteigen und erreicht zum Mittag seine Hauptaktivität. Danach nimmt es allmählich wieder ab. Das Yin nimmt währenddessen laufend zu und erreicht bis Mitternacht seine maximale Ausdehnung.

1.3.2 Die Organuhr

Innerhalb der 24 Stunden eines Tages, sind jedem Organ jeweils 2 Stunden zugeordnet (■ Abb. 1.2). In dieser Zeit hat dieses Organ

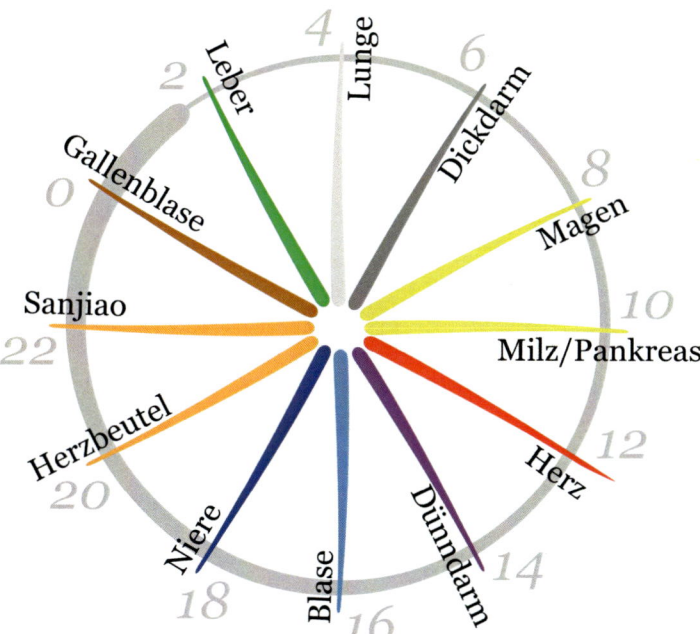

■ **Abb. 1.2**   Die Organuhr (© sunday pictures / stock.adobe.com)

1

Mahlzeiten nach dem Yin-Yang-Zyklus und Organuhr sorgen für Gesundheit und Wohlbefinden!

seine Hauptaktivität. Beispielsweise ist von 7–9 Uhr die Magenzeit, von 9–11 Uhr die Milzzeit. Magen und Milz (Element Erde) sind für die Verdauung zuständig. Das bedeutet, die Verdauungskraft unseres Körpers ist in der Früh und am Vormittag am größten. 12 Stunden danach, also von 19–22 Uhr, sind Magen und Milz am schwächsten. Sie sollen ruhen.

Aus dem Tag-Nacht-Rhythmus und der Organuhr erkennen wir, dass unser Körper sowohl aktivere Zeiten hat als auch Zeiten, in denen Ruhe und Regeneration wichtig sind. Das gilt auch für unsere Verdauung! Gestalten Sie Ihre Mahlzeiten nach dem Prinzip von Yin und Yang. Bauen Sie dadurch Kraft und Energie auf. Sie erhöhen Ihr Wohlbefinden und bleiben gesund.

Mahlzeiten in der 5-Elemente-Ernährung

Frühstück: Das Frühstück ist die wichtigste Mahlzeit. Es soll gekocht und warm sein. Die Zubereitung ist pikant oder süß. Magen und Milz haben am Morgen ihre Hauptaktivitätszeiten. Die Nahrungsenergie oder Nähr-Qi kann hier am besten aus den Speisen gewonnen werden.
Wertvolle Nahrungsmittel: Vollkorngetreide als Flocken, Gries, poliert (Dinkelreis) oder als Congee (sehr lange gekocht, Rezept ▶ Abschn. 6.3.7), kombiniert mit gegartem Obst oder Gemüse, Hülsenfrüchten oder Eiern. Daraus lassen sich leckere, süße Porridges oder feine pikante Variationen zaubern.
Mittagessen: Zu Mittag steht das Yang am höchsten, daher ist die Verdauungskraft am größten. Zu dieser Zeit kann am besten Eiweiß verdaut werden, sowohl tierisches als auch pflanzliches. Diese kann man gemeinsam mit gekochten Kartoffeln, Reis oder Nudeln, viel Gemüse und einer kleinen Schale Salat kombinieren.
Abendessen: Das Yin überwiegt zu dieser Zeit. Die Verdauungsorgane haben ihre Ruhezeit. Das Abendessen soll suppig und saftig sein. Es nährt das Yin. Viel gegartes Gemüse, Eintöpfe, Suppen mit wenig Eiweiß und wenig Kohlenhydraten sorgen für ein leicht verdauliches Mahl. Ihr Darm kann über Nacht ruhen, Blut und Säfte bauen sich optimal auf.

Tipp

Iss morgens wie ein Kaiser, mittags wie ein König und abends wie ein Bettelmann!

1.4 · Leben im Rhythmus der Jahreszeiten – im Einklang mit der Natur sein!

15   1

1.4 Leben im Rhythmus der Jahreszeiten – im Einklang mit der Natur sein!

1.4.1 Die 4 Jahreszeiten und Dojo-Zeiten

Nach den 5 Elementen werden 4 Jahreszeiten und die sogenannten Erde- oder Dojo-Zeiten unterschieden (◘ Abb. 1.3). Frühling, Sommer, Herbst und Winter werden jeweils einem Element und seiner Wirkung auf unseren Körper zugeordnet. Die Erde-Zeiten sind Zeiten zwischen den einzelnen Jahreszeiten. In dieser Zeit wird die Energie und Kraft des Elements Erde (Magen und Milz) besonders gut gestärkt. Die Dojo-Zeiten zwischen Winter und Frühjahr sowie zwischen Sommer und Herbst sind bedeutend. Unsere Mitte soll nach dem Winter mittels Entschlackung und Einnahme von Bitterstoffen gestärkt werden. Nach dem Sommer kann man mit einer Getreidekur zur Stärkung des Immunsystems beitragen.

Leben im Rhythmus der Jahreszeiten bedeutet: Gesundheit und Wohlbefinden im Einklang mit der Natur pflegen!

1.4.2 Welche Nahrungsmittel zu welcher Jahreszeit?

Frühling – Element Holz (Leber und Gallenblase) Im Frühling regiert das „kleine Yang" mit seiner aufstrebenden Energie. Der Winter ist vorbei, die Natur erwacht. Das erste Grün kommt hervor. Frische Wildkräuter, Sprossen, grünes Blattgemüse und Salate

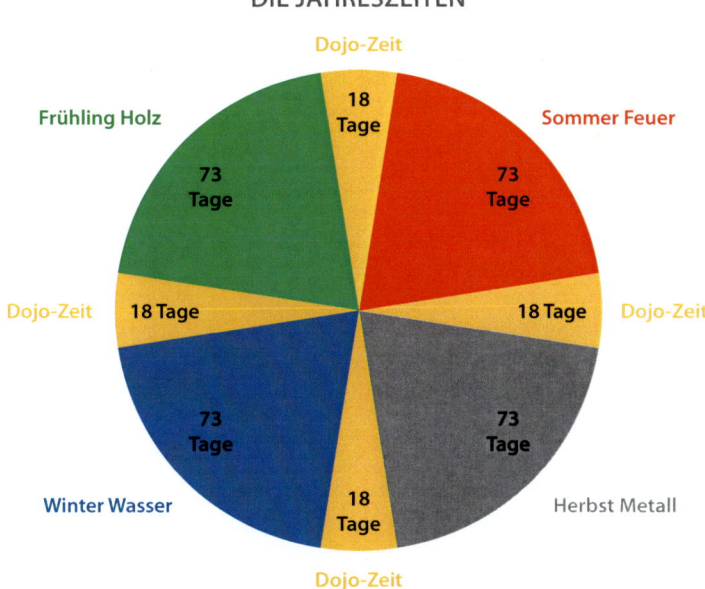

DIE JAHRESZEITEN

Dojo-Zeit

Frühling Holz

18 Tage

Sommer Feuer

73 Tage   73 Tage

Dojo-Zeit   18 Tage   18 Tage   Dojo-Zeit

73 Tage   73 Tage

Winter Wasser   18 Tage   Herbst Metall

Dojo-Zeit

◘ **Abb. 1.3** Jahreszeiten und Dojo-Zeiten. Der Beginn und das Ende einer Jahreszeit in der TCM entspricht nicht unserem westlichen Kalender

nähren und entspannen die Leber und Gallenblase (Element Holz). Entgiftung und Loswerden von Schlackenstoffen bringt neue Energie und Vitalität.

Sommer – Element Feuer (Herz und Dünndarm) Zu dieser Jahreszeit steht das Yang am höchsten, „großes Yang". Die Sonne lockt. Freizeitaktivitäten, Feste und Sport im Freien stehen im Vordergrund. Wir schwitzen vermehrt. Saftiges, reifes Obst und Gemüse sowie Milchprodukte in kleineren Mengen bauen das Yin auf und kühlen den Körper. Als Faustregel für den Sommer gilt: „Eine warme Mahlzeit pro Tag!" Dann bleibt das Verdauungsfeuer erhalten.

Herbst – Element Metall (Lunge und Dickdarm) Die Zeit des „kleinen Yin". Die Natur kommt zur Ruhe. Blätter fallen von den Bäumen, die Tage werden kürzer und kühler. Auch unser Körper soll mehr ruhen und damit das Immunsystem stärken. Regelmäßige warme Mahlzeiten und Kraftsuppen schützen vor Erkältung und Grippe. Scharfe und warme Gewürze und Kräuter wie Ingwer, Zimt, Nelken, Zwiebel, Knoblauch und Rosmarin wärmen uns! Wild, Kohlgemüse, Kraut, weißer Rettich und Sauerkraut stärken das Immunsystem.

Winter – Element Wasser (Niere und Blase) In der dunklen Jahreszeit regiert das „große Yin". Wir müssen unserem Körper täglich hochwertige und genügend Nährstoffe zuführen, um stark zu bleiben. Der Winter verlangt unserm Körper viel Kraft und Energie ab. Regelmäßige Fleisch- und Fischmahlzeiten, Wurzelgemüse und warme Mahlzeiten sorgen für eine gleichmäßige Stärkung.

1.4.3 Welche Kochmethode zu welcher Jahreszeit?

Im Herbst und Winter bei Kälte ist es wichtig zu wärmen, zu „yangisieren". Im Frühling und Sommer bei Wärme und Schwitzen wird gekühlt, und es werden Säfte aufgebaut, „yinisiert". Die geeignete Kochmethode stärkt unsere Verdauung!

Die Ernährungslehre nach den 5 Elementen kennt verschiedene Zubereitungsarten von Nahrungsmitteln. Jede dieser Kochmethoden hat durch ihre spezielle thermische Wirkung einen unterschiedlichen Effekt auf die Lebensmittel.

Yinisieren Zubereitung mit abkühlender Wirkung nennt man Yinisieren. Abkühlenden Einfluss haben folgende Methoden: Blanchieren, Dünsten, Pökeln, Kochen mit viel Wasser, erfrischende Zutaten wie Obst, Südfrüchte, Sprossen. Hier wird der thermische Effekt der Nahrungsmittel hinsichtlich einer ausgleichenden oder abkühlenden Wirkung verstärkt. Ursprünglich warme bzw. heiße Nahrungsmittel können dadurch abgekühlt werden.

Yangisieren Zubereitung mit wärmender Wirkung nennt man Yangisieren. Wärmenden Einfluss haben folgende Methoden: Grillen, Braten und Rösten, Räuchern, scharfes Anbraten, Backen, langes Kochen in Flüssigkeit, Kochen mit Alkohol, Verwendung heißer bzw. wärmender Gewürze; z. B. Chili, Pfeffer, Zimt, Muskat. Hier wird die wärmende Wirkung der Nahrungsmittel unterstützt und die erfrischende Wirkung eines anderen Nahrungsmittels reduziert. Wärmende Kochmethoden steigern somit das Qi und das wärmende Potenzial einer Speise.

1.5 Der 3-fache Erwärmer – die Energiezentrale des Körpers

Der 3-fache Erwärmer ist eine kleine Fabrik (◘ Abb. 1.4). Er produziert ständig unsere wertvolle Lebensenergie, das Qi. Optimal verteilt er die gewonnene Energie. Er hält lebensnotwendige Funktionen im Körper aufrecht und stärkt das Immunsystem.

> Der 3-fache Erwärmer ist eine funktionelle Einheit – ein Zusammenspiel von
> - oberem Erwärmer – Lunge und Herz
> - mittlerem Erwärmer – Magen und Milz/Bauchspeicheldrüse
> - unterem Erwärmer – Nieren

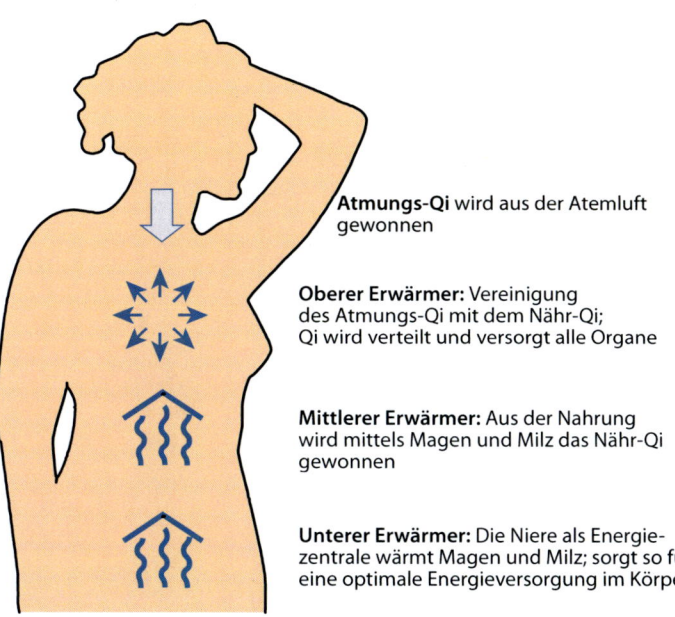

Atmungs-Qi wird aus der Atemluft gewonnen

Oberer Erwärmer: Vereinigung des Atmungs-Qi mit dem Nähr-Qi; Qi wird verteilt und versorgt alle Organe

Mittlerer Erwärmer: Aus der Nahrung wird mittels Magen und Milz das Nähr-Qi gewonnen

Unterer Erwärmer: Die Niere als Energiezentrale wärmt Magen und Milz; sorgt so für eine optimale Energieversorgung im Körper

◘ **Abb. 1.4**   Der 3-fache Erwärmer. Die Erzeugung von Energie-Qi aus Nahrung und Atmung

1

Ein harmonisches Zusammenspiel der 3 Ebenen ermöglicht eine ausreichende Nachproduktion von Qi, der sogenannten nachgeburtlichen Energie. Etwa 80 % der nachgeburtlichen Energie wird aus unserer Nahrung gewonnen. Die aufgenommenen Speisen werden im Magen zerteilt, in klare und trübe Anteile zerlegt. Das Qi der Milz bringt die klaren Teile der Energie, das sogenannte Nähr-Qi, in den oberen Erwärmer. Hier vereinigt sich das Nähr-Qi mit dem Qi des oberen Erwärmers. Das sogenannte Atmungs-Qi wird im oberen Erwärmer aus der Luft gewonnen. Das macht etwa 20 % der nachgeburtlichen Energie aus. Die Qualität der eingeatmeten Luft und der Nahrung spielen eine entscheidende Rolle für eine optimale Energiegewinnung.

> **Tipp**
>
> Hochwertige, leicht verdauliche Nahrungsmittel und gute Luft sind für eine optimale Energieversorgung wichtig!

Unterstützen Sie Ihre Energiefabrik!

Unterstützen Sie Ihre Energiefabrik durch folgende Maßnahmen:
- Mehr gekochte Speisen als Rohkost.
- Vermeiden Sie Mikrowelle und Tiefkühlkost.
- Verwenden Sie Naturnahrungsmittel ohne Bearbeitung oder Konservierung.
- Lassen Sie Pausen zwischen den Mahlzeiten.
- Essen Sie Sauermilchprodukte nur in kleinen Mengen.
- Bewegen Sie sich in der Natur. Einatmen von frischer Luft ist wichtig.
- Machen Sie 3–5 Stunden Sport in der Woche.
- Entspannung und Meditation gleichen aus.

Im unteren Erwärmer wird die sogenannte vorgeburtliche Energie in den Nieren gespeichert. Darunter versteht man die Essenz, die wir bei der Zeugung von unseren Eltern mitbekommen haben. Unsere Konstitution hängt davon ab. Es gibt Kinder mit kräftigem Knochenbau, aber auch schmächtige und kleine. Die Essenz, das sogenannte Jing, kann nicht nachgefüllt werden. Daher ist es umso wichtiger, mit optimaler Ernährung und guter frischer Luft das Qi wieder aufzufüllen.

Ein guter Tagesrhythmus mit regelmäßigen Mahlzeiten, Ruhephasen, ausreichend Schlaf, Bewegung und wenig Stress hilft, das Jing zu bewahren. Es ist der Lebensfunke, der alle Prozesse und Funktionen im Körper indiziert. Wenn er aufgebraucht ist, ist das Leben zu Ende.

> **Tipp**
>
> Eine ausgeglichene Lebensweise bewahrt unsere Kraft!

Die 3 Ebenen unserer Energiefabrik sind eng miteinander ver-
bunden. Um vital, fit und gesund zu sein, wird ständig Energie
Qi produziert und verteilt. Unser Lebensfunke, das Jing, hält die
Fabrik am Laufen.

1.6 Die 5-Elemente-Ernährung

Die Ernährung nach den 5 Elementen ist ein wesentlicher Bestandteil der Traditionellen Chinesischen Medizin und somit Teil einer
jahrtausendealten Wissenschaft. Die Erfahrungen und erworbe-
nen Erkenntnisse wurden von Generation zu Generation weitergegeben und konnten somit bis zu unserer Zeit überdauern. In den
chinesischen Großstädten der heutigen Zeit haben allerdings viele
junge Menschen dieses Wissen nicht weiter überliefert bekommen
oder wollen es einfach nicht mehr leben. Sie haben sich an den
meist ungesunden westlichen Lebensstil angepasst. Dieser hat auch
eine Vielzahl an chronischen Krankheiten mit sich gebracht, die
das alte China so nicht gekannt hat.

Im alten China setzte man bei der Behandlung von Beschwerden immer zuerst mit einer Ernährungsumstellung ein. Erst nachdem das Potenzial der Diätetik ausgeschöpft und der Klient noch
nicht beschwerdefrei war, wurden Akupunktur und Arzneimittel
angewandt.

Shen Nung, einer der Urkaiser

1

Shen Nung lebte 3500 v. Chr und war einer der Urkaiser. Er ist einer der Begründer der Arzneimittellehre Chinas. Er erfand den Pflug, und somit konnten die chinesischen Bauern den Boden besser bewirtschaften. Diese Erfindung brachte ihn dazu, viele Pflanzen, Wurzeln und diverse andere Nahrungsmittel an seinem eigenen Körper zu erproben. Seine Erfahrungen, die er dabei machte, überlieferte er an die nächste Generation.

Huang di Neijing, der gelbe Kaiser

Das berühmte Buch *Huangdi Neijing* ist ein umfassendes Werk mit 18 Bänden und behandelt alles von Naturgesetzmäßigkeiten über Philosophie bis hin zu Akupunktur, Moxibustation und Meridian-Theorien.

Noch berühmter war ein weiterer Urkaiser, Huangdi – der gelbe Kaiser. Er lebte 2696–2598 v. Chr. und schrieb das Standardwerk *Die Medizin des Gelben Kaisers*, das alle Menschen, die sich mit TCM und der 5-Elemente-Ernährung befassen, zumindest einmal gelesen haben.

> **Die Urkaiser sind in China historisch nicht nachweisbar.**
> **Sie gehören zur chinesischen Mythologie und gelten als Begründer der chinesischen Kultur. Zu den Urkaisern gehören die sogenannten „Drei Souveränen" und die „Fünf Kaiser".**

In den letzten Jahren hat die Ernährung nach den 5 Elementen auch in Europa immer größere Bekanntheit und Beliebtheit erlangt. Oft wird bei uns allerdings Akupunktur und chinesische Kräuterheilkunde losgelöst von der chinesischen Diätetik verwendet und zeigt daher auch nicht die volle und langfristige Wirkung, die diese Anwendungen haben könnten.

In China ist die Ernährung nach den 5 Elementen noch immer fester Bestandteil in den meisten ländlichen Regionen. Die Rezepte und das Wissen über die einzelnen Nahrungsmittel werden von Generation zu Generation überliefert und auch noch immer umgesetzt. Auch der Bezug zu den Jahreszeiten und der Regionalität wird den Menschen von Kindesbeinen an mitgegeben. In den großen Städten des modernen Chinas allerdings wird diese Art der Ernährung durch unseren westlichen Lebensstil immer mehr in den Hintergrund gedrängt und von den heutigen Jugendlichen nur noch wenig gelebt. Unsere sogenannten Zivilisationskrankheiten haben auch dort Einzug gehalten.

Auch in Europa sind das Wissen der letzten Generationen und der reiche Erfahrungsschatz der Klöster und Abteien immer mehr in Vergessenheit geraten. Einzelne Bestrebungen, dieses Wissen für die Nachwelt festzuhalten, gibt es allerdings schon, und die Klimaveränderung zwingt uns, wieder auf eine nachhaltige Ernährung zu achten.

Wir müssen nicht im Winter Erdbeeren und Tomaten essen, die um die halbe Welt gereist sind und unseren Körper noch dazu in einer kalten Jahreszeit stark abkühlen. Das ist weder für die Umwelt noch für uns von Vorteil. Diese Lebensweise ist allerdings typisch für unsere westliche Gesellschaft, da wir jeglichen Bezug zu unseren Jahreszeiten verloren haben. Wir wissen leider nicht mehr, wann was reif ist.

Die chinesische Ernährungslehre hingegen bezieht mehrere Aspekte mit ein. Sie wird deshalb Ernährung nach den 5 Elementen genannt, weil sie nach den 5 Wandlungsphasen Holz, Feuer, Erde, Metall und Wasser benannt ist (s. ▶ Abschn. 1.2 und ◻ Abb. 1.5). Je-

> Eine nachhaltige Lebensweise bedeutet, Ressourcen für nachfolgende Generationen zu bewahren.

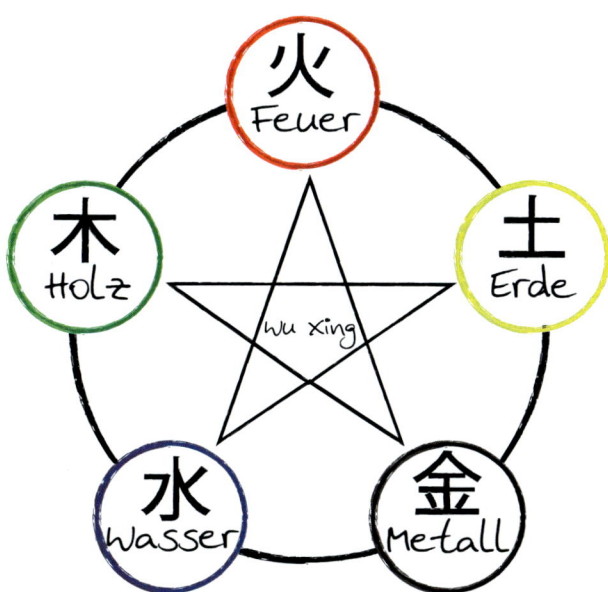

◻ **Abb. 1.5**   Die chinesischen Wandlungsphasen (© Gulien Diavel / stock.adobe.com)

dem Element werden ein Geschmack wie sauer, bitter, süß, scharf und salzig sowie thermische Eigenschaften zugeordnet. Alle Nahrungsmittel können von kalt, erfrischend, neutral bis warm und heiß eingeteilt werden. Aufgrund all dieser Eigenschaften üben Nahrungsmittel unterschiedliche Wirkungen auf unseren Körper aus.

> **Die 5 Elemente und die Zuordnung der 5 Geschmäcker**
> **Element Holz:**
> ▬ Saurer Geschmack, z. B. Zitrone, Essig, Petersilie, Huhn
> ▬ Wirkung: bildet Körperflüssigkeiten und Yin, wirkt adstringierend, kann Schweißsekretion kontrollieren
>
> **Element Feuer:**
> ▬ Bitterer Geschmack, z. B. Wild, Glühwein, Kaffee, Artischocke
> ▬ Wirkung: beseitigt Hitze und Feuchtigkeit, beruhigt den Geist
>
> **Element Erde:**
> ▬ Süßer Geschmack, z. B. Kürbis, Datteln, Nüsse, Apfel, Hirse
> ▬ Wirkung: gleicht aus, nährt, baut auf, tonisiert
>
> **Element Metall:**
> ▬ Scharfer Geschmack, z. B. Chili, Pfeffer, Knoblauch, viele getrocknete Gewürze
> ▬ Wirkung: verteilt, vertreibt pathogene Faktoren
>
> **Element Wasser:**
> ▬ Salziger Geschmack: Fische, Miso, Sojasauce, Linsen, Erbsen
> ▬ Wirkung: erweicht, fließt nach unten, wird bei Verstopfung und Schwellungen eingesetzt

Je nach Jahreszeit und körperlicher Verfassung werden Lebensmittel im richtigen Verhältnis zueinander empfohlen. Nahrungsmittel werden nach ihrer Wirkungsweise auf den Körper beurteilt und therapeutisch entsprechend eingesetzt. Dadurch können Ungleichgewichte im Körper frühzeitig wieder ausgeglichen werden und Krankheiten am Entstehen gehindert werden. Gerichte werden bekömmlicher und verträglicher, wenn sie Nahrungsmittel aller 5 Geschmacksrichtungen enthalten.

> **Tipp**
>
> In der österreichischen Küche beinhalten viele unserer klassischen Rezepte alle 5 Elemente und sind daher ausgewogen. Dazu zählen Gulasch, Krautfleckerl, Szegediner Gulasch, gefüllte Paprika und viele mehr.

Die 5-Elemente-Ernährung ist die zeitgemäße Übertragung der Ernährungslehre aus der traditionellen chinesischen Medizin auf die in westlichen Ländern verbreiteten Lebensmittel. Die Stärke der 5-Elemente-Lehre liegt darin, dass der Mensch als Individuum gesehen wird und Ernährungsempfehlungen – auf der Grundlage eines ausführlichen Befundes – an die Bedürfnisse des Einzelnen angepasst werden.

Das Besondere der 5-Elemente-Ernährung ist, dass es keine grundsätzlich verbotenen oder schlechten Nahrungsmittel gibt. Das Ziel ist es, im Gleichgewicht zu bleiben oder Ungleichgewichte frühzeitig auszugleichen. Dabei kommt es auf die richtige Auswahl an Nahrungsmitteln für den Einzelnen an. Es geht aber auch um Genuss und Freude am Kochen und die Kreativität am Zubereiten von Speisen. Die 5-Elemente-Lehre unterscheidet damit stark bei den Ernährungsempfehlungen von unterschiedlichen Personen. Sie empfiehlt vor allem regionales und jahreszeitliches Angebot. Rohkost wird hauptsächlich im Sommer und in kleinen Mengen empfohlen, sonst wird gekochte Kost bevorzugt, da die Verdauung von Rohkost schwieriger ist und mehr Energie verbraucht.

Jeder Mensch ist einzigartig und reagiert anders auf Lebensumstände und Lebensweise. Die für ihn richtige Ernährung kann nur nach einer vorherigen Anamnese festgelegt werden. Um das beste Ergebnis zu erzielen, sollte daher ein ausgebildeter Therapeut aufgesucht werden.

Mit einer ausgewogenen, den Jahreszeiten entsprechenden Ernährung kann nicht nur Rücksicht auf die gesundheitlichen Bedürfnisse, sondern auch auf persönlichen Geschmack und Vorlieben genommen werden. Die Natur weiß, was wir brauchen. Wenn wir uns den Jahreszeiten entsprechend ernähren, werden wir mit allen wichtigen Vitaminen und Mineralstoffen versorgt, die wir in dieser Zeit benötigen.

Oft ist das Wissen über das saisonale Angebot leider verloren gegangen, da man heute die meisten Nahrungsmittel das ganze Jahr über im Supermarkt kaufen kann. Nur weil wir es das ganze Jahr kaufen können, heißt das nicht, dass es gerade auch in Österreich wächst oder gelagert wird.

Die meisten Menschen nehmen 3-mal pro Tag Nahrung zu sich. Man kann sich also vorstellen, dass der Ernährung eine große Bedeutung zukommt. Man muss nicht viel Geld und Kreativität aufbringen, um sich gesund zu ernähren. Das regionale und saisonale Angebot von guter Qualität reicht aus, um sich ausgewogen und ohne Beschwerden zu versorgen. Man sollte es sich wert sein, Nahrungsmittel guter Herkunft zu kaufen.

> **Je besser wir uns ernähren, je mehr Qi unsere Nahrung hat, umso besser werden wir uns fühlen, und umso leistungsfähiger werden wir sein.**

„Was dem einen nutzt, kann gleichzeitig dem anderen schaden!"

1

Fastfood spart vielleicht Zeit, allerdings nicht unbedingt Geld und steht schon in keiner Relation, wenn man krank wird.

In den vorigen Abschnitten haben Sie schon einiges über Qi und deren vorgeburtliche Reserven gehört. Ab dem 40. Lebensjahr ist unsere Konstitution bereits um ca. 60 % vermindert, so dass wir immer mehr auf das Angebot aus unserer Nahrung angewiesen sind. Je besser wir uns ernähren, desto besser geht es uns auch. Wir sind leistungsfähiger und vitaler. Man merkt, dass man manche Speisen und Nahrungsmittel nicht mehr so gut verträgt wie früher und sogar der Schlaf darunter leidet. Mehr über das vorgeburtliche Qi finden Sie in ▶ Abschn. 1.5.

1.6.1 Jedem Nahrungsmittel seinen Geschmack

In der chinesischen Ernährung soll jede Mahlzeit möglichst alle 5 Geschmacksrichtungen sauer, bitter, süß, scharf, salzig und auch alle 5 Farben grün, rot, gelb, weiß und blau/schwarz enthalten. Jedem chinesischen Element ist ein Geschmack zugeordnet, daraus kann man ableiten, dass der jeweilige Geschmack das entsprechende Organpaar beeinflusst. Diese Einteilung ist bereits im berühmten Buch *Huangdi Neijing* („Der gelbe Kaiser") beschrieben und ist das älteste Einteilungsprinzip von Nahrungsmitteln.

Einteilung der Elemente und ihr Geschmack

Holz:
- Leber/Galle
- Saurer Geschmack

Feuer:
- Herz/Dünndarm
- Bitterer Geschmack

Erde:
- Magen/Milz
- Süßer Geschmack

Metall:
- Lunge/Dickdarm
- Scharfer Geschmack

Wasser:
- Niere/Blase
- Salziger Geschmack

Wenn man alle Organe optimal versorgen und ein Gleichgewicht zwischen Yin und Yang halten möchte, sollten alle Geschmäcker in gleichem Maße in einer Speise oder in einer Mahlzeit vorkommen. Die thermische Wirkung spielt dabei auch noch eine entscheidende Rolle; sie wird in ▶ Abschn. 1.6.2 näher erläutert.

In den meisten natürlichen Lebensmitteln ist etwas von allen Geschmäckern zu finden, allerdings in unterschiedlichen Anteilen. Bei manchen Nahrungsmitteln, wie beispielsweise Cayennepfeffer oder Pfeffer, ist das sehr einfach, denn diese Gewürze sind eindeutig scharf und ganz klar dem Metallelement zugeordnet – von den anderen 4 Elementen merkt man fast gar nichts. Lediglich die rote Farbe gibt dem Cayennepfeffer zusätzlich Aufschluss darüber, dass er auch einen Feueranteil hat (Temelie und Trebuth 1993).

Eine Einteilung der Nahrungsmittel nach Element, Geschmack und Temperatur finden Sie in ◨ Abb. 1.6. Die Zuordnung erfolgt nach praktischen Erfahrungen, die im Laufe der Jahrhunderte zusammengetragen wurden. Sie werden auch immer wieder unterschiedliche Einteilungen je nach Autor finden können, da für manche Menschen das eine oder andere Nahrungsmittel zu einem anderen Element gehört oder die eine Eigenschaft/Geschmack ihm wichtiger erscheint.

Darüber hinaus besitzt jeder Geschmack weitere wichtige Funktionen, die er auf den Organismus ausübt. Menschen greifen instinktiv zu einer bestimmten Geschmacksrichtung oder haben spezielle Vorlieben. Bei einem ausgewogenen Lebensstil ist das gar kein Problem. Nimmt allerdings ein Geschmack über längere Zeit überhand, kann man anhand dessen ein Ungleichgewicht feststellen. Zum Beispiel ist es ratsam, bei starker körperlicher Belastung oder bei anstrengender geistiger Tätigkeit den süßen Geschmack zu bevorzugen. Dieser kann das Qi am schnellsten regenerieren.

> ❯ **Bevorzugt ein Mensch über einen längeren Zeitraum nur eine Geschmacksrichtung wie beispielsweise süß, kann das Aufschluss über eine Disharmonie geben und sollte in die Anamnese mit einfließen.**

Der saure Geschmack – zieht zusammen

Der saure Geschmack gehört zur Wandlungsphase Holz und dem Funktionskreis Leber/Gallenblase. Seine Wirkung ist adstringierend, also zusammenziehend, und daher auch sammelnd und Säfte erhaltend. Man denke nur an die Zitrone, die einem im Mund das Gefühl gibt, dass sich alles zusammenzieht.

Daher auch unsere Empfehlung: Wer abnehmen möchte, sollte kein Sodazitron trinken, und wer einen Infekt loswerden möchte, ist mit einer heißen Zitronenlimonade auch nicht gut beraten. Bei Infekten ist der scharfe Geschmack wie Ingwerwasser besser, um die Poren an der Oberfläche zu öffnen, den Körper zum Schwitzen

Viele alte österreichische Rezepte sind thermisch ausgeglichen.

1

	HEISS	WARM	NEUTRAL	ERFRISCHEND	KALT
HOLZ sauer bewahrt die Säfte zieht zusammen		**Getreide** Grünkern **Obst** Granatapfel Kumquat Pflaume **Fleisch** Huhn **Gewürze** Essig Petersil **Getränke** Kirschsaft	**Getreide** Bulgur Cous Cous Dinkel **Obst** Brombeere Himbeere **Sonstiges** Hefe **Getränke** Hagebuttentee	**Getreide** Weizen **Gemüse** Sauerkraut Sprossen Kapuzinerkresse **Obst** Apfel (sauer) Clementine Erdbeere Heidelbeere Johannisbeere Mandarine Orange Preiselbeere Sauerkirsche Stachelbeere **Fleisch** Ente **Milchprodukte** Buttermilch Frischkäse Kefir Sau ermilch Sauerrahm Topfen **Getränke** Brottrunk Champagner Fruchtsaft Hibiskustee Malventee Melissentee Prosecco Weißwein	**Getreide** Weizenkleie Weizen gekeimt **Gemüse** Mungbohnen- sprossen Sauerrampfer Tomaten **Obst** Ananas, Kiwi Rhabarber Zitrone **Milchprodukte** Joghurt **Getränke** Weizenbier
FEUER bitter trocknet aus leitet nach unten	**Fleisch** Hammel Lamm Schaf Ziege Gegrilltes **Getränke** Bitte Likör Cognac Glühwein	**Gemüse** Kohlsprossen **Kräuter** Basilikum, fr Beifuß Bockshornklee- samen Bohnenkraut Curcuma Kakao Mohn Oregano,fr Posenpaprika Rosmarin, fr Thymian, fr Wacholder Ysop **Milchprodukte** Schafskäse Ziegenkäse Ziegenmilch **Getränke** Getreidekaffee Kaffee Rotwein	**Getränke** Schwarztee Bancha-Tee Pu-Erh-Tee Tuo-Cha-Tee **Getreide** Amaranth Quinoa Roggen **Gemüse** Olive Rote Rübe **Salat** Brennessel Endivien Eisberg Vogerl	**Getränke** Altbier Grüntee Pils Wasser, heiß **Obst** Holunderbeere Grapefruit Quitte **Gewürze** Salbei (frisch) Zitronenschale **Getreide** Buchweizen **Gemüse** Artischocke Chicoree Pastinake **Salat** Kopfsalat Löwenzahn Radicchio Ruccola	**Getränke/Tees** Enzian Frauenmantel Klettenwurzel Löwenzahnwurzel Schafgarben
ERDE süß befeuchtet entspannt baut Qi auf verteilt	**Gewürze** Zimtrinde	**Getreide** Sago Süßreis **Gemüse** Fenchel Hokaidokürbis Kastanie Süßkartofel Zwiebel, gebra- ten **Obst** Marillen Korinthe Pfirsich Rosine Süßkirsche **Öle** Kürbiskernöl Rapsöl Sojaöl **Süße** Marzipan **Getränke** Honigwein Likör Port Fencheltee **Sonstiges** Kokosmilch	**Getreide** Polenta **Gemüse** Austernpilze Fisolen Erbse Flaschenkürbis Karotte Kartoffel Kohlrabi Kohlsorten Kürbis Mais Rüben Pize Shiitake Yamswurzel **Gewürze** Safran Vanille **Milchprodukte** Butter Käse Kuhmilch **Nüsse** Haselnuss Kürbiskern Mandel Pistazie Sesam Sonnenblumen- kern	**Getreide** Gerste Hirse **Gemüse** Broccoli Champignon Chinakohl Melanzani Mangold Karfiol Paprika Schwarzwurzel Sellerie Spargel Stangenzeller Spinat Zucchini **Michprodukte** Schlagobers **Nüsse** Cashew **Öle** Olivenöl Sesamöl Sonnenblumenöl Weizenkeimöl **Süsse** Ahornsirup **Getränke** Apfelsaft Gemüsesaft Orangenblütentee	**Gemüse** Gurke **Obst** Avocado Honigmelone Kaki Mango Papaya Wassermelone **Süße** Weißer Zucker

METALL
scharf
löst Stagnation
leitet nach oben

(heiß)	(warm)	(neutral)	(erfrischend)	(kalt)	
Gewürze Cayennepfeffer Chilli Curry Ingwer getr. Knoblauch Pfeffer Piment **Milchprodukte** Schimmelkäse **Getränke** Korn Whisky Wodka Yogitee	**Nüsse** Erdnuss Kokosflocken Pinienkern Walnuss **Getreide** Hafer **Gemüse** Frühlingszwiebel Lauch Kren Zwiebel **Fleisch** Fasan Hirsch Rebhuhn Reh Wildhase Wildschwein **Michprodukte** Quargel Münsterkäse **Getränke** Reiswein **Kräuter** Basilikum (tr.) Cumin Dille Estragon (tr.) Ingwer (frisch) Karadmom Koriander Kümmel Liebstöckl Lorbeer Majoran Masala Muskat Nelke Oregano (tr.) Rosmarin (tr.) Schnittlauch Senfsamen Sternanis Thymian (tr.)	**Trockenobst** Dattel Feige Pflaume Traube **Fleisch** Kalb Rind Eier **Getreide** Reis **Gemüse** Schwarzer Rettich **Fleisch** Gans Pute Wachtel Wildkaninchen	**Süße** Honig Malz, Melasse Brauner Zucker **Getränke** Maishaartee Malzbier Traubensaft Süßholztee	**Obst** Apfel, süß Banane Birne Trauben **Kräuter** Estragon, fr **Gemüse** Radieschen Radieschen-sprossen Weißer Rettich **Fleisch** Stallkaninchen **Kräuter** Kresse **Getränke** Pfefferminztee	**Sonstiges** Kuzu Pfeilwurzelmehl **Soja** Tofu Sojamilch

WASSER
salzig
weicht auf
leitet nach unten

(heiß)	(warm)	(neutral)	(erfrischend)	(kalt)	
Fisch Aal Garnele Hummer Kabeljau Languste Shrimps Sardelle Scholle Thunfisch Fisch geräuchert **Fleisch** geräuchert, gepökelt, luftgetrocknet Wurst Salami Schinken **Milchprodukte** Parmesan	**Hülsenfrüchte** Adukibohne Gelbe Sojabohne Erbse (tr.) Linse Saubohne Schwarze Sojabohne **Fisch** Barsch Forelle Heilbutt Karpfen Lachs Tintenfisch	**Fleisch** Schwein **Gewürze** Miso	**Hülsenfrüchte** Kichererbse Mungbohne **Fisch** Austern Calamari **Sonstiges** Mu-Erh-Pilz Umeboshi	**Algen** Iziki, Kombu Nori, Wakame **Fisch** Kaviar Krabben Krebs Miesmuschel **Gewürze** AgarAgar Salz,Tamari, Shoju **Getränke** (Mineral)wasser	

■ Abb. 1.6 Nahrungsmittelliste

1

© photocrew / stock.adobe.com

Zitronen sind Qi und Yin tonisierend, Hitze ausleitend und werden in der Traditionellen Chinesischen Medizin gerne bei Durchfall und Darmentzündungen eingesetzt.

anzuregen und den pathogenen Keim wieder hinauszubefördern (Kastner 2003).

Hingegen im Sommer oder beim Sport, wenn wir viel Schwitzen, ist Sodazitron ein optimales Getränk, um den Schweißverlust zu vermindern. Sauer-kühle Nahrungsmittel erfrischen den Organismus und können erhitzte Gemüter beruhigen, indem sie Emotionen (Hitze) in der Leber/Gallenblase kühlen und das Yin tonisieren.

> **Die meisten Nahrungsmittel aus diesem Element sind thermisch erfrischend und kalt wie Tomaten, Ananas, Kiwi, Joghurt, Orangen oder Sprossen. Diese Nahrungsmittel werden oft bei Diäten eingesetzt, wodurch auch klar ist, warum das meist auf Dauer nicht funktioniert. Der saure Geschmack bewahrt und lässt unsere Kilos nicht los.**

> **Tipp**
>
> Im Herbst sollte man vermehrt Nahrungsmittel mit saurem Geschmack essen. In dieser Zeit hat die Lunge ein starkes Bedürfnis, sich auszubreiten. Die Folge kann Austrocknung der Lunge (Husten) auf der einen Seite bedeuten und auf der anderen Seite eine Unterdrückung der Leber. Das macht sich in Kopfschmerzen und roten Augen bemerkbar. Saures stärkt das Leber-Qi, wodurch Leber und Lunge harmonisiert werden.

Der bittere Geschmack – leitet aus

Der bittere Geschmack gehört zu der Wandlungsphase Feuer und dem Funktionskreis Herz/Dünndarm. Seine Wirkung ist trocknend, verhärtend und nach unten leitend. Das bedeutet, dass kalte Nahrungsmittel aus dem Feuerelement die Verdauung und die Ausscheidung anregen können. Viele Verdauungstees oder Bitterliköre haben daher Bitterstoffe wie z. B. Wermut, Artischocke,

Löwenzahn oder Schafgarbe als Bestandteil. Das ist auch der Grund, warum in südlichen Regionen nach fettem Essen ein Espresso getrunken wird oder in Indien bitter-aromatische Kräuter gereicht werden.

© photocrew / stock.adobe.com

Bitterstoffe können allerdings auch das Herz nähren und beruhigen bei Stress oder Schlafproblemen, z. B. Bier, vor allem Weizenbier. Der bittere Geschmack mit seiner trocknenden Eigenschaft verhindert auch, dass sich zu viel Feuchtigkeit durch Süßigkeiten, vor allem Schokolade und Eis, ansammeln kann.

Im Übermaß allerdings getrunken oder gegessen, führt der bittere Geschmack ab oder trocknet die Säfte aus, z. B.: Augen und Haut. Weitere Symptome können aber auch Schlafprobleme, innere Unruhe, Herzklopfen oder Gastritis sein. Viele Genussmittel wie Kaffee, Schwarztee und Zigaretten gehören dieser Gruppe an und führen gemeinsam mit dem Zeitdruck und der heute vorherrschenden hektischen Lebensweise zur Schädigung und Erschöpfung des Herzens.

Kleine Mengen bitterer Blattsalate als Beilage zum Mittag gegessen, können ausgleichend wirken. Sellerie kann wunderbar bei Bluthochdruck eingesetzt werden. Er leitet die Hitze nach unten.

Bittere Kräuter: Basilikum frisch, Beifuß, Bockshornklee-samen, Bohnenkraut, Kurkuma, Oregano frisch, Rosenpaprika, Rosmarin frisch, Thymian frisch, Wacholder, Ysop

> **Tipp**
>
> Viele frische Kräuter und Gewürze sind dem bitteren Geschmack zugeordnet und sollten in einem Küchenalltag regelmäßig eingesetzt werden.

Der süße Geschmack – baut auf

Der süße Geschmack gehört zu der Wandlungsphase Erde und zum Funktionskreis Magen/Milz. Seine Wirkung ist erwärmend,

1

Süß schmeckende Nahrungsmittel sind seit jeher unbedenklich. Bittere Nahrungsmittel sind mit Vorsicht zu genießen, da viele Gifte bitter sind.

kräftigend, harmonisierend, entspannend und befeuchtend. Er stärkt die Yin- und Yang-Wurzel gleichermaßen und spielt in der Kinderernährung eine entscheidende Rolle.

Er baut Qi auf und hat daher eine so große Bedeutung. Der süße Geschmack ist uns angeboren und sagt uns, dass Nahrungsmittel unbedenklich sind. Wir verlangen nach Süßem, weil wir Energie benötigen, allerdings nicht in Form von Schokolade oder anderen Süßigkeiten. In der heutigen Zeit haben wir verlernt, den süßen Geschmack mit lang gekochtem Getreide, gekochten Karotten oder reifen Früchten zu verbinden – Nahrungsmittel, die uns Energie und Kraft geben können. Stattdessen essen wir viel Schokolade, da der süße Geschmack uns entspannt. Auf Dauer schwächen zu viel Süßigkeiten unsere Verdauung, also die Milz, und Feuchtigkeit sammelt sich an. Das wiederum führt dazu, dass wir mehr Energie in Form von Schokolade und Süßigkeiten verlangen und zu Heißhungerattacken neigen. Ein Teufelskreis!

Zucker lässt unseren Blutzuckerspiegel schnell ansteigen und auch schnell wieder abfallen. Das erklärt die große Müdigkeit und schwindende Konzentrationsfähigkeit nach süßen Speisen.

© Guido Grochowski / stock.adobe.com

Für einen gesunden Energieaufbau bei Kindern und Erwachsenen eignen sich Hirse, Hafer, Reis und Süßreis sowie süß-neutrale und süß-warme Gemüsesorten.

Kohlenhydratreiche Nahrungsmittel wie Getreide, die ebenfalls dem süßen Geschmack zugeordnet werden, können in der Früh und am Mittag gegessen werden. Sie liefern genug Energie, um uns leistungsfähig zu machen, und beugen Essanfällen am Nachmittag und Abend vor.

> **Süß-neutrale Gemüsesorten:** Austernpilze, Fisolen, Erbsen, Flaschenkürbis, Karotte, Kartoffel, Kohlrabi, Kohl, Mais, Rüben, Shiitakepilze, Pilze
> **Süß-warme Gemüsesorten:** Fenchel, Hokkaidokürbis, Süßkartoffel, Zwiebel gebraten

Der scharfe Geschmack – verteilt das Qi

Der scharfe Geschmack gehört zu der Wandlungsphase Metall und zum Funktionskreis Lunge/Dickdarm. Seine Wirkung ist Qi-bewegend, Stagnation auflösend, zerstreuend und schweißtreibend.

© LianeM / stock.adobe.com

Der scharfe Geschmack öffnet die Poren und kann dadurch die Oberfläche von exogenen Krankheitserregern befreien. Bereits Hildegard von Bingen wusste um die bewegende Wirkung des scharfen Geschmacks und setzte Zwiebelwickel bei Bronchitis oder auch bei anderen Schleimerkrankungen ein.

Heiße Ingwerlimonade ist im Akutstadium einer Erkältungskrankheit das beste Mittel.

> ❯ **Hildegard von Bingen (1098–1179) war Benediktinerin, Äbtissin und Universalgelehrte. Sie verfasste mehrere Werke über Religion, Medizin, Musik, Mystik und Ethik. Zwischen 1147 und 1150 gründete sie das Kloster Rupertsberg bei Bingen am Rhein.**

In den Wintermonaten sind scharfe Nahrungsmittel eine gute Prophylaxe gegen Infekte. Durch seinen zerstreuenden Effekt kann der scharfe Geschmack traurige und niedergeschlagene Menschen vorteilhaft beeinflussen und Stagnationen lösen. Speisen wie eine vietnamesische Hühnersuppe, Spaghetti all' arrabiata oder ein gutes Curry können dazu beitragen.

Menschen mit Hitzesymptomatik sollten scharfe Gewürze und Wild meiden, da dadurch die Hitze verstärkt wird und es zu vermehrter Austrocknung von Säften kommen kann. Ein Übermaß an scharf-heißen Gewürzen kann den positiven Effekt wieder umkehren und dazu führen, dass man anfälliger für Erkältungen und Muskel-Sehnen-Beschwerden ist.

Oft wird gesagt, dass in Indien aber sehr scharf gegessen werde, und gefragt, wie sich das mit dieser Theorie vereinbaren lasse: Menschen in sehr heißen Regionen der Erde benötigen den scharfen Geschmack, um die Körperoberfläche (die Haut) durch den porenöffnenden Effekt zu kühlen. Man fängt an zu schwitzen und kühlt somit die Haut und den Körper.

1

Der salzige Geschmack – löst auf

Der salzige Geschmack gehört zu der Wandlungsphase Wasser und zum Funktionskreis Niere/Blase. Seine Wirkung ist kühlend, befeuchtend, absenkend, erweichend und lösend. Lebensmittel, die nach Meer und Wasser riechen, wie Fische, Meerestiere und Algen, sowie alles, was mit Salz zur Haltbarmachung behandelt wurde, zählt zu diesem Geschmack.

© by-studio / stock.adobe.com

Hülsenfrüchte gehören ebenfalls zum Element Wasser. Viele Hülsenfrüchte sind nierenförmig und können die Niere auch kräftigen.

> **Tipp**
>
> Vor allem in der kalten Jahreszeit können Eintöpfe aus Hülsenfrüchten mit etwas Eiweiß die Abwehrkräfte stärken.

Interessant ist auch die Eigenschaft des salzigen Geschmacks, nach unten zu leiten. Aus diesem Grund verwendet man zu Beginn von Fastenkuren oder bei Verstopfung Glaubersalz. Dieses kann die Verdauung anregen und führt so zu einer fast vollständigen Entleerung des Darms.

Auf die Herkunft und die Qualität von Algen ist besonders zu achten.

Die Wirkung von Algen beruht auf der Eigenschaft, nach innen und unten zu leiten. Dieses Merkmal des salzigen Geschmacks kommt beim Verzehr von Meeresalgen zum Tragen. Die in ihnen reichlich enthaltenen Spurenelemente und Mineralstoffe können so im Knochen besser aufgenommen und eingelagert werden.

Schon lange wissen Mensch die haltbarmachende Eigenschaft von Salz zu schätzen. Einsalzen und Pökeln ist eines der ältesten lebensmitteltechnischen Verfahren, um Lebensmittel vor dem Verderb zu schützen.

Ein Zuviel an Salz hingegen führt zu einer Austrocknung von Blut und Säften und zu Bluthochdruck. Wer seinen Blutdruck in den Griff bekommen möchte, sollte auf eine ausgewogene Ernährung mit vielen Kräutern und Gewürzen als Würzmittel achten. Durch den Einsatz von Kräutern kann Salz stark reduziert werden.

1.6.2 Jedem Nahrungsmittel seine Temperatur – Ausgleich für unseren Körper

In der chinesischen Diätetik werden die Nahrungsmittel nicht nur nach Geschmack, sondern auch nach thermischer Wirkung eingeteilt. Auch Hildegard von Bingen hat bereits eine Vielzahl an europäischen Nahrungsmitteln mit ihrer thermischen Eigenschaft beschrieben und sich diese auch zunutze gemacht.

In der chinesischen Medizin werden alle Nahrungsmittel in heiß, warm, neutral, erfrischend und kalt eingeteilt. Die Einteilung bezieht sich auf die rohen Nahrungsmittel ebenso wie auf die Gekochten. Die gekochten Lebensmittel werden thermisch gesehen nur etwas wärmer, dafür aber umso besser verträglich und leichter verdaulich. Mit der Temperatur eines Nahrungsmittels geht auch ein entsprechender Effekt auf den Körper einher.

Man denke nur an eine Chilischote! Wenn man ein kleines Stückchen davon in seinem Essen erwischt, wird einem heiß, und die Zunge fängt an zu brennen. Chili und alle Pfefferarten sind heiß. Tomaten, Gurken, Südfrüchte hingegen sind kalte Nahrungsmittel. Jeder kennt auch den wärmenden Einfluss einer Rindssuppe im Winter, wie binnen ein paar Minuten Hände und Füße auf einmal wieder warm werden. Man kann sich auch vorstellen, dass Menschen, denen leicht kalt ist und die zum Schlafen immer Socken oder einen Thermophor benötigen, bei weiterem Genuss von Salat, Südfrüchten und Milchprodukten noch kälter werden wird.

Die Kunst besteht also darin, Speisen zu kochen, die thermisch ausgeglichen sind, und Kombinationen zu wählen, die Konstitution und Jahreszeit mit einbeziehen und ihnen entsprechen. Der Großteil der genossenen Speisen sollte aus neutralen Lebensmitteln bestehen, und je nach Konstitution und Jahreszeit kann man warme oder erfrischende Nahrungsmittel dazu kombinieren.

Heiße und kalte Nahrungsmittel sind die extremen Varianten und sollten nur in kleinen Dosen verwendet werden. Durch einen exzessiven Konsum von sehr heißen oder sehr kalten Nahrungsmitteln kann es nämlich passieren, dass sich die Verhältnisse im Körper von der einen auf die andere Seite verschieben, also von kalt nach heiß oder umgekehrt. Dies sollte man immer im Hinterkopf behalten. Die einzige Ausnahme ist, wenn man gezielt auf ein Ungleichgewicht reagieren möchte, wie z. B. Eindringen eines Infektes. Hier kann man durch eine Ingwerlimonade den pathogenen Faktor wieder eliminieren.

Um den Verdauungstrakt zu unterstützen, sollte man zusätzlich immer viele wärmende Gewürze und Kräuter einsetzen.

Heiße Nahrungsmittel – wärmen bei Kälte

Heiße Nahrungsmittel vertreiben Kälte, erwärmen den Körper, zerstreuen und bewegen nach außen und oben. Heiße Lebensmittel aktivieren und steigern die Abwehrkräfte. Zu viel heiße Nahrungsmittel wie Zimt, Chili, Lamm oder hochprozentiger Alkohol

1

erzeugen ein Zuviel an Hitze und trocknen die Säfte aus. Es kann zu Schlafstörungen und Unruhe kommen. Nahrungsmittel aus dieser Gruppe sollten immer nur in kleinen Mengen eingesetzt werden.

Warme Nahrungsmittel – stärken das Qi

Warme Gewürze aus dem Metall-Element: Basilikum, Kardamom, Koriander, Kümmel, Lorbeer, Majoran, Marsala, Nelken, Muskat

Muskat lässt Energie fließen, reduziert Kälte, kann gut bei Übelkeit eingesetzt werden.

Achtung: Bei innerer Hitze (z. B. innerer Unruhe, Palpitationen, Schlafstörungen) kann diese vermehrt werden!

Warme Nahrungsmittel wärmen den Körper und stärken die Mitte. Im Herbst und Winter sollten mehr Nahrungsmittel aus dieser Gruppe, kombiniert mit neutralen Nahrungsmitteln, gegessen werden. In dieser Kategorie finden sich fast alle getrockneten Kräuter und Gewürze sowie Huhn, Rind, Fenchel, Hafer, viele Gemüsesorten und Nüsse. Süßkartoffel und Hokkaidokürbis sind auch warm und können regelmäßig verzehrt werden, ohne ein Übermaß an Hitze zu erzeugen.

© anitasstudio / stock.adobe.com

Mit Kräutern und Gewürzen sollte man umsichtig umgehen. Sie sind aromatisch und wirken bewegend wegen ihres hohen Anteils an ätherischen Ölen. Es kann zu einer übermäßigen Erwärmung des Körpers kommen, wenn zu viel davon verzehrt wird. Wie überall kommt es auch hier auf die Dosis an. Die Qualität der Kräuter und Gewürze ist entscheidend für ihre Wirkung und ihren Geschmack.

Neutrale Nahrungsmittel – geben Kraft

Neutrale Nahrungsmittel bauen Qi auf, stabilisieren und harmonisieren den Organismus. Sie liefern unserem Körper die Energie, die er benötigt. Der Hauptteil unserer Ernährung sollte aus Lebensmitteln wie Dinkel, Polenta, Reis, Kartoffeln, Wurzelgemüse, Pilzen, Rind, Kalb, Eiern, heimischen Fischen und Hülsenfrüchten bestehen. Sie sind deshalb so wertvoll, weil sie Yin und Yang gleichermaßen stärken können. Sie wirken nährend und sind daher schwerer verdaulich, vor allem in Speisen, in denen das ganze Getreidekorn verarbeitet wurde. Mehl, Grieß, Flocken, Couscous, Bulgur oder geschrotetes Getreide können von unserem Körper besser aufgeschlossen werden. Sehr aromatisch schmeckende Lebensmittel, also sauer, bitter, scharf oder salzig, sorgen dafür, dass neutrale Nahrungsmittel besser verstoffwechselt werden können. Wenn man das beachtet, hat man alle 5 Elemente in einer Speise.

Erfrischende Nahrungsmittel – kühlen und befeuchten

Erfrischende Nahrungsmittel bauen Säfte und Blut auf, kühlen und erfrischen den Körper. Viele Gemüsesorten, Salate, Früchte und Kräutertees gehören in diese Gruppe. Im Winter sollten aus dieser Kategorie nicht zu viele Lebensmittel gegessen werden, da sie den Körper kühlen, die Verdauung verlangsamen und zu Erkältungsanfälligkeit führen können. Sogar im Sommer, wenn es wirklich heiß ist, sind gekochte, erfrischende Speisen bekömmlicher als rohes Gemüse oder Früchte.

Kalte Nahrungsmittel – leiten Hitze aus

Kalte Nahrungsmittel können Hitze kühlen und vertreiben. Sie wirken beruhigend auf den Geist, allerdings können sie auch Stagnation entstehen lassen.

An heißen Sommertagen oder bei einer Sommergrippe mit Fieber kann ein Wassermelonensaft wahre Wunder wirken. Wer gerne im Sommer Eis mit seinen Kindern isst, sollte darauf achten, dass das Kind ein Glas heiße Flüssigkeit danach trinkt, genauso wie Erwachsene ihren Kaffee. Damit kann der extrem kühlende Effekt etwas abgemildert werden. Dies sollte allerdings nicht dazu führen, dass dann jeden Tag mehrmals Eis gegessen wird.

Im Winter führt ein übermäßiger Verzehr an Südfrüchten, Zitrusfrüchten oder Rohkost wie rohen Tomaten und Gurken zu einer extremen Abkühlung, und Infektanfälligkeit ist vorprogrammiert.

Oft werden wir gefragt, wie man denn Vitamin C aufnehmen soll, wenn nicht mit Zitrusfrüchten. In unseren Breitengraden

Vegetarier und Veganer sollten das ganze Jahr über auf ein ausgewogenes Temperaturverhalten ihrer Speisen achten!

© Pax / stock.adobe.com

1

haben wir viele sehr gute Vitamin-C-Quellen wie Kraut, Kohl, Rüben, roten Paprika (im Sommer und Herbst) und Kartoffeln. Wird Vitamin C in dieser Form verzehrt, kann unser Körper es optimal aufnehmen. Diese Nahrungsmittel sind noch dazu neutral und süß, also bestens geeignet, um unseren Organismus in der kalten Jahreszeit zu stärken und nicht zu erfrischen und abzukühlen.

> **Tipp**
>
> Orangen sind sehr kalt; schmecken sauer und süß; Orangen fördern die Verdauung und befeuchten die Lunge. Sie leiten Hitze aus und wirken im Sommer sehr erfrischend. Sie kommen aus sonnigen, warmen Regionen, wo sie der Bevölkerung zur Kühlung und Erfrischung dienen. Im Winter sollten Orangen daher nur als gekochte Zutat für Rezepte wie Ente a l'orange angewendet werden.

1.7   Worauf kommt es in der 5-Elemente-Ernährung an?

Wir haben in den letzten Abschnitten viel über den Geschmack und die thermische Wirkung von Nahrungsmitteln berichtet und erzählt, doch wie schaut es nun mit der Umsetzung aus?

Regelmäßige Mahlzeiten und am besten nicht immer nebenher essen hat oberste Priorität. Am besten geht man wieder dazu über, in der Früh, zum Mittag und am Abend zu essen und dazwischen dem Körper eine Pause zu gönnen, sodass er auch verdauen kann.

Snacken, den ganzen Tag und immer, schwächt auf Dauer die Verdauung und lässt die Waage in die Höhe schnalzen. Aus eigener Erfahrung können wir berichten, dass der alte Spruch „Morgens wie ein Kaiser, mittags wie ein Edelmann und abends wie ein Bettler" die beste Möglichkeit ist, sein Gewicht auf Dauer zu halten und lästigen Müdigkeitsanfällen vorzubeugen.

Das Frühstück ist bei weitem die wichtigste Mahlzeit des Tages, da es uns mit allem versorgt, was uns konzentrationsfähig und leistungsfähig macht. Zu dieser Zeit können Kohlenhydrate am besten verdaut werden. Das Mittagessen ist der optimale Zeitpunkt für die Eiweißverdauung, und abends sollte nicht zu spät und eher einfach gegessen werden. All jene, die gerne ihr Gewicht halten wollen, sollten am Abend auf Kohlenhydrate vor allem in Form von Brot und Gebäck verzichten. Je länger der Abstand zwischen letzter Mahlzeit und dem Zubettgehen ist, umso besser auch die Schlafqualität.

Gekochte Speisen sind besser verdaulich, und regionale und saisonale Nahrungsmittel liefern dem Körper alles, was er in der

Zu Kohlenhydraten zählen alle Produkte, die aus Getreide und Kartoffeln hergestellt werden.

Jahreszeit benötigt. Mittlerweile wissen viele nicht mehr, wann welches Nahrungsmittel Saison hat, deshalb haben wir auch einen Saisonkalender (s. ▶ Abschn. 4.1) erarbeitet.

Tipp

Berücksichtigt man das jahreszeitliche Angebot, liegt man nie falsch und bekommt im Sommer mehr kühlende und wasserhaltige und im Winter thermisch eher warme Gemüsesorten angeboten.

Zusätzlich wird in der chinesischen Diätetik der Konstitutionstyp (Energiemangel, Blutmangel, Hitze- oder Kältetyp) jedes Einzelnen bestimmt und daran die Ernährung angepasst. Rohkost und Salate werden als Beilage und hauptsächlich im Sommer verzehrt. Im Winter wird auf einen höheren gekochten Anteil Wert gelegt. Gekochte Speisen sind einfacher verdaubar und können unseren Körper auch in der kalten Jahreszeit mit allem versorgen, was er benötigt.

1.8   Unsere Verdauung ist wichtig

Der Name „Mitte" steht in der chinesischen Medizin für die Funktion des mittleren Erwärmers (s. ▶ Abschn. 1.5), Magen/Milz, aber auch für das Verdauungsfeuer. Der mittlere Erwärmer wird auch als der Kessel über dem Feuer beschrieben. Ohne das Zusammenspiel dieser Parteien kann in der chinesischen Medizin die Verdauung nicht funktionieren. In diesem Bereich wird die aufgenommene Nahrung gesammelt und in Qi umgewandelt. Nach Ansicht der TCM wird ein Großteil des nachgeburtlichen Qi aus dem Nahrungs-Qi gewonnen. Je besser die Qualität unseres Essens ist, umso besser wird die Verdauung funktionieren und der Körper mit genug Energie und Widerstandskraft versorgt sein. Ist diese so bezeichnete Mitte, gestört, kann es zu Schwäche und Krankheitsanfälligkeit kommen. Die Folgen sind Völlegefühl, Blähungen, Müdigkeit, kalte Hände und Füße und Verdauungsbeschwerden.

❯ Schon Sun Si Mao (618–707 n. Chr.), ein berühmter Arzt der Tang-Dynastie, hat die enorme Wichtigkeit von Ernährung erkannt und Folgendes gesagt: „Ohne das Wissen um eine richtige Ernährung ist es kaum möglich, sich einer guten Gesundheit zu erfreuen."

1

1.8.1 Was schwächt unsere Mitte?

Eine Schwächung der Mitte kann durch häufigen Verzehr von Fastfood, fettigem Essen, Überbackenem, Weißmehlprodukten, Südfrüchten, Rohkost, Süßigkeiten und zu wenig Bewegung entstehen. Obwohl man wenig isst, kann man nicht abnehmen, sondern nimmt sogar noch zu. Durch diese Art der Fehlernährung wird die Verdauung geschwächt, unser Darm leidet darunter, und in der Folge kann es auch zu Mangelerscheinungen kommen. Wenn unsere Verdauung „schlapp" macht, ist die Resorption eingeschränkt und die Aufnahme von lebensnotwendigen Vitaminen funktioniert nicht mehr.

◘ Tab. 1.1 gibt einen Überblick über die kritischen Nährstoffe für unterschiedliche Personengruppen in Europa.

◘ **Tab. 1.1**   Kritische Mikronährstoffversorgung in Europa

Risikogruppe	Möglicher Nährstoffmangel
Säuglinge/Babys	Vitamin D, Vitamin K, Ca, Jod, Eisen
Kinder und Jugendliche	Vitamin D, Folsäure, Vitamin B6, Eisen, Zink, Jod
Erwachsene	Folsäure, Vitamin D, Eisen
Schwangere und Stillende	Vitamin B6, Folsäure, Vitamin D, Ca, Eisen
Alte Menschen	Folsäure, Vitamin B12, Jod, Vitamin D
Veganer	Vitamin D, Vitamin B12, Jod, Zink, Eisen

Häufig auftretende Ernährungsfehler
- Zu hohe Energieaufnahme
- Zu viel Zucker, zu süß
- Zu wenig Ballaststoffe wie Obst, Gemüse, Hülsenfrüchte, Vollkorngetreide
- Zu viel tierisches Eiweiß, zu hoch verarbeitet (Wurst, Speck, Streichwurst)
- Zu salzig, zu stark gewürzt
- Zu viel Alkohol

Viele aufeinanderfolgende Diäten oder andere extreme Kostformen wie Über- oder Unterernährung führen ebenfalls zu einer Schädigung unseres Körpers.

Folgende Nahrungsmittel sollten eingeschränkt werden:
- Kalte und eiskalte Getränke sowie Nahrung direkt aus dem Eiskasten
- Thermisch kalte Getränke: Schwarzer Tee, Grüner Tee, Säfte aus Südfrüchten, Mineralwasser, sehr saure Früchtetees
- Thermisch sehr kalte Nahrungsmittel: Tomaten, Gurken, Südfrüchte, Zitrusfrüchte, Joghurt
- Schwerverdauliches: Schweinefleisch, Wurst, fette Speisen, Frittiertes, Überbackenes, Rohkost, Salate als Hauptspeise oder am Abend, zu viel rohes Obst, vor allem Südfrüchte, zu viel Milchprodukte im Winter
- Weißer Zucker und alle Produkte, die viel Zucker enthalten
- Weißmehlprodukte
- Hochverarbeitete Nahrungsmittel und Junk Food
- Zu viel Salz
- Zu viel tiefgefrorene Speisen
- In der Mikrowelle erhitzte Speisen
- Zu viele scharf-heiße Gewürze
- Hochprozentiger Alkohol

1.8.2 Eine starke Mitte für eine gesunde Verdauung

Eine starke Mitte ist durch eine gute Verdauung, genug Vitalität und Leistungsfähigkeit sowie eine gute Abwehr gegen Krankheiten gekennzeichnet. Menschen mit einem starken Milz-Qi sind aktiv, vital und besitzen Lebensfreude. Sie ruhen sozusagen in ihrer Mitte.

Wie kann man nun seine Mitte stärken? Da gibt es einige Regeln, die es zu befolgen gilt: Wer darauf achtet, in der Regel 3-mal pro Tag zu essen, tut viel für seine Gesundheit und zur Vorbeugung von Krankheiten. Dies ist natürlich kein Garant für immerwährende Unempfindlichkeit gegen äußere Einflüsse, aber ein guter Start.

> **Essen muss jeder Mensch, warum nicht gleich etwas Gutes!**

Der Hunger verschwindet, egal was man isst. Mit einer angenehmen, wohligen Sättigung hat das oft gar nichts zu tun, sondern man fühlt sich müde, leidet an Völlegefühl oder sogar Blähungen und Sodbrennen. Regelmäßige, gekochte Mahlzeiten hingegen können das Milz-Qi und die Verdauung stärken. Wer auch genug Abstand zwischen den Mahlzeiten (3–4 Stunden) einhält und den alten Rat befolgt: „Morgens wie ein Kaiser, mittags wie ein Edelmann und abends wie ein Bettler", wird sehen, wie gut das tut. Man kann sein Gewicht besser halten oder sogar etwas reduzieren.

Snacken schädigt auf Dauer die Verdauung und führt zu Übergewicht.

Kreis einer ausgewogenen Ernährung (© Elena Schweitzer / stock.adobe.com)

Folgende Nahrungsmittel können dazu beitragen, die Mitte zu stärken:

- Kleine Mengen Fleisch (2- bis 3-mal/Woche): Rind, Kalb, Huhn, Ente, Gans, Hirsch
- Kleine Mengen heimische Fische (1- bis 2-mal pro Woche)
- Hülsenfrüchte gekocht , als Aufstrich oder in Eintöpfen
- Gekochtes Vollkorngetreide: zunächst Getreide rösten (ohne Fett), Grieß und Flocken verwenden; Hirse, Hafer, Süßreis, Reis, Polenta, Dinkel, Amarant
- Gemüse aus der Saison und der Region verwenden: Wurzelgemüse, Süßkartoffel, Kartoffel, Lauch, Fenchel, Kürbis, Erbsen, Kohl
- Salate/bittere Blattsalate: kleine Mengen zum Mittag verzehren
- Wenig Rohkost: Apfel süß, Feige, Datteln, Trauben
- Obst in Form von Mus, Kompotten, Röstern: Äpfel, Birnen, Trauben, Beeren, Zwetschken, Pfirsich, Marillen, süße Kirschen
- Viele frische Kräuter und Gewürze zu jeder Mahlzeit einsetzen: alle frischen Kräuter, speziell Petersilie, frischen Ingwer, Muskatnuss, Oregano, Thymian, Liebstöckel, Majoran, Vanille, Kardamom, etwas Zimt

- Nüsse: Walnüsse, Haselnüsse, Mandeln, Pinienkerne, Pistazien, Sesam, Mohn
- Getränke: roter Traubensaft mit heißem Wasser, Getreidekaffee, Gewürztee, Süßholzwurzeltee, heißes Wasser
- Verdauungshilfen einsetzen: natürlich fermentiertes Umeboshi, Tamari, Selleriesaft, Miso, milchsauer Vergorenes, nicht pasteurisierter Essig
- Lang gekochte Eintöpfe, Geschmortes, Kraftsuppen aus Rind, Huhn oder Gemüse

Unsere westliche Ernährungsweise

© Springer-Verlag GmbH Deutschland, ein Teil von Springer Nature 2019
V. Ottenschläger, C. Radbauer, *Ea(s)t meets West – Fit und gesund mit der Westlichen 5-Elemente-Ernährung*
https://doi.org/10.1007/978-3-662-56050-1_2

2

In der westlichen Ernährungswissenschaft kommt es im Gegensatz zur Ernährung nach den 5 Elementen auf die tägliche Aufnahme von Kalorien und Energie an. Es gibt hier genaue Empfehlungen für Makro- und Mikronährstoffe und dazu, wie viel Gramm davon pro Tag aufgenommen werden müssen. Der Bedarf richtet sich hierbei nach Personengruppen und wird an diese angepasst, wie z. B. Sportler, Schwangere, Stillende, Kinder. Seit der Entdeckung der Vitamine im Jahr 1907 hat sich die westliche Ernährungsweise drastisch geändert. Althergebrachtes Wissen wurde von einem Moment zum anderen verworfen, und Nährwertkalkulationen standen im Vordergrund. Vieles, was die westliche Ernährungs-weise als „gesund" empfindet, sieht die Ernährung nach den 5 Ele-menten eher kritisch. Verdauung und Bekömmlichkeit stehen im Westen nicht im Vordergrund. Meist wird nicht darauf eingegan-gen. Sowohl in der westlichen Ernährung als auch in der Ernäh-rung nach den 5 Elementen besteht das oberste Ziel jedoch darin, die Gesundheit und Vitalität zu erhalten, Erkrankungen zu heilen oder den Verlauf positiv zu beeinflussen.

2.1   Die westliche Lebensweise – wie ernähren wir uns?

Wie hat sich nun unsere Lebensweise und Anschauung über Medi-zin und Ernährung in Europa im Gegensatz zu China im Laufe der Zeit entwickelt?

Im Mittelalter hatten die Menschen in Europa eine einheitliche Vorstellung von ihrem Universum. Es wurde von der religiösen

Rene Descartes (1596–1650) (© CPA Media Co. Ltd / picture-alliance)

Auffassung und dem Glauben geprägt und man verstand sich als Teil des Ganzen. Erst Decartes brachte die Grundlage einer neuen Philosophie.

> ❯ Rene Descartes war ein französischer Philosoph, Mathematiker und Naturwissenschaftler. Er lebte von 1596 bis 1650. Von ihm stammt der berühmte Satz: „Ich denke, also bin ich."

Er behauptete, dass alles, was geschieht, nach unveränderlichen Gesetzen abläuft; dass die Natur vom Menschen getrennt sei. Er lehnte alles ab, was nicht vollständig bewiesen werden konnte. Er verstand die Welt als eine Maschine und den Körper ebenso. Diese Logik wurde zur Grundlage der naturwissenschaftlichen Methode. Der Arzt wurde als Mechaniker gesehen, der Menschen (Maschinen) repariert. Der Körper wurde nicht mehr im Ganzen betrachtet, sondern auf Teile, Organe, Gewebe, Zellen und Moleküle aufgeteilt. Das machten sich westliche Ärzte zunutze und widmeten sich Krankheiten losgelöst vom ganzen Körper. Allerdings war das nicht immer so.

Menschen stand es lange Zeit nicht zu Krankheiten zu heilen, sondern die Heilung war den Göttern oder Gott vorbehalten. Sie brachten ihnen Opfer dar, um sie gnädig zu stimmen. Manche suchten auch Hilfe bei Schamanen, Zauberern und in der Magie. Viel Wissen dieser Zeit wurde durch Gelehrte aus dem vorderen Orient in unsere heimischen Klöster wieder zurück gebracht, nachdem es bei uns leider in Vergessenheit geraten ist. Die damaligen europäischen Lehren unterschieden sich nicht so sehr von den Lehren Asiens wie der Traditionellen Chinesischen Medizin und Ayurveda. Die Anschauungen hielten sich bis ins 19. Jahrhundert und wurden nicht wesentlich weiterentwickelt. Erst in der jüngsten Vergangenheit gab es große Fortschritte in der Medizin, allerdings verloren Ärzte zusehends den Blick auf den Menschen als Ganzes.

Ursprünglich sahen die meisten großen Religionen Krankheiten als Strafe oder Prüfung der Götter oder Gottes.

Bis in die heutige Zeit wird unser Körper losgelöst vom großen Ganzen betrachtet und auf seine Krankheiten reduziert. Symptome werden vor der Ursache bekämpft. Medikamente und Lebensmittel sollen in der heutigen Zeit eine Vielzahl an Erwartungen erfüllen, dabei wird außer Acht gelassen, dass die Komplexität wiederum eine Vielzahl an Symptomen hervorbringt, die man wieder behandeln muss, ohne das die Ursache bekämpft wird.

2.1.1 Die Entwicklung unserer Lebensweise

Als der Mensch vor ca. 10.000 Jahren sesshaft wurde, Nutztiere domestizierte und anfing Nahrungsmittel, vor allem Getreide, anzubauen, entstand auch so etwas wie der Beruf des heutigen Arztes. Der Glaube, Krankheiten seien eine Prüfung, war weit verbreitet, und Heilung ohne den Glauben an Dämonen und Götter

Jäger und Sammler gab es in Süd- und Mitteleuropa bis 7500–4000 v. Chr.

2

war jahrtausendelang undenkbar. Die damalige Ernährung war einseitiger als später zu Zeiten der Jäger und Sammler.

Der Übergang zum Ackerbau hatte einen Proteinmangel zur Folge. Als Grundnahrungsmittel dienten Brot und jegliche Art von gegartem Getreide. Gekocht wurde hauptsächlich in einem Topf. Die Ernährung orientierte sich nach den spezifischen Boden- und Klimagegebenheiten einer Region und nach sozialem Stand.

Die ältesten Schriften zu Arznei- und Zaubermitteln sowie zur Medizin und Ernährung stammen aus dem alten Orient. Die Überlieferung in unseren Breitengraden erfolgte zu Beginn hauptsächlich mündlich und in weiterer Folge durch die Klöster.

Wie sich Medizin und Ernährung in Europa seit der Antike entwickelte, wird im Folgenden dargestellt.

Antike

Hippokrates stand der medizinischen Schule von Kos vor und gilt als der Begründer der Medizin als Wissenschaft.

Zurückzuführen ist alles auf einen sehr bekannten Arzt in der Antike namens Hippokrates (460– ca. 375 v. Chr.). Er versuchte, die Wissensvermittlung, die bis dahin von dem Vater auf den Sohn überging, einer breiteren Öffentlichkeit zugänglich zu machen. Er sah den Arzt als Begleiter des Kranken und nicht mehr als Dämonen und Götter.

Hippokrates (460–375 v. Chr.) (© C. Schiller / Fotolia)

> Basis der Lehre von Hippokrates war die Abkehr von magisch-religiösen Vorstellungen und Zuwendung zu einer naturphilosophischen Erklärung von der Entstehung von Krankheiten. Seiner Meinung nach entstanden Krankheiten, ähnlich wie in der chinesischen Medizin, aus einem Ungleichgewicht der vier Körpersäfte.

Die Ursache für die Entstehungen von Krankheiten sah er im Missverhältnis von Blut, Schleim, gelber Galle und schwarzer Galle. Erde, Wasser, Luft und Feuer waren auch eine Grundlage dieser Wissenschaft und wurden kombiniert mit der Viersäfte-Lehre. Mit Methoden wie Aderlass, Erbrechen und einer guten Ernährung wollte Hippokrates das richtige Verhältnis wieder herstellen. Nahrungsmittel wurden bereits nach heiß, feucht, trocken und warm eingeteilt.

Ein weiterer Grieche prägte 500 Jahre nach Hippokrates die Geschichte der Medizin, Anatomie und Ernährung. Galen von Pergamon (129– ca. 200 n. Chr.) entwickelte die Lehren von Hippokrates weiter, und diese blieben ca. 1500 Jahre ohne nennenswerte Änderung bestehen. Er beschrieb Arzneimittel mit qualitativen Angaben wie warm – kalt und feucht – trocken. Die Einteilung in die vier Elemente, die vier Temperaturen, die vier Jahreszeiten und die vier Lebensalter waren grundlegender Bestandteil seiner Erklärung. Auf seinen Theorien gründete Hildegard von Bingen ihre Anschauungen.

Ein weiterer wichtiger Gelehrter dieser Zeit war Benedikt von Nursia (geb. um 480 n. Chr.). Die Gesundheit des Körpers ging für ihn mit der des Geistes und der Seele einher sowie mit einer gesunden Ernährung und einer richtigen Lebensweise. Bereits im Mittelalter wusste man die Bedeutung der Verdauung, zu schätzen, wobei zur Verdauung Magen, Darm, Leber und Galle gezählt wurden. Sie galten als die Quelle für Gesundheit und für die Entstehung von Krankheiten.

Mittelalter

Interessant ist in diesem Zusammenhang Hildegard von Bingen (1098–1179), die die Lehren von Galen, aber auch die Regeln des klösterlichen Lebens und der Lebensweise zu ihrer eigenen Lehre zusammenfasste. Sie schaffte es, sich in einer schwierigen Zeit, in der die meisten Frauen mit Kräuterwissen und heilenden Fähigkeiten verbrannt wurden, durchzusetzen und sogar ihr eigenes Kloster zu gründen. Ihre medizinische Theorie beruht darauf, das Gleichgewicht der Säfte durch thermisch passende Speisen wieder herzustellen. Sie verabreichte je nach Konstitution und individueller Situation befeuchtende, trocknende, wärmende oder kühlende Gerichte. In dieser Zeit wusste man noch um den hippokratischen Grundsatz, dass alle Lebensmittel Arznei und alle Arznei Lebensmittel seien.

Hildegard von Bingen verfasste viele Abhandlungen zu den Themen Natur, Heilkunde, Kräuter und Ernährung, die heute noch von Bedeutung sind.

2

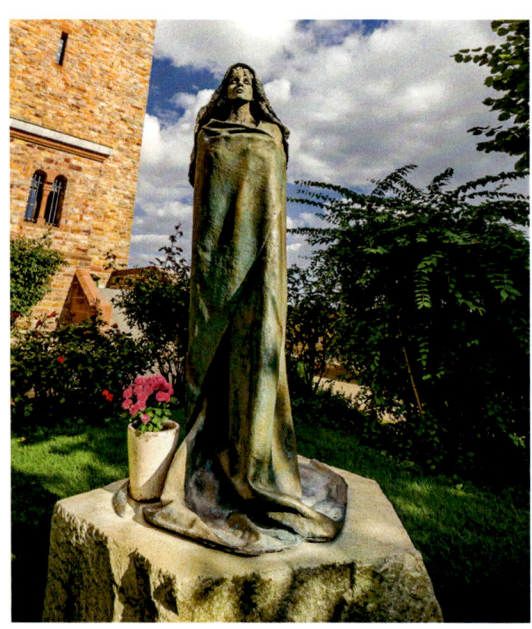

Hildegard von Bingen (1098–1179) (© CPN / stock.adobe.com)

Die arabische Medizin und Lebensweise war allerdings im frühen Mittelalter der christlichen weit überlegen. Avicenna (980–1037) war ein bedeutender Arzt aus Afshona (Usbekistan), der neben der Anatomie und Medizin besonderen Wert auf die Ernährung legte. Er meinte, sie solle auf die Jahreszeit, Tageszeit, Lebensphase und Ausscheidungen abgestimmt werden. Bewegung und Ruhe sah er auch als einen entscheidenden Faktor. Er bemerkte eine enge Beziehung zwischen Psyche und Körper.

Bereits um diese Zeit gab es im arabischen Raum Krankenhäuser mit hygienischen Standards und verschiedenen Stationen, während sich in Europa Mönche ohne Ausbildung um die Behandlung von Kranken kümmerten. Gelehrte aus Europa brachten das vergessene Wissen, welches die Byzantiner und Araber bewahrten, wieder nach Europa zurück.

Im späten Mittelalter wendete sich diese Entwicklung, und die Medizin in Europa erfuhr einen Aufschwung. Der Orient verlor an Bedeutung.

15. und 16. Jahrhundert

In der Neuzeit gingen die Menschen von zwei Mahlzeiten pro Tag auf unsere drei Mahlzeiten am Tag über.

Ab dem 15./16. Jahrhundert gewannen eigene Erkenntnisse, Beobachtungen und Experimente mehr an Gewicht. Die alten Lehren und Theorien wurden in Frage gestellt. Ein großer Kritiker dieser Zeit war Paracelsus (1493–1541), ein österreichisch-schweizer Arzt, Alchimist, Astrologe und Philosoph. Er wurde vermutlich 1493 in der Schweiz geboren und siedelte um 1500 nach Kärnten, wo er in der Praxis seines Vaters lernte und sich Einblicke in die Humanmedizin verschaffte. Paracelsus vertrat die Meinung, dass der Mensch und seine Ungleichgewichte durch die unterschiedliche Gabe von Schwefel, Quecksilber und Salz wieder ausgeglichen werden könnten. Auf seinen Lehren beruht die spätere chemische Medizin.

18. Jahrhundert

Im 18. Jahrhundert wurden Experimente am lebenden Organismus vorgenommen und so konnten beispielsweise von William Harvey der Blutkreislauf und die Pumptätigkeit des Herzens bewiesen werden.

William Harvey wurde 1578 in Kent geboren und starb 1657 in London. Er studierte in Cambridge und in weiterer Folge in Padua Medizin.

19. Jahrhundert

Das 19. Jahrhundert brachte enorme Fortschritte in der Diagnose und Therapie vieler Krankheiten. Histologie, Pathologie, Anatomie, Physiologie und Radiologie wurden weiter erforscht und ausgebaut. Lebensmittel konnten mittels Einfrieren, Kühlen und luftdicht Verpacken länger haltbar gemacht werden. Durch die zunehmende Mobilität kam es zu einer immer größeren Vielfalt an Lebensmitteln und exotischen Nahrungsmitteln.

Man entdeckte, dass Bakterien und Viren an der Entstehung von Krankheiten beteiligt sind, und entwickelte die ersten Impfungen.

Es gäbe noch viele wichtige Personen aus dieser Zeit zu erwähnen, die unsere westliche Medizin zu dem gemacht haben, was sie heute ist, dies würde allerdings den Rahmen dieses Buches sprengen. Wesentlich ist, dass die ganzheitliche Betrachtung des Menschen in dieser Zeit verloren gegangen ist. Meist wurden die Symptome bekämpft, und die Ursache wurde außer Acht gelassen. Das alte Wissen wurde nicht in die neu entstandene Medizin integriert.

Wichtige europäische Gelehrte von der Antike bis zur Neuzeit
- Hippokrates 460–375 v. Chr.
- Galen von Pergamon 129– ca. 200 n. Chr.
- Benedikt von Nursia 480–547 n. Chr.
- Avicenna 980–1037 n. Chr.
- Hildegard von Bingen 1098–1179 n. Chr.
- Paracelsus 1493–1541 n. Chr.

2.1.2 Wie essen wir heute?

Die Neuzeit brachte viele Fortschritte auf den Gebieten der Medizin und Pharmakologie, und es wurden Medikamente entwickelt, die zu einer Symptomlinderung führen. Viele Krankheiten können behandelt werden, aber nicht geheilt. Chronische Krankheiten sind im Vormarsch. Es kommt zu einer Kontrolle der Symptome, aber nicht zur Einsicht, dass die wahren Gründe für ein Krank-

Früher hatten Menschen mit Lebensmittelknappheit und Hungersnöten zu kämpfen, heute herrscht ein Überangebot.

heitsgeschehen oft eine Kombination aus vielen Lebensumständen sind. Durch eine immer stärker detailgetriebene Wissenschaft geht der Blick auf das Ganze verloren. Das Verhältnis Arzt-Patient ändert sich zusehends, sehr zum Leidwesen der Patienten, die auf ihre Krankheiten reduziert werden.

Auch die Lebensmittelverarbeitung hat viele Phasen durchlaufen, und die Erwartungen an unsere Nahrungsmittel sind gestiegen. Das Essen soll nicht nur satt machen, gut schmecken und appetitlich sein, sondern auch noch lange halten und schnell zuzubereiten sein. Früher wurden Nahrungsmittel mit Hilfe von Einsalzen, Trocknen, Pökeln und Einlegen haltbar gemacht. Dieses alte Wissen musste eine Zeitlang den Neuerungen rund ums Essen weichen. Rezepte und die Verarbeitung von Nahrungsmitteln wurden nicht mehr an kommende Generationen übermittelt und gerieten so in Vergessenheit. Das Wissen über Haltbarmachung von Nahrung und deren Methoden wurde ebenfalls nicht mehr weitergegeben. Es fehlt heute bei vielen noch dazu an der nötigen Zeit, dies zu tun.

Doch das Gleichgewicht hat sich für unseren Körper in unseren Breiten nicht geändert. Wir unterliegen noch immer dem Wandel der Jahreszeiten und sind in unserer heutigen Zeit noch mehr Einflüssen ausgesetzt als früher. Wir haben nur das Interesse und das Wissen darum verloren. Umso mehr sollten wir, so weit wie möglich, wieder ein Gleichgewicht zwischen Arbeit, Schlaf, Spaß und Rückzug herstellen und uns dessen auch wieder bewusst werden. Wir versuchen, jegliche natürliche Gesetzmäßigkeit wie Tag-Nacht-Rhythmus, Jahreszeiten, Regionalität, Saisonalität, Entspannung/Arbeit und Spaß/Rückzug zu ignorieren. Doch Vorbeugen ist besser als Heilen – dieses alte Sprichwort bewahrheitet sich auch heute immer wieder und zeigt uns, das der Mensch vielleicht nicht unendlich reparierbar ist.

Eventuell ist das auch der Grund, warum so viele Menschen auf der Suche nach der richtigen Ernährung und Lebensweise alle möglichen Arten einer Ernährung ausprobieren – wie Vegetarier, Flexitarier, Veganer, Paleo-Anhänger oder Detox – und sich darüber zu definieren versuchen.

Das Wissen um eine ausgewogene Ernährung ist verloren gegangen und nicht weiter überliefert worden. Es herrscht allerdings großes Bestreben, das alte Wissen wieder aufleben zu lassen. Viele Bücher zum Thema Klosterernährung und zur Ernährungsweise der Hildegard von Bingen erfreuen sich großer Beliebtheit. Kleine Manufakturen, die Lebensmittel wie früher produzieren, vermehren sich, und kleine Greissler finden wieder Einzug in unseren Lebensraum. Menschen fangen wieder an, mit Hilfe von „urban gardening" ihre Nahrungsmittel selbst herzustellen und direkten Einfluss darauf zu nehmen. Die alten Methoden, Nahrungsmittel haltbar zu machen, gemeinsames Kochen und kreative Zugänge in der Küche erfreuen sich neuer Beliebtheit. Man hat wieder Interesse am Wissen unserer Vorfahren, und auch die west-

2.2 · Die Hauptnährstoffe – was brauchen wir zum „Über"-Leben?

51   2

liche Ernährungswissenschaft richtet ihre Aufmerksamkeit wieder mehr auf eine regionale und saisonale Ernährungsweise.

2.2 Die Hauptnährstoffe – was brauchen wir zum „Über"-Leben?

Unser Körper braucht für alles, was wir tun, Energie. Diese Energie bekommen wir von den Hauptnährstoffen Kohlenhydrate, Fette und Eiweiß, auch Makronährstoffe genannt. Je nach Arbeit oder körperlicher Betätigung benötigen wir mehr oder weniger von diesen Stoffen für unseren Energiehaushalt. Liegen Erkrankungen oder Ungleichgewichte bereits vor, kann der Bedarf an den einzelnen Makronährstoffen abweichen.

Man unterscheidet Makronährstoffe wie Kohlenhydrate, Eiweiß und Fett und Mikronährstoffe wie Vitamine, Mineralstoffe und Spurenelemente.

2.2.1 Die Makronährstoffe – Kraftquellen der Nahrung

Durch die Entdeckung der Grundnährstoffe Kohlenhydrate, Eiweiß und Fette durch Justus von Liebig (1803–1873) wurden die Grundlagen für die heutige Ernährungstherapie geschaffen. Makronährstoffe sind die energieliefernden Hauptbestandteile unserer Nahrung. In Deutschland hat die DGE das erste Mal 1955 die Zufuhrempfehlungen für Makronährstoffe für Gesunde herausgegeben. Man spricht in diesem Zusammenhang oft über die empfohlene Nährwertrelation.

> ❯ Unter der empfohlenen Nährwertrelation versteht man das optimale Verhältnis von Kohlenhydraten, Fetten und Eiweiß, die aufgenommen werden sollen.

Zufuhrempfehlungen für Makronährstoffe
Die neuesten Empfehlungen lauten:
- Kohlenhydrate: 55–60 %
- Fett: 30 %
- Eiweiß: 15 %

Dies sind Richtwerte, die größenordnungsmäßig auf gesunde Personen zutreffen. Die Makronährstoffe sind unsere Hauptenergiequellen und enthalten auch Bausteine für bestimmte Aminosäuren und Fette, die der Körper nicht selbst herstellen kann.

Essenzielle Makronährstoffe kann der Körper nicht selber bilden, daher müssen sie mit der Nahrung aufgenommen werden; dazu zählen Aminosäuren und Fettsäuren.

Kohlenhydrate – so schlecht wie ihr Ruf?

Kohlenhydrate stellen unsere Hauptenergiequelle dar. Schon in früheren Generationen waren Getreide und Getreideprodukte die Hauptnahrungsmittel in unseren Breitengraden. Es wurden

2

viele unterschiedliche Getreidesorten verzehrt. Zucker und weißes Mehl waren teuer und nur den oberen Schichten vorbehalten. In der heutigen Zeit versuchen wir nun wieder, Vollkorngetreide populär zu machen und ihre positive Wirkung hervorzuheben.

© robynmac / stock.adobe.com

> **Monosaccharide werden auch Einfachzucker genannt und Disaccharide Zweifachzucker. Monosaccharide sind die Bausteine aller Kohlenhydrate und können sich zu Disacchariden, Oligosacchariden oder Polysacchariden verbinden.**

Um 50 % Kohlenhydrate zu sich zu nehmen, sollte man vor allem stärkehaltige und ballaststoffreiche Lebensmittel auswählen. Diese Nahrungsmittel haben auch einen hohen Anteil an essenziellen Nährstoffen und sekundären Pflanzeninhaltsstoffen, die für unsere Gesundheit wichtig sind. Lebensmittel mit einem hohen Anteil an Mono- und Disacchariden wie Zucker, Sirupe, Süßigkeiten und Torten sollten mehr gegen Obst, Gemüse und Getreideprodukte ausgetauscht werden. Der Zuckerkonsum sollte laut WHO unter 10 % liegen.

Kohlenhydrate liegen in der Nahrung in einfacher (Monosaccharide), zweifacher (Disaccharide) oder komplexer Form (Oligo- und Polysaccharide) vor.

- Monosaccharide: Glukose/Traubenzucker, Fruktose/Fruchtzucker, Galaktose
- Disaccharide: Saccharose/Haushaltszucker, Maltose/Malzzucker, Laktose/Milchzucker
- Oligosaccharide (Mehrfachzucker): Raffinose in Zuckerrohr oder Zuckerrübe
- Polysaccharide (Vielfachzucker): Stärke, Zellulose, Glykogen

Ballaststoffe sind weitestgehend unverdaubare Faserbestandteile der Nahrung, vor allem aus Gemüse, Obst, Getreide und Hülsenfrüchten.

Der größte Teil der Kohlenhydrate ist verdaubar, außer der Gruppe der unverdaulichen Polysaccharide. Diese werden auch Ballaststoffe genannt.

Der menschliche Organismus kann Kohlenhydrate nur in Form von Monosacchariden aufnehmen. Die Verdauung beginnt im Mund und setzt sich im Magen und Dünndarm weiter fort. Mono-

2.2 · Die Hauptnährstoffe – was brauchen wir zum „Über"-Leben?

53

2

saccharide wie Glukose, Fruktose oder Galaktose gelangen im Dünndarm ins Blut und werden dort mit Hilfe von Hormonen (Insulin, Adrenalin oder Kortison) weitertransportiert. Diese gelangen zur Leber und werden zu Glukose umgewandelt. Wenn wir mit einer Mahlzeit mehr Glukose aufnehmen als wir gerade brauchen, können Leber und Muskel diese als Glykogen abspeichern. Auf diese Depots greifen Sportler während Wettkämpfen zu. Die Leber kann nur eine gewisse Menge an Glykogen speichern. Übersteigt die aufgenommene Glukosemenge ein gewisses Maß, wird diese mittels Lipogenese in Fett umgewandelt.

> **Lipogenese ist die Fettsäuresynthese, mit deren Hilfe Fettsäuren im Körper hergestellt werden können. Dies ist wiederum für die Speicherung von Energie wichtig.**

Um einer Unterzuckerung vorzubeugen, müssen wir täglich ca. 100–200 g Kohlenhydrate aufnehmen.

Alle Zellen der Organe und Gewebe können Glukose als Energie verwenden. Das Gehirn und die roten Blutkörperchen benötigen ausschließlich Glukose als Energielieferanten. Jedes Kohlenhydrat wirkt unterschiedlich auf den Blutzuckerspiegel. Nach der Glukoseaufnahme steigt der Blutzuckerspiegel am schnellsten an. Stärke aus Weißmehlprodukten und stark verarbeiteten Nahrungsmitteln ohne viel Ballaststoffanteil lassen den Blutzuckerspiegel sehr schnell ansteigen und ebenso schnell wieder absinken. Fruktose oder ballaststoffreiche Lebensmittel hingegen steigern den Blutzuckerspiegel nur langsam. Es gibt noch eine Größe, die in diesem Zusammenhang wichtig ist: der glykämische Index.

Der glykämische Index ist die wichtigste Größe für den Anstieg des Blutzuckerspiegels.

> **Der glykämische Index (GI) vergleicht den Verlauf der Blutzuckerkurve nach dem Verzehr unterschiedlicher Kohlenhydratquellen mit dem Verlauf nach Aufnahme reiner Glukose. Referenzwert ist der Blutzuckeranstieg nach Aufnahme von 50 g Glukose, der gleich 100 % gesetzt wird. Der GI liegt unter 100 %, wenn der Blutzuckeranstieg durch ein Lebensmittel langsamer erfolgt bzw. niedriger ist als bei Glukose.**

Ballaststoffe gehören, wie bereits erwähnt, zu den Kohlenhydraten. Es sind Bestandteile pflanzlicher Nahrungsmittel oder Nahrungsfasern wie Obst, Gemüse, Vollkorngetreide, Kartoffeln und Hülsenfrüchte. Zu den Ballaststoffen gehören Zellulose, Hemizellulose, Pektine, resistente Stärke und Lignin. Bis auf Cellulose und Lignin sind alle Ballaststoffe wasserlöslich und werden von der Dickdarmflora abgebaut.

Ballaststoffe sind meist unlösliche Nahrungsfasern, die als Helfer für die Verdauung fungieren.

Unter den Ballaststoffen befinden sich Quellstoffe, die Wasser binden, wodurch sich das Volumen der Nahrung im Magen erhöht, daraus folgt eine längere Sättigung und die Anregung der Darmperistaltik. Es gibt auch Füllstoffe, die in ihrem Volumen unverändert bleiben und so die tiefen Darmabschnitte in ihrer Tätigkeit anregen können. Das ist auch der Grund, warum Ballaststoffe die Verdauung verbessern können. Die Wirkung der einzelnen Ballaststoffkomponenten ist unterschiedlich. Daher ist es sehr wichtig, dass sowohl Vollkorngetreide mit vielen unlöslichen, bakteriell wenig abbaubaren Polysacchariden als auch Obst, Gemüse und Kartoffeln mit überwiegend löslichen, bakteriell abbaubaren Ballaststoffen zugeführt werden.

Richtwert für die Ballaststoff-aufnahme für Erwachsene: 30 g/Tag

Mit einer hohen Ballaststoffaufnahme durch die Nahrung gehen eine längere Kautätigkeit, vermehrte Speichelbildung, vermehrte Magensaftsekretion, erhöhte Darmtätigkeit und eine Bindung von Gallensäuren einher. Darmbakterien können aus Gallensäuren kanzerogene (krebserregende) Stoffe bilden. Durch die Bindung dieser Stoffe an Ballaststoffe werden diese schädlichen Substanzen ausgeschieden und somit unschädlich gemacht. Neue Gallensäuren müssen aus Cholesterin gebildet werden und haben den angenehmen Effekt, den Blutcholesterinspiegel zu senken. Ein Zuviel an Ballaststoffen kann zur Folge haben, dass Kalzium, Zink, Eisen und Magnesium gebunden werden und somit dem Körper nicht mehr zur Verfügung stehen. Da Ballaststoffe meist stark quellen, muss zusätzlich mit der Aufnahme viel getrunken werden, um eine negative Flüssigkeitsbilanz zu vermeiden.

Eiweiß – für Kraft und Ausdauer

Für den menschlichen Körper ist es wichtig, täglich genügend Eiweiß aufzunehmen. Eiweiße, auch Proteine genannt, können aus pflanzlichen oder auch aus tierischen Quellen aufgenommen werden. Sie versorgen den menschlichen Organismus mit lebensnotwendigen Aminosäuren und Stickstoff, die zum Aufbau von Proteinen und anderen aktiven Substanzen benötigt werden.

Proteine werden auch als Baustoffe des Lebens betrachtet, da sie die unterschiedlichsten biologischen Funktionen besitzen. Sie sind für den Aufbau und Erhalt von Muskeln, Organen und Bindegewebe verantwortlich. Sie fungieren als Enzyme, Hormone, Energiequelle, Speicher- und Transportproteine. Sie haben die Aufgabe, dass andere wichtige Stoffe wie Vitamine und Mineralstoffe durch die Zellmembran transportiert werden können.

Die Proteinverdauung beginnt im Magen und setzt sich im Dünndarm weiter fort. Die kleinsten Einheiten Aminosäuren werden dort freigesetzt und gelangen über die Pfortader zur Leber. Die Leber verwendet Aminosäuren zum Aufbau von Bluteiweißstoffen, die weiter in die Körperzellen transportiert werden.

Bei Eiweißmangel ist der Gewebsaufbau gestört, Wunden heilen schlecht. Auch kommt es zu erhöhter Infektanfälligkeit, Müdigkeit, Leistungsabfall und Wasseransammlungen in den Beinen.

2.2 · Die Hauptnährstoffe – was brauchen wir zum „Über"-Leben?

55   2

© M.studio / stock.adobe.com

Da der Mensch keine Speichermöglichkeit für Eiweiß hat, müssen diese mit der Nahrung aufgenommen werden. Es gibt 20 verschiedene Aminosäuren, wobei aber nur neun für den Körper essenziell sind, d. h., sie können vom Körper nicht selbst gebildet werden und müssen mit der Nahrung aufgenommen werden. Dies sind Histidin, Isoleucin, Leucin, Valin, Threonin, Lysin, Methionin, Phenylalanin und Tryptophan. Nicht essenzielle Aminosäuren können vom Körper hergestellt werden.

Eiweiß, das wir mit unserer Nahrung aufnehmen, hat oft nicht das optimale Verhältnis an essenziellen Aminosäuren. Eine vollständige Eiweißquelle besitzt alle neun essenziellen Aminosäuren. Unvollständige Eiweißquellen müssen, um unseren Körper ausreichend zu versorgen, miteinander kombiniert werden. Die meisten tierischen Produkte sind vollständige Eiweißquellen. Bei den Pflanzen sind es nur einige wenige.

Der Körper kann allerdings immer nur Proteine aufbauen, wenn er alle essenziellen Aminosäuren hat. Eine Aminosäure, die am geringsten vorhanden ist, nennt man limitierende Aminosäure. Sie begrenzt die Qualität des Proteins. Kombiniert man unter-

Vollständige pflanzliche Eiweißquellen: Quinoa, Buchweizen, Hanfsamen, Chia-Samen, Soja, Spirulina (Blaualge) und Lupine

2

schiedliche proteinreiche Nahrungsmittel, kann die Proteinqualität verbessert werden. Die biologische Wertigkeit sagt etwas über die Proteinqualität aus. Diese ist umso besser, je mehr körperspezifische Proteine aus einem Lebensmittel gebildet werden können.

> ❯ **Die biologische Wertigkeit der Proteine eines Lebensmittels ist ein Maß dafür, wie viel Gramm körpereigenes Eiweiß durch 100 g Nahrungseiweiß auf- und abgebaut werden können. Hühnervollei dient als Referenzlebensmittel und hat die biologische Wertigkeit 100.**

Die biologische Wertigkeit ist bei pflanzlichem Eiweiß geringer als bei tierischem Eiweiß.

■ **Pflanzliche Eiweißquellen**
- Pflanzliches Eiweiß kann im Darm von den Verdauungsenzymen schlechter aufgespalten werden als tierisches Eiweiß, da in den Zellwänden der Pflanzen nicht verdaubare Zellbestandteile, ähnlich wie Ballaststoffe, enthalten sind.
- Die biologische Wertigkeit ist geringer als von tierischem Eiweiß, da das tierische Eiweiß unserem körpereigenen Eiweiß ähnlicher ist.
- Pflanzliches Eiweiß enthält weniger essenzielle Aminosäuren.
- Pflanzen enthalten weniger Purine als tierische Produkte. Abbauprodukt des Purinstoffwechsels ist die Harnsäure. Zuviel Harnsäure im Blut macht Gelenksbeschwerden und Gicht.
- Pflanzen enthalten viele Vitamine und Mineralstoffe. Viele enthalten wichtige mehrfach ungesättigte Fettsäuren wie Omega-3- und Omega 6-Fettsäuren, z. B. Leinsamen, Hanfsamen und Walnüsse.
- Bei ausschließlichem Genuss von Pflanzen als Eiweißlieferant kann es zu einem Mangel an Zink, Eisen und Vitamin B12 kommen.

Gute pflanzliche Eiweißquellen sind Hülsenfrüchte/Lupine, Getreide, Nüsse/Kerne/Samen, getrocknete Pilze und Sprossen.

■ **Tierische Eiweißquellen**
- Tierische Nahrungsmittel werden im Darm leicht aufgespalten und resorbiert.
- Die einzelnen aufgenommenen Aminosäuren können gut in körpereigenes Eiweiß umgewandelt werden. Die biologische Wertigkeit ist hoch. Damit stellen Aminosäuren eine schnell verfügbare Kraftquelle für unseren Körper dar.
- Tierische Produkte enthalten alle neun essenziellen Aminosäuren.
- Sie stellen gute Eisenlieferanten dar.
- Sie enthalten Purine, Cholesterin und können den Organismus übersäuern. Bei Übersäuerung baut unser Körper Kalzium ab, um das saure Milieu auszugleichen.
- Auf die Qualität und auf Rückstände von Medikamenten ist zu achten.

2.2 · Die Hauptnährstoffe – was brauchen wir zum „Über"-Leben?

57

2

Wertvolle tierische Eiweißquellen sind Fleisch, Fisch, Eier und Milchprodukte.

> **Tipp**
>
> Mit Fleisch geht oft die Aufnahme von höherem Fett- und Cholesteringehalt einher. Man sollte darauf achten, öfter einmal zu den fettärmeren Varianten zu greifen und auf Wurst oder Würstel zu verzichten.

Fette – gut oder böse?

Nahrungsfette können in pflanzlicher oder tierischer Form mit der Nahrung aufgenommen werden. Sie sind alle wasserunlöslich, Bestandteile der Zellmembranen und Ausgangssubstanzen für die Synthese wirksamer Substanzen. Sie sind neben Kohlenhydraten einer unserer Hauptenergielieferanten. Wir brauchen sie zur Wärmedämmung und zum mechanischen Schutz. Fette bringen Elastizität in unsere Zellwände und sind wichtige Bestandteile bei chemischen Stoffwechselprozessen im Körper. Sie bilden außerdem unsere Energiereserve und sind Lieferant der fettlöslichen Vitamine A, D, E und K und der essenziellen Linolsäure.

Bei längerem Fasten greift der Körper auf seine Fettspeicher zurück.

© colnihko / stock.adobe.com

    Fettsäuren unterscheiden sich untereinander in ihrer Kettenlänge (kurz-, mittel- und langkettig) und in ihrem Grad der Sättigung (gesättigt, einfach und mehrfach ungesättigt).

- **Gesättigte Fettsäuren**

Die gesättigten Fettsäuren können den LDL-Cholesterinspiegel erhöhen und zu einer Zunahme an Fettstoffwechselstörungen

Gesättigte Fettsäuren sind bei Zimmertemperatur fest, ungesättigte Fettsäuren sind bei Zimmertemperatur flüssig.

2

führen. Mittelkettige Fettsäuren sind ebenfalls gesättigt und kommen vor allem in Milch und Milchprodukten vor. Sie heben den Cholesterinspiegel nicht in diesem Ausmaß an. Gesättigte Fettsäuren werden vorwiegend mit tierischen Produkten wie Fleisch, Wurst, Milch und Milchprodukten aufgenommen.

▪▪ Ungesättigte Fettsäuren

Einfach und mehrfach ungesättigte Fettsäuren werden vor allem über pflanzliche Produkte wie Öle, Nüsse und Fette konsumiert. Mehrfach ungesättigte Fettsäuren kann der menschliche Körper nicht selber herstellen, sie müssen mit der Nahrung aufgenommen werden. Man ncnnt sie daher auch essenzielle Fettsäuren. Sie stammen aus der Familie der Omega-3- und Omega-6-Fettsäurenreihen. Dazu gehören die Linolensäurereihe (Omega-3-Fettsäure) mit Linolensäure und Eicosapentaensäure sowie die Linolsäurereihe (Omega-6-Fettsäure) mit Linolsäure und Arachidonsäure. Ein Mangel dieser beiden Fettsäuren (Omega 3 und Omega 6) kann zu Hautausschlägen, Anämie, Wundheilungsstörungen, Wachstumsstörungen, Sehstörungen und Muskelschwäche führen. Gerade für Schwangere und Stillende ist eine Aufnahme von Fisch besonders essenziell, da es für die Gehirnentwicklung bei Ungeborenen und Säuglingen eine große Rolle spielt.

Ideal ist ein Verhältnis von fünf Teilen Omega-6-Fettsäuren zu einem Teil Omega-3-Fettsäuren.

Auf das gesunde Verhältnis kommt es an! Durch die heute üblichen Fütterungs- und Haltungsmethoden von Nutztieren, z. B. weniger Grünfutter, hat der Anteil der Omega-3-Fettsäuren (Linolensäure) in den meisten Nahrungsmitteln erheblich abgenommen. Die Omega-6-Fettsäuren (Linolsäure) hat hingegen überproportional zugenommen.

Gesättigte und einfach ungesättigte Fettsäuren können im Organismus aus Nahrungsbestandteilen wie Glukose und/oder Aminosäuren über verschiedene Stoffwechselwege hergestellt werden.

> ❯ **Mit tierischen Fetten werden mehr gesättigte und mit pflanzlichen Produkten werden mehr ungesättigte Fettsäuren aufgenommen.**

▪   Fettbedarf

Der Fettanteil unserer Nahrung soll ca. 30 % unserer Gesamtkalorienzufuhr betragen. Fette haben etwa doppelt so viele Kalorien wie Eiweiß und Kohlenhydrate, daher sollten Portionen mit fettreicher Nahrung wie Wurst, Käse, fettreichem Fleisch, Plundergebäck etc. kleiner sein als beispielsweise Portionen mit fettarmen Lebensmitteln wie magerem Fleisch, Getreide und Hülsenfrüchten.

2.2 · Die Hauptnährstoffe – was brauchen wir zum „Über"-Leben?

59

2

> **Empfohlenes Verhältnis der aufgenommenen Nahrungsfette**
>
> Empfohlen wird die Aufnahme von:
> - ⅓ gesättigte Fettsäuren
> - ⅓ einfach ungesättigte Fettsäuren
> - ⅓ mehrfach ungesättigte Fettsäuren (5 Teile Omega-6-FS zu 1 Teil Omega-3-FS)
>
> Lebenswichtig ist allerdings nur die Aufnahme der mehrfach ungesättigten Fettsäuren!

■ **Transfettsäuren**

Die Transfettsäuren kommen in der Natur selten vor und sollten mit der Nahrung aus verarbeiteten Nahrungsmitteln nur in geringem Maße aufgenommen werden.

❯ Transfettsäuren entstehen bei der Herstellung von Speisefetten vor allem bei der Härtung von Ölen aus ungesättigten Fettsäuren. Transfettsäuren kommen in kleinen Mengen auch in Kuhmilchfett und Rindertalg vor. Quellen von Transfettsäuren sind viele Fertigprodukte wie Pflanzenmargarine, Backwaren, Blätterteig und frittierte Speisen.

Seit 2009 gibt es in Österreich eine Transfettsäure-Verordnung, die einen Verkauf von Lebensmitteln mit mehr als 2 % Transfettsäuren verbietet. Bei verpackten Lebensmitteln muss auf der Zutatenliste der Hinweis: „gehärtet" oder „enthält gehärtete Fette" oder „pflanzliches Fett, z. T. gehärtet" angegeben sein. Transfettsäuren lassen den Cholesterinspiegel ansteigen und führen zu einem Anstieg des LDL Spiegels, somit zu einem Abfall des HDL Cholesterins.

Klinische Studien zeigen eine enge Beziehung zwischen hohem Verzehr von Fett, vor allem gesättigten und Transfettsäuren, und einem erhöhten Risiko von Fettstoffwechselstörungen, Adipositas und Herz-Kreislauf-Erkrankungen (Herzinfarkt und Schlaganfall).

HDL-Cholesterin ist das „gute Cholesterin" auch als high density lipoprotein bekannt.

■ **Cholesterin**

Das Cholesterin ist Bestandteil unserer körpereignen Zellmembranen und wird für die Produktion einiger Hormone und Gallensäure benötigt. Es wird außerdem für den Fetttransport im Körper benötigt. Cholesterin wird aus der Nahrung aufgenommen und im Körper gebildet.

Man unterscheidet zwischen zwei Arten:
- HDL-Cholesterin („high density lipoprotein") wird als das „gute" Cholesterin bezeichnet. Es schützt die Blutgefäße vor dem schädlichen Einfluss von LDL-Cholesterin. Es hat eine positive Auswirkung auf Herz-Kreislauf-Erkrankungen. Je höher dieser Wert in unserem Blutbild ist, desto besser. Es

Cholesterin ist ein Steroid, das zu den Lipiden (Fetten) gezählt wird.

2

kommt auf das richtige Verhältnis an. Wichtig ist in diesem Zusammenhang auch das Bauchfett. Je dicker der Bauch, desto niedriger ist meist auch der HDL-Spiegel.
— LDL-Cholesterin („low density lipoprotein") wird als das „böse" Cholesterin bezeichnet.

> **Eier erhöhen den Cholesterinspiegel – diese Annahme ist schon länger widerlegt. Eier sind ein wichtiges Nahrungsmittel und können ohne weiteres gegessen werden. Am besten, man verwendet Eier, die aus einer österreichischen Freilandhaltung stammen und Bio-Qualität besitzen.**

Vorkommen der unterschiedlichen Fettsäuren
— Gesättigte Fettsäuren: hauptsächlich aus tierischen Produkten wie Fleisch, Butter, Käse
— Einfach ungesättigte Fettsäuren: Olivenöl, Rapsöl, Sesamöl, Erdnussöl
— Mehrfach ungesättigte Fettsäuren:
  – Linolsäure: Sojaöl, Sonnenblumenöl, Maiskeimöl, Walnussöl, Weizenkeimöl
  – Alpha-Linolensäure: Leinöl, Rapsöl, Walnussöl, Sojaöl, Weizenkeimöl
  – Eicosapentaensäure: fette Fische, Hering, Makrele, Lachs

2.2.2 Die Mikronährstoffe – Vitamine, Mineralstoffe und Spurenelemente: klein, aber oho!

Foto: © Christina Anzenberger-Fink

2.2 · Die Hauptnährstoffe – was brauchen wir zum „Über"-Leben?

61

2

Diese Gruppe der sogenannten Mikronährstoffe hat wichtige Aufgaben. Mikronährstoffe sind viele kleine Bausteine, die wie in einem Orchester miteinander harmonieren. Sie funktionieren wie kleinste Schaltelemente. Sie bringen Köperfunktionen zum Laufen und halten sie aufrecht.

Abwechslungsreiche Mischkost sorgt für eine optimale Versorgung. Vermeiden Sie Mangelerscheinungen durch einseitige Ernährung!

Ohne Vitamine kein Leben

Vitamine wirken bei nahezu allen Körperfunktionen mit. Das Wort Vitamin setzt sich aus „Vita" = Leben und „Amine" durch die enthaltenen Aminogruppen zusammen. Vitamine müssen mit der Nahrung aufgenommen werden. Einzelne Vitamine wie Vitamin D und Vitamin K können unzureichend vom Körper selbst produziert werden. Auch geschichtlich gesehen sind Vitamine von Interesse. Schon die Seeleute wussten, dass sie ohne Zitrusfrüchte oder Sauerkraut an Bord krank werden.

Wir unterscheiden zwei große Vitamingruppen: wasserlösliche und fettlösliche Vitamine.

Für eine optimale Vitaminversorgung empfehlen wir: Essen Sie verschiedene Sorten an Obst und Gemüse, Fleisch, Fisch, Nüsse, Kerne, Samen und Vollkornprodukte. Frische Sprossen sind wahre Vitaminbomben!

■ **Wasserlösliche Vitamine**

Zum Vitamin-B-Komplex gehören Vitamin B1, B2, B6, B12, Niacin, Folsäure, Biotin und Pantothensäure.

Vitamin B1

— Vitamin B1 ist an der Regeneration des Nervensystems nach Erkrankungen oder Traumen beteiligt. Auch der Stoffwechsel einiger Neurotransmitter wie Serotonin wird von Vitamin B1 beeinflusst.
— Vitamin-B1-Quellen: Schweinefleisch und Vollkornprodukte

Vitamin B2

— Bei einem Mangel an Vitamin B2 kann es zu Hautveränderungen sowie zu Störungen der Verdauung und des Nervensystems kommen.
— Vitamin-B2-Quellen: Innereien, Milch und Milchprodukte

Vitamin B6

— Vitamin B6 spielt eine wichtige Rolle im Eiweißstoffwechsel, bei einer zu hohen Zufuhr durch Nahrungsergänzungsmittel kann es zu Störungen im Nervensystem kommen.
— Vitamin-B6-Quellen: Hummer, Lachs, Sardine, Leber von Huhn und Kalb, Avocado, Kartoffeln und Vollkornprodukte

Vitamin B12

— Vitamin B12 ist wichtig für die Bildung von Blutkörperchen. Bei einer streng vegetarischen oder veganen Kost kommt es zu einem Mangel mit Blutarmut und Störungen der Magenschleimhaut.
— Vitamin-B12-Quellen: Fleisch, Innereien, Fisch, Geflügel und Eier, auch in Milch und Milchprodukten

2

Niacin

- Bei einem Mangel an Niacin kommt es zu Schlafstörungen, Depressionen, Müdigkeit und Schwindel.
- Niacin-Quellen: Leber von Huhn, Kalb, Schwein und Rind, Austernpilze, Eierschwammerln und Vollkornprodukte

Folsäure

- Folsäure ist wichtig für Wachstum und gemeinsam mit Vitamin B12 für die Bildung der roten Blutkörperchen.
- Folsäure-Quellen: besonders Leber von Huhn und Rind, Eier, Sojasprossen, Brokkoli, Endiviensalat, Grünkohl, Sellerie, Lauch, Spargel, Spinat, Karfiol und Getreide

Biotin oder Vitamin H

- Biotin ist besonders wichtig für die Regeneration und Bildung von Haaren, Nägeln und Haut.
- Biotin- oder Vitamin-H-Quellen: Leber und Niere von Kalb und Rind, Sellerie, Karfiol, Grünkohl, Kohlrübe, Kraut, Nüsse und Soja

Pantothensäure

- Pantothensäure wirkt auf die Bildung von Cholesterin, Fettsäuren, Hormonen und Haut.
- Pantothensäure-Quellen: Hering, Leber von Huhn, Kalb, Schwein und Rind, Steinpilze, Champignons

Vitamin C

- Vitamin C wirkt antioxidativ, stärkt das Immunsystem, bildet Binde- und Stützgewebe und unterstützt die Aufnahme von Eisen.
- Vitamin-C-Quellen: Obst, Gemüse und frische Kräuter, besonders Petersilie

Die wasserlöslichen Vitamine werden, bis auf das Vitamin B12, nur für kurze Zeit im Körper gespeichert. Sie müssen regelmäßig aufgenommen werden. Sie sind gegenüber chemischen und physikalischen Einflüssen wie Hitze, Licht und Sauerstoff empfindlich. Je länger sie diesen Einflüssen ausgesetzt sind, desto größer ist der Vitaminverlust.

▪ Fettlösliche Vitamine

Vitamin A

- Vitamin A ist besonders wichtig für das Sehen, aber auch für die Haut und Schleimhäute und für das Wachstum.
- Vitamin A kommt in tierischen Produkten als Vitamin A vor, in pflanzlichen als Provitamin A (Beta-Carotin). Bei einer Überdosierung kann es zu Vergiftungserscheinungen kommen mit Schwindel, Erbrechen und Kopfschmerzen.

2.2 · Die Hauptnährstoffe – was brauchen wir zum „Über"-Leben?

63

2

- Vitamin-A-Quellen: Lebertran, Aal, Leber von Huhn, Kalb, Schwein und Rind, Butter, Eigelb, Milch und Milchprodukte, Grünkohl, Mangold, Spinat, Löwenzahn, Fenchel, rotes und gelbes Obst und Gemüse, besonders Karotten, rote Paprika und Süßkartoffeln

Vitamin D

- Vitamin D ist wichtig für die Bildung von Knochen, Knorpel und die Muskulatur.
- Vitamin D kann im Körper unter der Einwirkung von UV-Strahlung selbst gebildet werden, oder es wird über das Essen aufgenommen. Die Aufnahme über die Nahrung reicht in der Regel nicht für eine ausreichende Versorgung aus, daher sollte in den sonnenarmen Monaten von Oktober bis April Vitamin D als Tropfen oder Kapseln eingenommen werden.
- Vitamin-D-Quellen: Lebertran, Pilze, Eidotter, Mandeln, Avocado, Milch, fettreiche Fische, z. B. Lachs, Makrele, Tunfisch, Hering, Sardine

Vitamin E

- Vitamin E wirkt gegen die Bildung von schlechtem LDL-Cholesterin, ist antioxidativ und verhindert Zellschädigung. Bei zu hoher Einnahme kommt es zu einer verlängerten Blutungszeit.
- Vitamin-E-Quellen: Pflanzenöle, besonders Weizenkeimöl, Schwarzwurzel, Nüsse, Vollkorn, Hülsenfrüchte

Vitamin K

- Vitamin K ist für das Knochenwachstum und die Blutgerinnung von großer Bedeutung.
- Vitamin-K-Quellen: Leber von Huhn, Kalb, Schwein und Rind, Hülsenfrüchte, Petersilie, Schnittlauch, Salat, Chinakohl, Fisolen, Erbsen, Spargel, Sellerie, Grünkohl!!!

Fettlösliche Vitamine können nur in Kombination mit Ölen oder anderen Fetten aufgenommen werden. Sie brauchen das Fett als Vehikel zur Aufnahme und können auch für einen längeren Zeitraum im Körper gespeichert werden.

Vitaminvorstufen, sog. Provitamine, werden in unserem Körper zu funktionsfähigen Vitaminen umgewandelt, z. B. wird das Beta-Carotin in der Karotte in Vitamin A transformiert.

In der Schwangerschaft, Stillzeit, bei Erkrankungen, Wachstum und schwerer körperlicher Belastung steigt der Vitaminbedarf.

> **Tipp**
>
> Rauchen verschlechtert unsere Vitaminversorgung! Raucher leiden öfter an Vitamin-C- und Vitamin-D-Mangel.

Ein ausgewogener Lebensstil schützt! Essen Sie regelmäßig rote und gelbe Obst- und Gemüsesorten, grünes Blattgemüse und Bio-Pflanzenöle. Betreiben Sie regelmäßig Sport und Bewegung. Vermeiden Sie Alkohol und Tabak.

Oxidativer Stress und Antioxidantien

Oxidativer Stress entsteht im Körper durch Umweltgifte wie Pestizide, Schwermetalle und Luftverschmutzung, durch einige Medikamentengruppen, Alkohol und Tabak. Wenig Bewegung und einseitige Ernährung mit viel Wurst und Fleisch sowie Weißbrot, Toast und Süßigkeiten wirken begünstigend. Es entstehen sogenannte freie Radikale im Körper. Das sind Zellen mit einem oder mehreren ungepaarten Elektronen. Sie sind dadurch instabil und hochreaktiv. Um wieder rasch einen Elektronenpartner zu finden, entreißen sie anderen Molekülen das fehlende Elektron. Es kommt dadurch zu einer Zellschädigung. Die bekanntesten Folgeerkrankungen sind vermutlich Arteriosklerose, Entzündungen, Krebs und neurologische Erkrankungen.

Antioxidantien schützen unseren Körper vor Zellschäden. Sie werden über die Nahrung aufgenommen – vor allem Vitamin C, Vitamin E, Beta-Carotin und sekundäre Pflanzeninhaltsstoffe –, oder es sind körpereigene Enzyme, die die freien Radikale abwehren.

Mineralstoffe

Mineralstoffe und Spurenelemente müssen wie Vitamine regelmäßig mit der Nahrung aufgenommen werden. Sie haben lebenswichtige Funktionen. Ihre Konzentration in Nahrungsmitteln hängt von den jeweiligen Bodenverhältnissen ab. In Österreich ist der Selengehalt im Boden niedrig. Auch die optimale Versorgung mit Jod wird durch jodiertes Salz sichergestellt. Früher kam es oft zum Jodmangel. Mineralstoffe kommen in größeren Mengen im Körper vor.

Natrium
- Zwei Drittel des Natriums kommen als Natriumchlorid, ein Drittel kommt als Natriumbicarbonat im Körper vor. Es reguliert das Flüssigkeitsvolumen im Gewebe, ist wichtig für die Muskulatur und die Konzentration.
- Natrium-Quellen: Salz, Oliven, Salami, Käse, Reis

Kalium
- Kalium reguliert den Wasserhaushalt sowie die Muskel- und Nerventätigkeit.
- Kalium-Quellen: Sojafleisch trocken, Kartoffeln, Pastinake, Spinat, Trüffel

Kalzium
- 99 % des Kalziums sind in den Knochen und Zähnen gespeichert, im Plasma befindet sich ca. 1 % des Kalziums, es ist auch wichtig für die Blutgerinnung und Erregung von Muskeln und Nerven.

2.2 · Die Hauptnährstoffe – was brauchen wir zum „Über"-Leben?

65

2

- Kalzium-Quellen: Hartkäse, besonders Parmesan und Berg-käse, Mohn, Sesam, Mandeln, Haselnuss, frische Kräuter, besonders Salbei, Brennnesseln, Thymian, Hülsenfrüchte, Leinsamen

Phosphor
- Phosphor ist Bestandteil des Skeletts und wichtig für den Energiehaushalt. Bei einer zu hohen Aufnahme kommt es zur Bildung von Nierensteinen und zu einer Störung im Kalzium-stoffwechsel. Die tägliche Aufnahme sollte weniger als die von Kalzium sein.
- Phosphor-Quellen: Fleisch, Fisch, Hülsenfrüchte, Milchpro-dukte und Eier

Chlorid
- Chlorid hält das Membranpotenzial, die Spannung an Zell-membranen, aufrecht. Es ist der Gegenspieler von Natrium an den Zellwänden. Darüber hinaus ist es ein Bestandteil der Magensäure.
- Chlorid-Quellen: Speisesalz

Magnesium
- Magnesium ist für den Aufbau von Knochen und Zähnen sowie für die Nerven- und Muskelreizleitung wichtig.
- Magnesium-Quellen: Vollkorn, Hülsenfrüchte, Kohlrabi, Spinat, Bananen, Papaya, Passionsfrucht

Spurenelemente
Spurenelemente kommen, wie der Name sagt, in kleinesten Mengen im Körper vor.

Eisen
- Ca. 70 % des Körpereisens liegen als sogenanntes Hämo-globin, roter Blutfarbstoff in den roten Blutkörperchen, vor. Eisen transportiert den Sauerstoff im Blut. Bei einem Mangel kommt es zu einer Blutarmut, der sogenannten Anämie.
- Eisen-Quellen: Fleisch und Innereien, besonders Leber, Hafer, Hirse, Roggen, Weizen, Hülsenfrüchte, Spinat, Schwarzwurzeln, Fenchel, Champignons, Eierschwammerln
- Eisen wird aus Fleisch und Fisch besser vom Darm aufge-nommen als von Pflanzen. Bei gleichzeitiger Anwesenheit von Vitamin C kann Eisen viel besser aufgenommen werden.

Jod
- Jod wird zur Bildung der Schilddrüsenhormone benötigt. Bei einem Mangel kommt es zum sogenannten Jodmangelkropf.
- Jod-Quellen: Fische und Meeresfrüchte, besonders Kabeljau, Seelachs, Kohl, Rüben

2

Fluor
- Fluor stärkt Zähne und Knochen.
- Fluor-Quellen: Fische und Meeresfrüchte, Innereien, Gerste, Soja, Spinat, Pilze, Sauerkraut, Spargel

Mangan
- Mangan ist besonders für den Aufbau von Binde-, Knochen- und Knorpelgewebe zuständig.
- Mangan-Quellen: Vollkorn, Hülsenfrüchte, Spinat, Pilze, Brombeeren, Heidelbeeren, Haselnuss, Pekannuss, Mohn, Schwarztee

Kupfer
- Kupfer spielt eine Rolle beim Eisentransport und ist wichtig für das Bindegewebe.
- Kupfer-Quellen: Leber, Schalentiere, Pilze, Hülsenfrüchte, Schwarzwurzel, Artischocke, Emmentaler, Kakao, Nüsse

Zink
- Zink ist wichtig im Eiweiß- und Kohlenhydratstoffwechsel. Zink stärkt auch unser Immunsystem und kann bei einem grippalen Infekt gehäuft aufgenommen werden. Es verkürzt die Erkrankungsdauer. Bei einem Mangel kommt es zu einer verzögerten Wundheilung und dem Verlust von Geruchs- und Geschmackssinn.
- Zink-Quellen: Meeresfrüchte, besonders Austern, Fische, Rindfleisch, Steinpilz, Innereien, Vollkorn, Hülsenfrüchte

Selen
- Selen spielt im Hormonstoffwechsel der Schilddrüse und für Enzymfunktionen eine Rolle.
- Selen-Quellen: Fleisch, Fisch, Nüsse und Vollkorn

2.2.3 Sekundäre Pflanzeninhaltsstoffe – kleine pflanzliche Wunder

Im Gegensatz zu primären Pflanzenstoffen wie Kohlenhydraten, Ballaststoffen, Proteinen und Fetten kommen sekundäre Pflanzeninhaltstoffe nur in sehr geringen Mengen vor.

Sekundäre Pflanzeninhaltsstoffe sind Bestandteile pflanzlicher Lebensmittel, die in sehr geringen Mengen von den Pflanzen gebildet werden. Sie dienen Pflanzen als Abwehr-, Farb-, Duft- und Aromastoffe. In der Pflanzenwelt gibt es schätzungsweise zwischen 5000–10.000 dieser Stoffe. Sie zählen nicht zu den Nährstoffen, beeinflussen aber im menschlichen Organismus viele Stoffwechselprozesse. Sekundäre Pflanzeninhaltsstoffe können antioxidativ, antithrombotisch und antientzündlich wirken. Mit einer ausgewogenen und pflanzenbasierten Ernährung werden genug dieser Stoffe aufgenommen.

Die Einteilung erfolgt anhand einer gemeinsamen Grundstruktur in Carotinoide, Flavanoide, Phytosterine, Saponine, Gluco-

2.2 · Die Hauptnährstoffe – was brauchen wir zum „Über"-Leben?

67

2

sinolate, Polyphenole, Phytoöstrogene, Sulfide und Monoterpene. Wir werden in unserem Buch nicht auf alle eingehen, sondern greifen die für uns wichtigen Stoffe heraus.

Carotinoide – wichtige Radikalfänger

In der Gruppe der Carotinoide unterscheidet man Xantophylle und Carotine. Die Carotine sind vor allem in roten, gelben und orangenen Obst- und Gemüsesorten zu finden wie in Karotten, Paprika, Tomaten und Marillen.

© thauwald-pictures / stock.adobe.com

Diese Carotinoide sind hitzestabil, d. h., sie reichern sich bei langem Kochen in den Speisen an, wie z. B. das Lykopin in Tomatensauce. Die Gruppe der Carotine kann nur in Verbindung mit Fett aus der Nahrung aufgenommen werden. Carotin ist eine Vorstufe von Vitamin A und weist eine stark antioxidative Wirkung auf. Antioxidativ heißt, dass von diesen Pflanzeninhaltsstoffen freie Radikale gefangen werden können.

> **Die Bildung von freien Radikalen kann durch Rauchen, UV-Strahlung, ionische Strahlung, Schadstoffe aus der Umwelt, extreme körperliche Anstrengung oder durch den Alterungsprozess ausgelöst werden.**

Die Xantophylle hingegen sind in grünen Gemüsesorten wie Spinat, Mangold, Kohl, Kraut und Brokkoli zu finden. Sie werden beim Erhitzen leicht zerstört.

Phytosterine – Cholesterinsenker

Pflanzliche Sterine sind den tierischen Sterinen wie Cholesterin chemisch sehr ähnlich. Phytosterine befinden sich in Pflanzensamen und -ölen. Besonders reich an Phytosterinen sind Sonnen-

2

Phytosterinreiche Nahrungsmittel sind wichtig!

blumenkernöl, Sesam, Weizenkeime, Sojabohnen und verschiedene Nüsse.

Gemüse und Obst enthalten nur geringe Mengen Phytosterine. Die Hauptwirkung besteht in der Hemmung der Cholesterinabsorption. Phytosterine stehen in Konkurrenz zu Cholesterin im Darm und können aufgrund ihrer höheren Löslichkeit Cholesterin während der Verdauung verdrängen. Dadurch wird weniger Cholesterin aufgenommen, und der Cholesterinspiegel sinkt.

Pflanzensamen sind reich an Phytosterinen (© ratmaner / stock.adobe.com)

Saponine – aktivieren die Galle

Ihren Namen haben die Saponine erhalten, weil sie im Wasser eine starke Schaumbildung hervorrufen. Dieses Phänomen kann man beim Kochen von saponinreichen Hülsenfrüchten wie Kichererbsen, Linsen, Sojabohnen sowie Quinoa beobachten. Sie schmecken außerdem stark bitter und kommen neben Hülsenfrüchten noch in Vollkorngetreide vor. Beim Kochen gehen ca. 50 % des Saponingehalts in das Kochwasser über. Saponine werden nur gering vom Körper aufgenommen und entfalten ihre Wirkung hauptsächlich im Gastrointestinaltrakt.

Saponine bilden mit Cholesterin einen unlöslichen Komplex. Sie wirken dadurch hemmend auf die Aufnahme primärer Gallensäuren, so dass weniger sekundäre Gallensäure gebildet wird, die mutagen (Erbgut verändernd) wirken kann. Sie stimulieren auch das Immunsystem positiv.

Glykosinolate – Helfer bei Erkältungen

Glykosinolate kommen in der Familie der Kreuzblütler vor. Sie wirken antikanzerogen, antimikrobiell, antibakteriell und antibiotisch. Sie bilden den scharfen Geschmack von Senf, Kren, Kohl, Kresse und Rettich. Durch Erhitzen und Kochen kann der Glykosinolatgehalt stark vermindert werden, da er sich in das Kochwasser auswäscht.

Polyphenole und Flavanoide – Entzündungshemmer

Unter Polyphenolen werden verschiedene Substanzen wie Cumarine, Flavanoide, Anthozyane, Lignane und Lignin zusammengefasst. Flavonoide geben verschiedenen Pflanzen ihre gelbe Farbe. Anthozyane hingegen sind für die rote, blaue und violette Farbe verantwortlich. Wichtiger Vertreter der Phenolsäuren ist die Kaffeesäure aus dem Kaffee. Phenolsäure ist aber auch in Obst und Getreide zu finden.

Flavanole kommen am häufigsten in der Natur in den Randbereichen der Pflanzen vor. Beeren, Äpfel, Rotwein, schwarzer und grüner Tee, dunkle Schokolade, Kakaobohnen, Zwiebeln und Kohl sind besonders reich an Flavanolen.

Flavonoide sind eine Gruppe sekundärer Pflanzeninhaltsstoffe, die viele Farbstoffe beinhalten. Weitere Untergruppen sind Flavanole, Flavone, Flavana und Flavanone.

Weintrauben sind reich an Polyphenolen (© EM Art / stock.adobe.com)

Die Wirkung der Polyphenole reicht von antikanzerogen, antioxidativ bis zu antimikrobiell und antibakteriell. Sie schwächen verschiedene Entzündungsprozesse ab und beeinflussen den Blutdruck positiv.

Phytoöstrogene – Unterstützer des Hormonsystems

Phytoöstrogene ist eine funktionelle Bezeichnung für Vertreter aus der Gruppe der Polyphenole. Sie kommen in Sojabohnen, Leinsamen und Vollkorngetreide vor. Sie üben im menschlichen Organismus eine ähnliche Wirkung aus wie Östrogen. Das ist auch der Grund, warum Sojaprodukte von der Traditionellen Chine-

In der Traditionellen Chinesischen Medizin werden Phytoöstrogene gerne bei Wechseljahrbeschwerden eingesetzt.

2

sischen Medizin nicht für Säuglinge, Kinder und Jugendliche empfohlen werden. Sie können aber auch krebserregende Stoffe hemmen und den Gallensäure- und Cholesterinstoffwechsel positiv beeinflussen.

Sulfide – stärken das Herz-Kreislauf-System

Zu den Sulfiden zählen schwefelhaltige Verbindungen, die im Knoblauch und anderen Liliengewächsen wie Lauch und Schalotten vorkommen. Sulfide sind auch in Kohlgewächsen zu finden. Sulfide wirken antikanzerogen, antioxidativ, können Radikale fangen, beeinflussen das Immunsystem und sind antibakteriell. Sie hemmen die Cholesterinsynthese und sind verdauungsfördernd.

Monoterpene – Verdauungsförderer

In der Natur spielen Monoterpene als Aromastoffe eine große Rolle, wie das Menthol aus Pfefferminze, das Carvon aus dem Kümmel und Limonen aus Zitrusfrüchten. Monoterpene kommen vor allem in verschiedenen Obstsorten wie Orangen, Zitronen, Marillen und Gewürzen vor. Limonen kann in der Leber und im Dünndarm zu einer Aktivitätssteigerung der Entgiftungsenzyme führen. Monoterpene können krebserregende Stoffe inaktivieren.

◘ Tab. 2.1 erläutert die wichtigsten Nahrungsmittelquellen für sekundäre Pflanzeninhaltsstoffe.

◘ **Tab. 2.1**   Vorkommen sekundärer Pflanzeninhaltsstoffe

Sekundäre Pflanzen-inhaltsstoffe	Vorkommen in Gemüsesorten	Andere Vorkommen
Carotinoide	Kohl, Karotten, Spinat, Brokkoli, Tomaten	Marillen, Nektarinen, Pfirsiche, Grapefruit (rot)
Phytosterine	Karfiol, Kohlsprossen, Brokkoli, Oliven	Samen, Nüsse, Getreide
Saponine	Spinat, Melanzani, Spargel, Fenchel,	Sojabohnen, Kichererbsen, Linsen, Hafer
Glykosinolate	Kohlarten, Kraut, Rettich	Kresse, Senf, Kren
Polyphenole	Zwiebeln, Sellerie, Endiviensalat, Paprika	Heidelbeeren, Äpfel, Rotwein, Sanddorn, Nelken, Zimt, Lavendel, Getreide, Kaffee, Kakao, Grüner Tee, Sojabohnen
Phytoöstrogene		Getreide, Sojabohnen, Tofu, Leinsamen
Sulfide	Knoblauch, Zwiebeln, Lauch Kohlgewächse	
Monoterpene		Gewürze, Kräuter, Schalen von Zitrusfrüchten

2.3 Wie werden Nährstoffe im Darm aufgenommen?

Um Nährstoffe aufzunehmen, muss unsere Nahrung verdaut werden. Die Verdauung beginnt mit dem Sehen und dem Riechen der Speisen. Guter Geruch und Geschmack aktivieren den Speichelfluss. Daher sagt man auch: „Das Wasser läuft mir im Mund zusammen".

> **Tipp**
>
> Essen Sie langsam und kauen Sie sorgfältig! Die Verdauung beginnt im Mund.

2.3.1 Unsere Organe arbeiten, wir brauchen Energie!

Energielieferanten für unseren Körper sind Kohlenhydrate, Eiweiß und Fette.

- **Eiweiß,** auch Proteine genannt, werden in Aminosäuren zerlegt. Sie werden für die Bildung von Hormonen, Enzymen und für den Zellaufbau benötigt. Sie sind wichtig für ein gesundes Immunsystem.
- **Kohlenhydrate** werden in Einfachzucker wie Fruktose und Glukose gespalten. Aus ihnen gewinnt der Körper Wärme, Energie für Muskeln und Gehirn.
- **Fette** werden in Fettsäuren und Glyzerin aufgespalten. Sie liefern Energie.

Die Energielieferanten werden im Magen-Darm-Trakt (◘ Abb. 2.1) in kleinste Bausteine zerlegt und gelangen über die Darmschleimhaut ins Blut. Über den Blutkreislauf gelangen sie in die Körperzellen. Dort findet die Verbrennung (Oxidation) zur Energie- und Wärmegewinnung statt.

- Im **Mund** erfolgt eine Zerkleinerung der Nahrung und Vermengung mit dem Speichel. Die tägliche Speichelproduktion beträgt ca. 0,5–1,5 Liter.
- Der **Speichel** enthält das Enzym Alpha-Amylase, die Kohlenhydratverdauung beginnt.
- Die **Speiseröhre** ist ein Muskel und bringt den Nahrungsbrei reflexartig zum Magen.
- Der **Magen** produziert den Magensaft. Dieser enthält Enzyme zur Eiweißverdauung, sogenannte Pepsine. Die Salzsäure wirkt bakterizid und senkt den pH-Wert auf 1,8–4. In diesem sauren pH-Spektrum wirken die Pepsine maximal. Die Bildung von Intrinsic Factor zur Vitamin-B12-Aufnahme erfolgt.

Psychisch-nervale, mechanische und chemische Reize aktivieren unsere Verdauung! Hormone, wie Gastrin, Insulin, Sekretin und Cholezystokinin wirken als kleine Steuerelemente! Sie geben den Impuls für den Verdauungsvorgang.

2

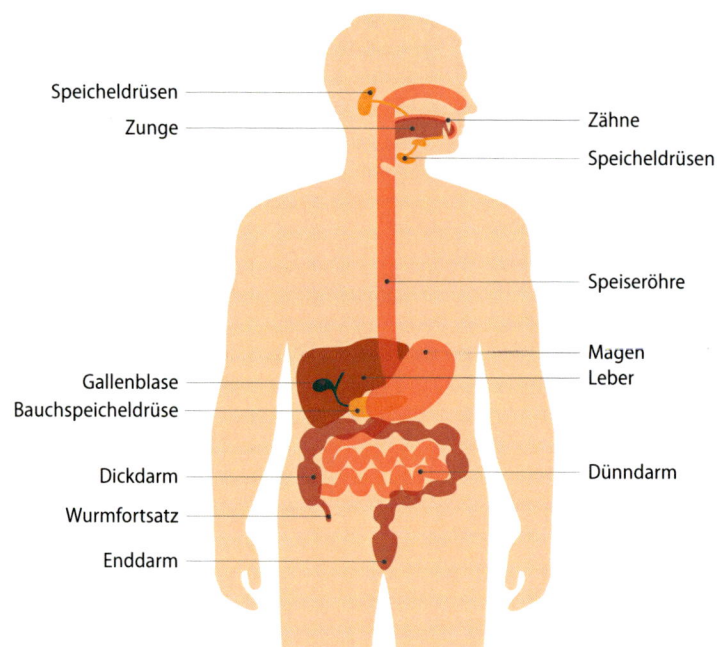

Speicheldrüsen
Zunge
Zähne
Speicheldrüsen
Speiseröhre
Magen
Leber
Gallenblase
Bauchspeicheldrüse
Dünndarm
Dickdarm
Wurmfortsatz
Enddarm

◘ **Abb. 2.1** Der menschliche Verdauungstrakt (© eveleen007 / stock.adobe. com, deutsche Übersetzung durch die Autorinnen)

> **Psychisch-nervale und mechanische Reize sowie Hormone steuern die Magensaftsekretion! Über das vegetative Nervensystem (Nervus vagus) gesteuert, können Aggressionen die Magensaftproduktion fördern. Eine Reizung der Magenschleimhaut mit Schmerzen und Brennen tritt auf.**

- Die **Leber** ist ein wichtiges Stoffwechselorgan. Sie hat einerseits Speicherfunktion (Glukose, Vitamin B12 und Vitamin D), andererseits bildet sie Eiweiß und Kohlenhydrate und gibt sie über die Pfortader ins Blut ab. Gallensäuren werden produziert und unterstützen die Fettverdauung. Ein Teil davon wird in der Gallenblase gespeichert und bei der Aufnahme von fettreicher Nahrung mobilisiert.
- Der **Zwölffingerdarm** nimmt den Verdauungssaft aus der Bauchspeicheldrüse und den Gallensaft aus der Leber auf. Die Verdauungssäfte sind lebensnotwendig für die Eiweiß-, Kohlenhydrat- und Fettverdauung. Die Leber bildet ca. 0,7 Liter Gallensaft täglich, der in der Gallenblase gespeichert wird. Der saure Magenbrei ist das Signal zur Produktion und Sekretion der basischen Verdauungssäfte aus der Bauchspeicheldrüse. Auch spielen Hormone hier eine wichtige Rolle.
- Der **Dünndarm** spaltet die Nahrung in kleinste Teilchen, Aminosäuren, Einfachzucker und Fettsäuren. Er nimmt die Nährstoffe inklusive Vitamine, Mineralstoffe und Spurenelemente auf und bringt sie in den Blutkreislauf. Dort gelangen sie an ihren Bestimmungsort und versorgen den Körper.

Die Darmwand besteht aus Schleimhautfalten und Zotten. Damit erreicht unser Darm eine gewaltige Größe.

- Der **Dickdarm** entzieht dem unverdaulichen Nahrungsbrei Wasser und Mineralstoffe. Er dickt den Nahrungsbrei von ca. 500–1500 ml auf 100–200 ml ein. Danach wird der Nahrungsbrei ausgeschieden.

2.3.2 Die Darmflora

Unser Darm ist eine Grenzfläche zur Außenwelt. Er ist zuständig für die Nährstoffaufnahme und schützt den Körper vor Fremdstoffen und Krankheitserregern. 80 % aller immunologisch aktiven Zellen befinden sich im Magen-Darm-Trakt. Dünn- und Dickdarm sind reichlich von Darmbakterien besiedelt. Sie haben die Funktion, das Immunsystem des Darmes zu aktivieren. Es gibt über 100 Bakterienstämme. Ca. 30–40 Stämme spielen die Hauptrolle – z. B. Laktobazillen, Enterokokken, Bifidusbakterien. Diese Bakterienstämme stärken unseren Organismus. Doch es gibt auch Bakterienstämme, die uns schädigen, wenn sie in großer Anzahl auftreten. Dazu gehören Mikroorganismen wie Bakteroides, anaerobe Kokken und Escherichia coli Bakterien. Als potenzielle Krankheitserreger werden Clostridien, Vibrionen, Staphylokokken und Pseudomonas aeroginosa gesehen. Wenn diese Bakterienwelt gestört ist, dann kann es insbesondere zu Verdauungsbeschwerden und einer Schwäche des Immunsystems kommen. Wissenschaftliche Analysen deuten darauf hin, dass Darmbakterien einen positiven Effekt bei der Behandlung von Heliobacter-pylori-Infektionen des Magens bewirken. Auch dürften sie die Laktoseverdauung unterstützen sowie bei Allergien und sogar als Prävention gegen Dickdarmkrebs immunologisch relevant wirken.

Einige Nahrungsmittel haben einen positiven Effekt auf das Wachstum von Darmbakterien. Es sind Nahrungsmittel, die wasserlösliche Faser- oder Ballaststoffe enthalten und unverdaut in den Dickdarm gelangen. Sie enthalten Inulin, Fruktooligosaccharide (FOS) oder Laktulose und werden als sogenannte Präbiotika bezeichnet. Im Darm werden sie von den Mikroorganismen fermentiert und in kurzkettige Fettsäuren zerlegt, und das Wachstum von Bifidusbakterien und Laktobazillen wird stimuliert.

> Darmbakterien wehren Fremdstoffe und Krankheitserreger ab!

Welche Nahrungsmittel bauen die Darmflora auf?

- Bananen
- Vollkorngerste und -weizen
- Topinambur
- Chicoree
- Spargel und Schwarzwurzel
- Zwiebeln, Knoblauch und Lauch

In den letzten Jahren nehmen Probiotika immer mehr an Bedeutung zu. „Probiotikum" sagt schon, worum es geht: „pro bios" – für das Leben. Es handelt sich hierbei um Produkte, die lebende Bakterienstämme enthalten. Hier ist es wichtig, Produkte von guter Qualität zu wählen, am besten probiotische Pulver, in denen mehrere Bakterienstämme mit einem Präbiotikum (wasserlösliche Faserstoffe) gemeinsam vorkommen. Das Präbiotikum dient den Bakterien als Nahrung. So können sich die Bakterienstämme vor ihrer Aufnahme in den Verdauungstrakt mittels Anrühren mit warmem Wasser oder Joghurt maximal vermehren. Nach ca. 15 Minuten kann das Probiotikum getrunken werden und sich im Darm verteilen. Wichtig ist, dass genügend Bakterien den sauren Magensaft überwinden. Probiotika können über einen langen Zeitraum eingenommen werden.

2.3.3 Denkt der Darm?

Unser Darm besteht nicht nur aus Muskulatur und Schleimhaut. In der Darmwand befindet sich eine große Anzahl an Nervenzellen. Sie stehen in Verbindung mit dem Gehirn und dem vegetativen Nervensystem. Sie reagieren nicht nur auf körperliche, sondern auch auf emotionale Reize. Der Mensch besteht aus Körper, Geist und Seele. Alle drei Ebenen bilden ein Ganzes. Das macht uns als Menschen aus.

Die TCM sieht den Mensch als Ganzes mit seinem Körper, seinen Emotionen und dem Geist. Man sagt, der Darm trennt Klares von Trübem, dann ist der Geist klar. Dann fließt die Energie Qi harmonisch. So gilt es unserer Meinung nach auch für unsere Darmgesundheit. Alleine die Funktion der vorhandenen Nervenzellen der Darmwand erklärt noch lange nicht alle Darmerkrankungen und Symptome. Emotionen spielen hier eine große Rolle: Nicht ohne Grund gibt es Redewendungen wie „Ich habe ein flaues Gefühl im Bauch", „Mir dreht es den Magen um" oder „Es ist mir eine Laus über die Leber gelaufen".

Warum leiden heute so viele Menschen am sogenannten Reizdarmsyndrom? Bei diesem Syndrom handelt es sich um ein Zusammentreffen verschiedener Verdauungsbeschwerden, die in Summe einen großen Leidensdruck auslösen. Auch hier gibt es kein Rezept zur Heilung. Auch Nahrungsmittelintoleranzen und Allergien sind keine rein körperlich erklärbaren Phänomene. Stress und seelische Belastungen hingegen treten häufig in Verbindung mit Darmerkrankungen auf. In der Therapie werden hier Entspannung und Meditation erfolgreich eingesetzt.

2.4 Was und wie viel braucht mein Körper?

Der Körper benötigt Energie, damit lebensnotwendige Funktionen wie Körpertemperatur, Arbeitsleistung und Stoffwechsel aufrechterhalten werden können. Die Energie bekommt der Körper über die Hauptnährstoffe Kohlenhydrate und Fette. Eiweiß benötigt der Körper für den Aufbau unserer Zellen und die Produktion von Hormonen und Enzymen. Andere wichtige Nährstoffe sind Vitamine, Mineralstoffe, Spurenelemente und sekundäre Pflanzeninhaltsstoffe.

2.4.1 Unser täglicher Bedarf an Nährstoffen

Für eine ausgewogene Ernährung ist es wichtig, dass alle Nährstoffe dem Körper in ausreichender Menge zur Verfügung stehen. Die Empfehlungen für eine ausreichende Nährstoffzufuhr setzen immer eine adäquate Ernährung voraus. Man unterscheidet essenzielle Nährstoffe, die der Körper nicht selbst herstellen kann und die mit der Nahrung aufgenommen werden müssen, und nicht essenzielle, die der Körper selber synthetisieren kann.

Der tägliche Bedarf an Lebensmitteln richtet sich nach dem Energieverbrauch einer Person und setzt sich aus dem Grundumsatz, dem Arbeitsumsatz, dem Leistungsumsatz, der Thermogenese und einem zusätzlichen Bedarf (wie evtl. Stillen) zusammen.

Den größten Teil des Energieverbrauchs stellt der Grundumsatz dar. Der Grundumsatz beträgt 1 kcal pro kg Körpergewicht pro Stunde. Der Grundumsatz ist der Kalorienverbrauch in Ruhelage. Bei leichter bis schwerer körperlicher Belastung kann sich dieser Grundwert um mehr als das Doppelte erhöhen. Neben dem Grundumsatz sind noch der Arbeitsumsatz und der Leistungsumsatz von Bedeutung.

Der Energiebedarf für körperliche Aktivität und Sport, auch Leistungsumsatz genannt, hat einen entscheidenden Einfluss auf den Energieumsatz. Zur Berechnung des Energieumsatzes wird der Grundumsatz mit dem PAL multipliziert.

> **Das Maß für die körperliche Arbeit wird auch als PAL-Wert („physical activity level") angegeben. Er beträgt zwischen 1,2 bei sitzender oder liegender Lebensweise und 2,4 bei körperlich anstrengender beruflicher Arbeit. Für sportliche Betätigung oder anstrengende Freizeitaktivitäten können zum Arbeitsumsatz noch zusätzlich 0,3 PAL-Einheiten/Tag hinzukommen.**

Für jede Person können individuelle Bedarfe errechnet werden.

Thermogenese wird die Produktion von Wärme durch Stoffwechselvorgänge genannt.

Faktoren, die den Grundumsatz beeinflussen, sind Alter, Geschlecht, Körpergewicht, Körpergröße, Muskelmasse und Gesundheitszustand.

Der Arbeitsumsatz ist der Kalorienverbrauch, der durch tägliche Tätigkeiten wie Schulweg, Arbeit, Gartenarbeit etc. zustande kommt.

2

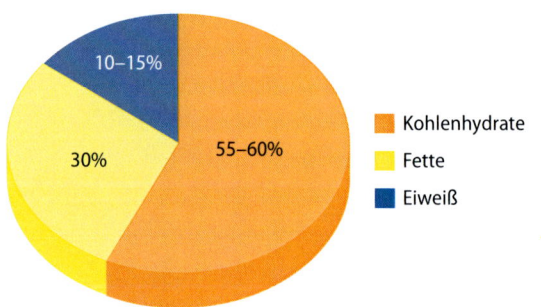

■ **Abb. 2.2**   Energieaufteilung

> **Brennwerte für energieliefernde Nährstoffe in kcal/g**
> — Kohlenhydrate: 4,1 kcal
> — Fett: 9,2 kcal
> — Eiweiß: 4,1 kcal
> — Alkohol: 7,1 kcal

Kohlenhydrate sollten 55–60 % der aufgenommenen Energie ausmachen. Der Rest teilt sich auf Fette (maximal 30 %) und Proteine (10–15 %) auf (■ Abb. 2.2).

2.4.2 Die Österreichische Ernährungspyramide

Die Ernährungspyramide wurde vom Bundesministerium für Gesundheit und Frauen in Zusammenarbeit mit vielen unterschiedlichen Partnern erstellt (■ Abb. 2.3). Die Pyramide ist einfach und verständlich und lässt genug Spielraum für eigene kreative Umsetzungen. Wir möchten sie hier vorstellen, da unsere eigene Herangehensweise durch die Österreichische Ernährungspyramide geprägt wurde und wir in Anlehnung daran einige Elemente in unsere Westliche 5-Elemente-Ernährung integriert haben.

Wie ist die Pyramide nun im Detail zu verstehen?

Die Pyramide ist so gewählt, dass jene Nahrungsmittel und Gruppen, von denen man viel zu sich nehmen soll, weiter unten angesiedelt sind. Je weiter wir nach oben kommen, umso weniger sollte man von den hier abgebildeten Nahrungsmitteln verzehren. In der Pyramide wird eine Portion mit Hilfe eines Glases oder der Hand/Faust/Handteller gemessen. Um die Empfehlungen genauer erklären zu können, fangen wir mit der untersten Stufe an und arbeiten uns nach oben durch.

■ **Getränke**

Die unterste Stufe beinhaltet 6 Portionen alkoholfreie, energiearme Getränke wie Wasser, Mineralwasser, ungezuckerte Früchte- und

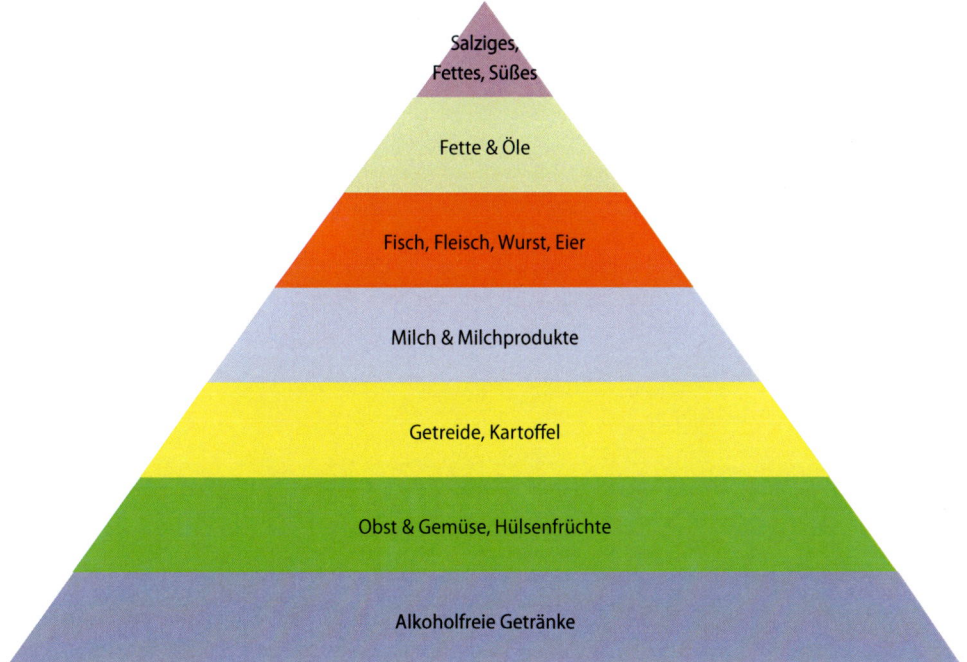

Salziges, Fettes, Süßes

Fette & Öle

Fisch, Fleisch, Wurst, Eier

Milch & Milchprodukte

Getreide, Kartoffel

Obst & Gemüse, Hülsenfrüchte

Alkoholfreie Getränke

Abb. 2.3 Österreichische Ernährungspyramide. (Erstellt auf Basis der Pyramide des Österreichischen Bundesministeriums für Gesundheit und Frauen)

Kräutertees oder verdünnte Obst- und Gemüsesäfte. Flüssigkeit sollte man mindestens 1,5 Liter/Tag zu sich nehmen, wobei eine Portion einem Glas mit 250 ml entspricht. Gegen Kaffee, Schwarztee und den moderaten Konsum anderer koffeinhaltiger Getränke wird nichts eingewendet. Mehr als 3–4 Tassen sollten allerdings nicht getrunken werden.

■ **Gemüse, Obst und Hülsenfrüchte**

Die nächste Stufe beinhaltet Gemüse, Hülsenfrüchte und Obst. Vor allem unser regionales und saisonales Angebot sollte bevorzugt konsumiert werden. 3 Portionen Gemüse oder/und Hülsenfrüchte und 2 Portionen Obst sollten man pro Tag essen. Ein Teil des Gemüses kann roh gegessen werden, damit genug wasserlösliche Vitamine aufgenommen werden können. Faustregel: Eine Portion Gemüse, Obst oder Hülsenfrüchte entspricht einer geballten Faust.

■ **Getreide und Erdäpfel**

Täglich 4 Portionen kohlenhydratreiche Nahrungsmittel wie Getreide, Brot, Nudeln, Reis und Erdäpfel sollen verzehrt werden, wobei 1 Portion Brot einer Handfläche, 1 Portion Erdäpfel, Nudeln oder Reis (gekocht) der Menge von 2 Fäusten entsprechen. Vollkorn soll bevorzugt konsumiert werden.

2

▪ Milch und Milchprodukte

Milch und Milchprodukte sollte man täglich 3-mal in den Speiseplan einbauen, wobei 1 Portion Joghurt oder Buttermilch 1 Glas oder Becher entspricht. Eine Portion Käse kann 2 Handflächen groß und dünn sein. Hierfür gilt: 2 Portionen weiß wie Hüttenkäse, Buttermilch und Joghurt und 1 Portion gelb wie Käse.

▪ Fisch, Fleisch, Wurst und Eier

Pro Woche können 1–2 Portionen heimischer oder fettreicher Fisch ca. 150 g gegessen werden. Bei den fettreichen Sorten können Lachs, Hering und Makrele auf dem Teller landen. 1 Portion Saibling ist so groß wie 1 Handteller und kann fingerdick sein. 3 Portionen Fleisch oder magere Wurst (3 handtellergroße, dünne Scheiben) dürfen auf dem Speiseplan stehen. Rotes Fleisch und Wurstwaren sollten sie eher seltener essen. 3 Eier in der Woche können verarbeitet oder konsumiert werden.

▪ Fette und Öle

Täglich 1–2 EL pflanzliche Öle, Nüsse oder Samen guter Qualität sollten gegessen werden. Diese enthalten wertvolle Fettsäuren und können daher täglich verwendet werden. Streich-, Back- und Bratfette wie Butter, Margarine oder Schmalz und fettreiche Milchprodukte wie Schlagobers, Sauerrahm, Creme fraiche eher sparsam einsetzen. Die Zubereitungsart ist hierbei auch wichtig. Dünsten, blanchieren und grillen statt frittieren und panieren.

▪ Fettes, Süßes und Salziges

Süßigkeiten, Mehlspeisen, zucker- und/oder fettreiche Fastfood-Produkte, Snacks, Knabbereien und Limonaden sind ernährungsphysiologisch weniger empfehlenswert. Diese Produkte sollten seltener (max. 1-mal/Tag) auf dem Speiseplan stehen. Verwenden sie Kräuter und Gewürze statt Salz. Stark gesalzene Produkte wie gepökelte Lebensmittel, Knabbergebäck, gesalzene Nüsse und Fertigsaucen sollten ebenfalls gemieden werden.

Bewegung ist zwar nicht als eigene Ebene angeführt, wird aber in dem erklärenden Text als sehr wichtig erwähnt. Empfohlen sind 150 Minuten pro Woche mit mittlerer Intensität (Radfahren, Nordic Walking, Gartenarbeit) und 2-mal pro Woche muskelkräftigende Übungen.

2.4.3 Die österreichischen Ernährungsempfehlungen

Die Österreichische Gesellschaft für Ernährung (ÖGE) hat 10 Ernährungsregeln herausgegeben, die allgemein gültig sind und jedem als Anhaltspunkt für eine ausgewogene Ernährung dienen sollen. Die Empfehlungen lehnen sich an die Österreichische Ernährungspyramide an, und es wurden darüber hinaus noch weitere Empfehlungen integriert und erklärt.

1. Vielseitig und genussvoll essen
2. Reichlich Flüssigkeit trinken – mind. 1,5 Liter
3. Gemüse, Hülsenfrüchte und Obst – 5 Portionen am Tag
4. Getreideprodukte und Erdäpfel – 4 Portionen am Tag
5. Milch und Milchprodukte – 3 Portionen am Tag
6. Fisch – 1–2 Portionen pro Woche; Fleisch, Wurstwaren – 2–3 Portionen pro Woche; max. 3 Eier pro Woche
7. Wenig fett- und fettreiche Lebensmittel – auf die Fettqualität achten
8. Sparsam bei Zucker und Salz
9. Schonend zubereiten
10. Achten Sie auf einen aktiven und gesunden Lebensstil

Diese 10 Regeln stellen eine gute Grundlage für eine ausgewogene Lebensweise dar. In unserem nächsten Kapitel erfahren Sie, wie die Grundlagen der westlichen Ernährung am besten mit der 5-Elemente-Ernährung zu unserer westlichen 5-Elemente-Ernährung vereint werden können.

Die Westliche 5-Elemente-Ernährung: das Beste aus 5-Elemente-Ernährung und Ernährungsmedizin

© Springer-Verlag GmbH Deutschland, ein Teil von Springer Nature 2019
V. Ottenschläger, C. Radbauer, *Ea(s)t meets West – Fit und gesund mit der Westlichen 5-Elemente-Ernährung*
https://doi.org/10.1007/978-3-662-56050-1_3

3

Wir kombinieren das Beste aus der Westlichen Ernährungsmedizin mit dem Wissen der 5-Elemente-Ernährung. Aus unserer beruflichen Erfahrung, zahlreichen Kochworkshops und vielen Fragen unserer Patienten ist etwas Neues entstanden – die Westliche 5-Elemente-Ernährung, die wir in Form unserer Vitalpyramide erklären. Die Verknüpfung von Medizin und Ernährung bietet eine fundierte Grundlage für Gesundheitserhaltung und Wohlbefinden.

3.1   Ein Treffen von Ost und West

Im Folgenden geben wir Ihnen einen Überblick über die westliche Ernährung und die 5-Elemente-Ernährung. Die Kombination beider Welten soll veranschaulicht werden.

3.1.1   Die Westliche 5-Elemente-Ernährung und die Vitalpyramide

Die Westliche 5-Elemente-Ernährung und die Vitalpyramide sind eine wertvolle Kombination aus Ost und West! Sie veranschaulichen das Beste aus den beiden Ernährungsweisen, Ernährungsmedizin und 5-Elemente-Ernährung.

Aus unserer langjährigen Erfahrung und Zusammenarbeit haben wir diesen neuen Weg in der Ernährung entwickelt. Gesundheit und Wohlbefinden stehen im Mittelpunkt. In den 6 Stufen unserer Vitalpyramide zeigen wir Ihnen, wie Sie beide Ernährungsweisen geschickt miteinander vereinen können (◘ Abb. 3.1).

Wie ist die Vitalpyramide im Detail zu verstehen?

Das Fundament der Vitalpyramide (Stufe 1–5) bilden moderate Bewegung und Entspannung, Qualität von Nahrungsmitteln, Saisonalität und Regionalität, leichte Verdaulichkeit von Speisen und regelmäßige Mahlzeiten.

Die Stufe 6 der Vitalpyramide ist so gewählt, dass jene Nahrungsmittel und Nahrungsmittelgruppen, von denen man viel zu sich nehmen soll, weiter unten in der Pyramide angesiedelt sind. Je weiter wir zur Spitze kommen, umso weniger sollte man von den hier abgebildeten Nahrungsmitteln verzehren.

Eine Portion in unserer Pyramide entspricht bei Getränken 1 Glas von 250 ml oder bei allen anderen Nahrungsmittelgruppen 1 Handvoll/Faust/Handteller. Bei Fetten und Ölen entspricht eine Portion einem Esslöffel.

Um die Empfehlungen genauer erklären zu können, fangen wir mit der untersten Stufe an und arbeiten uns nach oben fort.

VITALPYRAMIDE

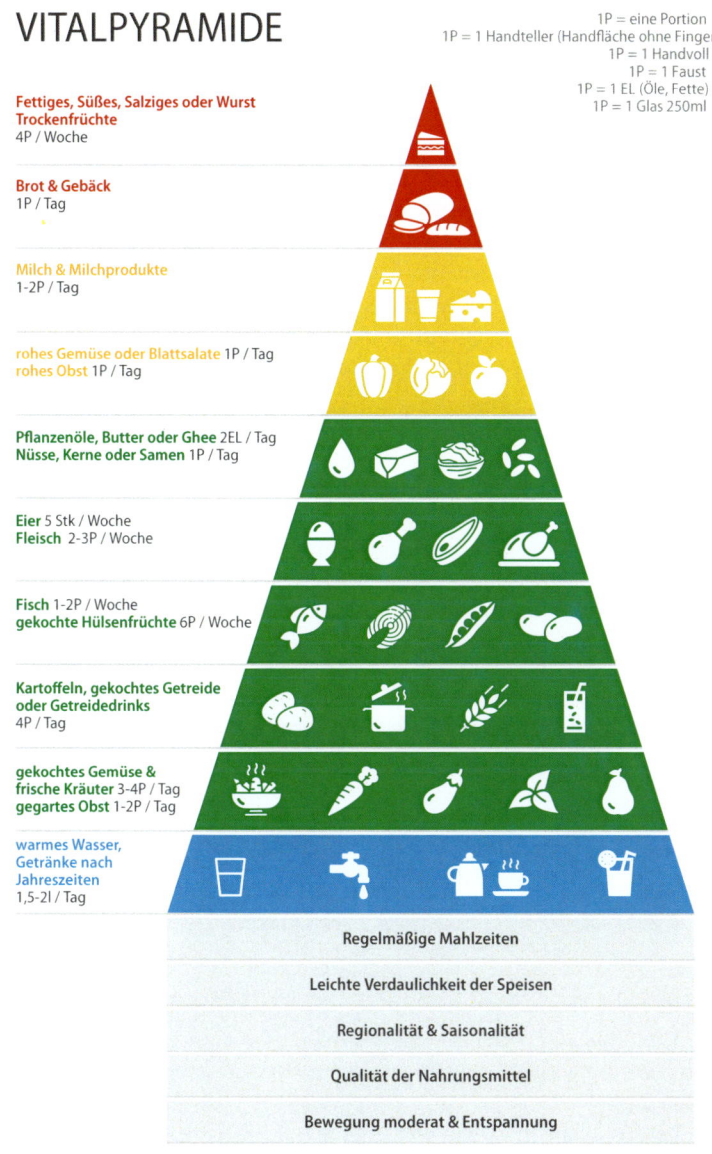

1P = eine Portion
1P = 1 Handteller (Handfläche ohne Finger)
1P = 1 Handvoll
1P = 1 Faust
1P = 1 EL (Öle, Fette)
1P = 1 Glas 250ml

**Fettiges, Süßes, Salziges oder Wurst
Trockenfrüchte**
4P / Woche

Brot & Gebäck
1P / Tag

Milch & Milchprodukte
1-2P / Tag

rohes Gemüse oder Blattsalate 1P / Tag
rohes Obst 1P / Tag

Pflanzenöle, Butter oder Ghee 2EL / Tag
Nüsse, Kerne oder Samen 1P / Tag

Eier 5 Stk / Woche
Fleisch 2-3P / Woche

Fisch 1-2P / Woche
gekochte Hülsenfrüchte 6P / Woche

**Kartoffeln, gekochtes Getreide
oder Getreidedrinks**
4P / Tag

**gekochtes Gemüse &
frische Kräuter** 3-4P / Tag
gegartes Obst 1-2P / Tag

warmes Wasser,
Getränke nach
Jahreszeiten
1,5-2l / Tag

Regelmäßige Mahlzeiten

Leichte Verdaulichkeit der Speisen

Regionalität & Saisonalität

Qualität der Nahrungsmittel

Bewegung moderat & Entspannung

■ **Abb. 3.1** Vitalpyramide nach Radbauer und Ottenschläger. (© Claudia Radbauer, Veronika Ottenschläger)

Die 6 Stufen der Vitalpyramide:
- Stufe 1: Moderate Bewegung und Entspannung
- Stufe 2: Qualität der Nahrungsmittel
- Stufe 3: Regionalität und Saisonalität
- Stufe 4: Leichte Verdaulichkeit der Speisen
- Stufe 5: Regelmäßige Mahlzeiten
- Stufe 6: Die Auswahl der Nahrungsmittel in der Vitalpyramide

3

Die 6 Stufen zu Wohlbefinden und Gesundheit

▪ Stufe 1: Moderate Bewegung und Entspannung

Bewegung hat bei uns eine eigene Ebene bekommen, da es sehr wichtig ist, sich regelmäßig zu bewegen. Empfohlen sind 150 Minuten pro Woche mit mittlerer Intensität (Radfahren, Nordic Walking, Gartenarbeit), zusätzlich 2-mal pro Woche muskelkräftigende Übungen. Aus unserer Sicht wäre es zielführend, Bewegungsarten einzubauen, die in unseren meist stressigen Zeiten entspannen. Geeignete Bewegungsarten sind Spazierengehen, Tanzen, Wandern und Yoga. Es muss nicht immer bis aufs Äußerste gegangen werden, sondern es ist wichtiger, auf seinen Körper zu hören und je nach Energielevel die sportliche Aktivität zu wählen.

Regelmäßige Bewegung und Entspannung sind wichtig.

> **Tipp**
>
> Der Vormittag bis zum frühen Nachmittag eignet sich gut für aktiven Sport – Yang. Geeignete Sportarten sind Laufen, Joggen, Kampfsport, Fußball, Tennis und viele mehr.
> Ab dem Nachmittag und Abend sollten wir ruhigere Bewegungsarten und Zeit zur Entspannung einplanen – Yin. Yoga, Pilates, Radfahren ohne Leistungsdruck oder entspannendes Schwimmen bieten sich an.

▪ Stufe 2: Qualität der Nahrungsmittel

Auf die Qualität von Nahrungsmitteln kommt es an. Heute stehen wir täglich einem riesigen Angebot an Lebensmitteln im Supermarkt gegenüber und wissen gar nicht mehr, wann was wächst, geschweige denn, wer was wo produziert. Aber darauf kommt es an!

Achten Sie beim Kauf auf Frische und Bioqualität.

Wo ist mein Gemüse gewachsen, wie war die Bodenbeschaffenheit, womit ist es gedüngt oder nicht gedüngt worden? Kommt es aus dem Glashaus oder ist es unter freiem Himmel gewachsen? Das sind essenzielle Fragen, die einen direkten Einfluss auf die Qualität unserer Nahrungsmittel haben. Auch Bio oder nicht Bio spielt eine große Rolle. Viele Marken und Siegel können uns den Weg weisen und etwas Licht in dieses große Angebot bringen. Wer allerdings die Möglichkeit hat, Lebensmittel direkt bei einem Bauern zu beziehen, sollte das auch nutzen. In der Stadt ist das natürlich bei weitem schwieriger. Hier gibt es die Möglichkeit, auf Märkten heimische Nahrungsmittel in sehr guter Qualität zu kaufen. Je unbelassener, je unbehandelter, je natürlicher und frischer die Lebensmittel sind, umso besser. Mit zunehmendem Verarbeitungsgrad sinkt auch die Qualität des einzelnen Nahrungsmittels.

Worauf sollte man bei der Qualität von Nahrungsmitteln achten?
- So frisch wie möglich
- Bio-Qualität, Marken und Siegel
- Wenig verarbeitete Nahrungsmittel

▪ Stufe 3: Regionalität und Saisonalität

In der Westlichen 5-Elemente-Ernährung ist eine jahreszeitliche, saisonale und regional angepasste Ernährung von größter Bedeutung. Die Verbundenheit des Menschen mit Natur und Umwelt wird in der heutigen Zeit wieder wichtiger. Nicht nur die Natur, auch wir alle sind einem stetigen Wandlungsprozess unterlegen. Daher ist es maßgeblich, unsere Ernährung immer wieder anzupassen und zu überdenken. Viele Ansätze, die früher ohne Bedenken umgesetzt wurden, müssen heute überdacht und geändert werden. Wir sollten hauptsächlich auf Nahrungsmittel zurückgreifen, die aus unseren Breiten kommen und nicht unreif um die halbe Welt gereist sind. Kurze Transportwege schonen unsere Umwelt, denn weniger CO_2 wird ausgestoßen. Wenn wir das beherzigen, essen wir Nahrungsmittel, die uns optimal in jeder Jahreszeit versorgen – sowohl vom thermischen Einfluss der 5-Elemente-Ernährung, als auch ernährungswissenschaftlich bezüglich lebenswichtiger Nähstoffe.

Unter Beachtung der Kochmethoden nach der 5-Elemente-Ernährung wird sowohl die Verdaulichkeit als auch der thermische Einfluss einer Speise beachtet. Wir empfehlen wärmende (yangisierende) Kochmetoden im Herbst und Winter und kühlende (yinisierende) Kochmethoden im Frühling und Sommer (siehe ▶ Abschn. 1.4.3).

Regionalität und Saisonalität der Nahrungsmittel nehmen an Bedeutung zu. Nachhaltigkeit und optimale Nährstoffversorgung werden dadurch gewährleistet.

> **Tipp**
>
> Bevorzugen Sie
> - regionale und saisonale Nahrungsmittel
> - kühlende Kochmethoden im Frühling und Sommer
> - wärmende Kochmethoden im Herbst und Winter

▪ Stufe 4: Leichte Verdaulichkeit der Speisen

Leicht verdaubare Nahrung macht unsere Speisen bekömmlicher. Gute Verträglichkeit und Verdaubarkeit hängen mit der jeweiligen Kochmethode zusammen (siehe ▶ Abschn. 5.2.1). Gegarte Nahrungsmittel können von Verdauungsenzymen leichter aufgespalten werden. Die freiwerdenden Nährstoffe können vom Darm gut aufgenommen werden. Das bedeutet, unser Körper wird besser versorgt.

Idealerweise sollten 80 % der Speisen gekocht sein. Nur etwa 20 % sollte als Rohkost – Salat, rohes Obst oder Gemüse konsumiert werden.

3

Lediglich die wasserlöslichen Vitamine sind nicht hitzestabil. Sie müssen als Rohkost aufgenommen werden. Hier reicht aber eine kleine Menge täglich (siehe ▸ Abschn. 2.2.2).

> **Tipp**
>
> Der Darm soll in der Nacht ruhen! Essen Sie keine Rohkost, Brot und Gebäck am Abend.

Frische Kräuter und Gewürze wirken verdauungsfördernd. Sie dürfen bei keiner Speise fehlen. Verdauungshilfen, wie Miso, Ingwer, milchsauer Vergorenes und nicht pasteurisierter Essig erhöhen die Verdaulichkeit (siehe ▸ Absch. 4.3) der Speisen.

Vollkorngetreide ist für unseren Darm schwer verdaulich. Denn in der Schale befinden sich sogenannte Fraßschutzstoffe wie die Phytinsäure. Abgebaut wird sie durch die Einwirkung von Sonne, Wärme und Wasser vom Enzym Phytase. Die Phytase wird über diese Mechanismen aktiviert, erst nach Abbau der Phytinsäure ist das Getreidekorn gut verdaulich. Daher war es über Generationen Tradition, Brot und Gebäck vor dem Backen „gehen zu lassen". Heute wird dieser Vorgang von Backtriebmittel übernommen. Die Phytinsäure wird daher meist nicht mehr vollständig abgebaut. Brot und Gebäck verursachen bei vielen Menschen Verdauungsbeschwerden. Vollkorn ist leichter verdaulich in Form von Flocken, Gries und poliert, z. B. in Form von Dinkelreis, Vollkornnudeln und qualitativ hochwertigem Brot.

> **Wie werden Ihre Speisen leichter verdaubar?**
> ▬ Mehr gekochte Speisen als Rohkost verzehren
> ▬ Frische Kräuter und Gewürze sowie Verdauungshilfen (siehe ▸ Abschn. 4.3) fördern die Verdauung
> ▬ Vollkorn in Form von Flocken, Gries und poliert, z. B. Dinkelreis, geschrotet oder als Mehl sind leichter verdaulich als das ganze Korn

■ **Stufe 5: Regelmäßige Mahlzeiten**

Die alte Weisheit „Iss morgens wie ein Kaiser, mittags wie ein König und abends wie ein Bettelmann!" hat noch immer Gültigkeit.

In unserer stressigen Zeit vergessen wir manchmal eine Mahlzeit oder glauben, nicht dazu zu kommen. Wir brauchen Energie, um konzentriert und leistungsfähig sein zu können, daher spielt auch ein ausgewogenes Frühstück eine solch wichtige Rolle, damit wir gut durch den Tag kommen. Das Frühstück sollte den Hauptteil (ca. 40 %) unserer Nahrungsaufnahme ausmachen. Der Mittag ist die beste Zeit für die Kohlenhydratverdauung. Das Mittagessen (ca. 35–40 %) kann auch noch einen großen Anteil unserer Energieaufnahme ausmachen. Der Mittag ist die beste Zeit für die Eiweißverdauung. Am Abend (ca. 20–25 %) sollte man nur eine leicht verdaubare Mahlzeit in Form von Suppen und gedünstetem Gemüse oder Fisch zu sich nehmen. Wenn man das befolgt, kann man sein Gewicht gut halten, und die Schlafqualität verbessert sich. Unsere üblichen Brotmahlzeiten mit Wurst und Käse sind sehr schwer verdaulich. Auch größere Portionen an Kohlenhydraten wie Pizza oder Pasta belasten unseren Darm. Müdigkeit in der Früh, Völle und Blähungen können die Folge sein. Je schwächer die Mitte ist, desto eher kommt es zu Verdauungsbeschwerden.

In der 5-Elemente-Ernährung enthält eine Mahlzeit viel Energie, Qi, wenn alle 5 Geschmäcker enthalten sind. Die 5 Geschmacksrichtungen sind sauer, bitter, süß, scharf und salzig. Jeder Geschmack ist einem Element zugeordnet (siehe ▶ Kap. 1.6.1). Jeder Geschmack hat eine spezielle Wirkung auf unseren Körper. So wirken alle 5 Geschmäcker in einer Speise harmonisierend auf uns.

---

3 Mahlzeiten täglich

- Frühstück: warm, kohlenhydratreich – Vollkorn, leicht verdaulich, pikant oder süß
- Mittag: eiweißreich – pflanzlich oder tierisch
- Abendessen: suppig, saftig, wenig Kohlenhydrate und Eiweiß

Tipp

Lassen Sie mindestens 3 Stunden Pause zwischen den Mahlzeiten!

■ **Stufe 6: Die Auswahl der Nahrungsmittel in der Vitalpyramide**

In unserer Westlichen 5-Elemente-Ernährung empfehlen wir eine Aufteilung der Nahrungsmittelgruppen von unten nach oben. Die Nahrungsmittelauswahl von der Basis der Pyramide bis zur Spitze zeigt, welche Menge an Lebensmitteln täglich aufgenommen werden sollen.

In der Österreichischen Ernährungspyramide werden zur leichteren Einschätzung die Hand, die Faust, der Handteller oder ein Glas 250 ml verwendet. In der Traditionellen Chinesischen Medizin findet man keine Angaben zu Portionsgrößen und auch nicht zu Vorspeisen, Hauptspeisen und Nachspeisen. Hier wird so viel gegessen bis man ca. zu 80 % satt isst, dann sollte aufgehört werden. Auf das Kauen der Bissen wird auch spezieller Wert gelegt. Man sollte zwischen 18- und 20-mal einen Bissen kauen und ihn dann erst hinunter schlucken.

Die optimale Auswahl an Lebensmitteln fördert Ihre Gesundheit und Ihr Wohlbefinden.

3

Portionsgrößen in der Vitalpyramide:
- 1 Portion = 1 Faust
- 1 Portion = 1 Handteller (ist die Hand ohne Finger)
- 1 Portion = 1 Handvoll
- 1 Portion = 1 EL (Öle, Fette)
- 1 Portion = 1 Glas 250 ml

Aufteilung der Nahrungsmittelgruppen von der Basis bis zur Spitze in der Vitalpyramide

Warmes Wasser, Getränke nach Jahreszeiten

Die unterste Stufe beinhaltet Getränke in Form von Wasser, vor
allem heißem Wasser, Früchtetees und mit Wasser verdünnte Säfte.
Zu Kräutertees ist zu sagen, dass jedes Kraut eine Wirkung hat
und als Medizin gesehen werden sollte. Daher sollten Kräutertees
zeitlich begrenzt eingesetzt werden. Mineralwasser gilt in der
5-Elemente-Ernährung als thermisch kalt. Wir empfehlen, warmes
Wasser dem Mineralwasser vorzuziehen.

Kaffee, Schwarztee, andere koffeinhaltige Getränke, Fruchtsäfte, Limonaden, Energie Drinks und Alkohol sollen nur in geringer Menge genossen werden.

Gekochtes Gemüse, frische Kräuter und gegartes Obst

Die nächste Stufe beinhaltet Gemüse, Obst, Kräuter und Gewürze.
Vor allem unser regionales und saisonales Angebot sollte bevorzugt
konsumiert werden. Am besten kocht man das Obst und Gemüse,
dann ist es besser verdaulich. Kräuter und Gewürze liefern einen
wichtigen Beitrag, wenn man an sekundäre Pflanzeninhaltsstoffe
denkt und auch an Ballaststoffe, Vitamine und Mineralstoffe. Sie
machen die Speisen zusätzlich schmackhafter, bekömmlicher und
können thermisch ausgleichen. Es sollte mehr Gemüse als Obst
verzehrt werden, da Obst einen hohen Anteil an Fruchtzucker enthält.

> **Tipp**
>
> Essen Sie täglich 3–4 Portionen gekochtes Gemüse und frische Kräuter sowie 1–2 Portionen gegartes Obst.

▪ **Kartoffeln, gekochtes Getreide und Getreidedrinks**

Kohlenhydratreiche Nahrungsmittel wie Vollkorngetreide, Reis und Erdäpfel sollten mehrmals pro Tag verzehrt werden. Besser verträglich ist es, wenn man es in Form von Flocken, Gries oder poliert, z. B. in Form von Dinkelreis oder als Vollkornnudeln genießt. Auch diese leichter verdaulichen Getreidevarianten sollten immer gekocht werden. Wir haben so viele unterschiedliche Getreidesorten und verwenden doch immer nur die gleichen. Heimisches Getreide wie Dinkel, Roggen, Gerste, Hafer, Hirse, Polenta (Mais), Buchweizen und hin und wieder Vollkornweizen sollten bevorzugt verzehrt werden. Amarant und Quinoa sind eine gute zusätzlich eiweißhaltige Alternative, doch diese beiden Sorten kommen aus Mittel- und Südamerika. Reis als nicht heimische Variante stellt eine gute Alternative zu den oben genannten Getreidesorten dar. Mittlerweile gibt es sogar einzelne Initiativen für den Reisanbau in Österreich.

Wechseln Sie die Getreidesorten regelmäßig ab.

> **Tipp**
>
> Wir empfehlen 4 Portionen gekochtes Getreide, Getreidedrinks oder Kartoffeln täglich, davon kann eine Portion Brot oder Gebäck pro Tag verzehrt werden; am besten nach einem warmen Frühstück. Am Abend sind Brot und Gebäck eher zu vermeiden und belasten unseren Magen-Darm-Trakt.

▪ **Fisch und gekochte Hülsenfrüchte**

Hülsenfrüchte sind eine gute Möglichkeit, um hochwertiges pflanzliches Eiweiß zu uns zu nehmen. Auch hier gibt es viele unterschiedliche Arten, die für Abwechslung sorgen können. Die geschälten Varianten wie gelbe und rote Linsen sind leichter verträglich und schneller zubereitet als braune und schwarze Linsen. Diese sollten so wie alle Bohnenarten über Nacht mit einer Scheibe Ingwer und 1–2 Stück Algen eingeweicht werden. Kichererbsen in Form von Humus oder anderen Aufstrichen können auch gut zu Getreide gereicht werden. Auch Fisolen und Erbsen zählen zu den Hülsenfrüchten.

Heimischer Fisch sollte vermehrt konsumiert werden, da er weniger schadstoffbelastet ist als Meeresfische und Krustentiere. Bei den fettreichen Sorten können Lachs und Hering auf den Teller kommen.

3

> **Tipp**
>
> Essen Sie bis zu 6 Portionen gekochte Hülsenfrüchte wöchentlich. Heimischen Fisch in Bio-Qualität empfehlen wir mindestens 1–2 Portion pro Woche, geräucherten Fisch oder Meeresfisch 1 Portion alle 2–3 Wochen.

■ Fleisch und Eier

Vor allem im Herbst und Winter gibt uns Fleisch Wärme und Kraft. In der 5-Elemente-Ernährung haben die verschiedenen Fleischsorten ein unterschiedliches Temperaturverhalten wie z. B. Wild (sehr warm) und Ente (eher kühlend). Ein gutes Wildgericht eignet sich daher hervorragend im nassen, kalten Herbst. Eine kühlende Enten-Kraftsuppe wirkt hingegen kräftigend und thermisch kühlend bei Wechseljahrbeschwerden.

Fleisch beinhaltet alle essenziellen Aminosäuren und ist eine wertvolle Eiweißquelle. Es liefert wichtige Vitamine und Mineralstoffe.

Eier sind sehr nahrhaft und ein gutes Grundnahrungsmittel – vom Frühstücksei bis zur Verarbeitung in Kuchen, Aufläufen oder Nudeln. Eier in Bio-Qualität sind ein sehr hochwertiges und energiereiches Nahrungsmittel und können öfter gegessen werden.

> **Tipp**
>
> Konsumieren Sie Fleisch maximal 2–3 Portionen in der Woche. Magere Fleischsorten wie Huhn und Bio-Pute sind zu bevorzugen. Wurst sollten Sie so wenig wie möglich essen, da sie an der Spitze der Pyramide steht, vor allem wegen des hohen Salz- und Fettgehalts. Bio-Eier können bis zu 5 Stück in der Woche verzehrt werden. Menschen mit einer Störung des Fettstoffwechsels sollen maximal 2 Eier in der Woche essen.

■ Pflanzenöle, Butter oder Ghee, Nüsse, Kerne oder Samen

Bratenfett und Margarinen sind hochverarbeitete Fette sehr minderer Qualität. Bevorzugen Sie daher Butter oder qualitativ hochwertige Pflanzenöle.

Täglich sollten pflanzliche Öle, Nüsse oder Samen guter Qualität konsumiert werden. Diese enthalten wertvolle essenzielle Fettsäuren und Aminosäuren und können täglich verwendet werden. Streich-, Back- und Bratenfette wie Butter oder Schmalz sollten nur sparsam eingesetzt werden.

Die Zubereitungsart ist hierbei auch wichtig. Dünsten, Blanchieren und Dämpfen sind jene Kochmethoden, die schonender sind und mit weniger Fett auskommen. Frittieren, Panieren, Rösten und Grillen sind jene, die mehr Fett benötigen.

■ **Rohes Gemüse oder Blattsalate und rohes Obst**

Ein geringer Teil des Gemüses soll roh gegessen werden, damit genug wasserlösliche Vitamine aufgenommen werden können. Rohes Obst und Gemüse sowie Salate sind schwerer verdaulich. In großen Mengen führen sie bei den meisten Menschen zu Verdauungsbeschwerden und Blähungen. Das Frühstück und das Mittagessen sind die beste Tageszeit, um rohes Obst oder Gemüse in kleinen Mengen zu einer warmen Mahlzeit zu sich zu nehmen. Kleine Mengen bitterer Blattsalate wie Radicchio, Rucola, Endivie zum Mittagessen können die Verdauung, vor allem die Leber und die Galle, bei ihrer Tätigkeit unterstützen.

■ **Milch und Milchprodukte**

Milch und Milchprodukte werden je nach Bedarf eingesetzt, wobei Butter und Hartkäse regelmäßig gegessen werden sollen. Milch wird bei uns viel zum Kochen oder für Kuchen, Pancakes, Palatschinken, Schmarrn und andere süße Getreidegerichte verwendet. Milch in guter Qualität ist ein hochwertiges Nahrungsmittel und besonders für Kinder wichtig.

In der kalten Jahreszeit ist darauf zu achten, dass wenig Joghurt und nicht zu viel weiche Käsesorten konsumiert werden, denn das kann die Schleimbildung bei schon verschnupften Kindern und anfälligen Erwachsenen fördern. Es kann zu vermehrtem produktivem Husten und Schnupfen führen. Milchprodukte wie Schlagobers, Sauerrahm, Creme fraiche können sparsam eingesetzt werden. Hier spielt der Fettgehalt auch eine Rolle.

Nicht gekochtes Müsli mit kaltem Joghurt und Banane schwächen unsere Verdauung.

3

▪ Brot und Gebäck

Brot und Gebäck, die sich in unseren Breitengraden hoher Beliebtheit erfreuen, sind fast nicht mehr aus unserem täglichen Leben wegzudenken. Oft werden sie mehrmals pro Tag in nicht hoher Qualität verzehrt, vor allem als Ersatz von Hauptmahlzeiten. Dies kann auf Dauer zu Verdauungsproblemen wie Blähungen und Völlegefühl führen. Vor allem am Abend als kalte Brotmahlzeit mit Wurst und Käse sind Brot und Gebäck zu meiden. Die Schlafqualität kann auch darunter leiden.

> **Tipp**
>
> Die beste Zeit für eine qualitativ hochwertige Brotmahlzeit ist der Vormittag nach einem warmen Frühstück.

▪ Fette Speisen, Salziges, Süßes und Süßspeisen, Trockenfrüchte und Süßungsmittel

Nach dem Motto: „Weniger ist mehr!"

Süßigkeiten, Mehlspeisen, zucker- und /oder fettreiche Fastfood-Produkte, Wurst, Snacks, Chips und Knabbereien sind ernährungsphysiologisch weniger empfehlenswert. Diese Produkte sollten selten auf dem Speiseplan stehen. Zu viel Gebackenes und Frittiertes belastet unsere Mitte und führt nicht nur zu Verdauungsbeschwerden, sondern auch zu einer ganzen Reihe an anderen Erkrankungen wie Bluthochdruck, hoher Cholesterinspiegel, Diabetes etc.

Wurst sollte sparsam konsumiert werden. Sie enthält viel tierisches Fett, Cholesterin, Salz und oftmals auch Zusatz- und Konservierungsstoffe. Weniger verarbeitete Produkte wie Schinken sind zu bevorzugen. Gerade Wurst mit versteckten Fetten und Salz ist eine Ursache für Herz-Kreislauf-Erkrankungen und Hypercholesterinämie.

Die eigentlich gesunden Trockenfrüchte haben einen sehr hohen Zuckeranteil und können in kleinen Mengen eine wertvolle Alternative zu Zucker darstellen. Süßungsmittel wie Honig, Ahornsirup, Vollrohrzucker, Birnendicksaft und Apfelsüße sind die etwas besseren Varianten zu konventionellem Zucker und Zuckeraustauschstoffen. Doch auch diese sollten nur in geringen Mengen und nur mit Bedacht eingesetzt werden. Zucker bleibt Zucker!

> **Tipp**
>
> Essen Sie pro Woche maximal 4 Portionen (4 Handvoll) Fettiges, Süßes oder Salziges, Trockenfrüchte oder Süßungsmittel.

3.1.2　Die westliche Ernährung: die Österreichische Ernährungspyramide

Die Grundlagen der westlichen Ernährung und die Österreichische Ernährungspyramide wurden bereits in ▶ Kap. 2 ausführlich vorgestellt (siehe hier vor allem ▶ Abschn. 2.4.2, ▶ Abschn. 2.4.3 und ▶ Abb. 2.4).

3.1.3　Die 5-Elemente-Ernährung Tag für Tag

In der 5-Elemente-Ernährung kommt es auf die richtige Auswahl von Nahrungsmitteln aus der Region und in der Jahreszeit an, aber auch auf die Qualität und Zubereitungsart der Speisen. Diese sind ausschlaggebend für eine erhöhte Bekömmlichkeit und bessere Verdaubarkeit – ein Punkt, der gerade in der heutigen Zeit auch immer wichtiger wird, da viele Menschen an Unverträglichkeiten, Magen- und Darmproblemen so wie vielen anderen Störungen des Verdauungstraktes leiden. Zusätzlich wird aber auch sehr großer Wert auf ein gesundes Essverhalten, auf die regelmäßige Aufnahme von Mahlzeiten, die richtige Atmosphäre und eine ausgewogene innere Einstellung gelegt. Diskussionen, Stress, Zeitdruck und „Nebenbei-Essen" hemmen den freien Qi-Fluss und führen zu einer Belastung des Magen-Darm-Traktes, des Magen- und Milz-Qi's.

Worauf kommt es in der 5-Elemente-Ernährung an?

- Regelmäßige Mahlzeiten (▶ Abschn. 1.3.2)
  - Frühstück – ist die beste Zeit zur Kohlehydratverdauung, wichtigste Mahlzeit; pikant oder süß zubereitet
  - Mittag – ist die beste Zeit zur Eiweißverdauung, sowohl tierisch als auch pflanzlich
  - Abendessen – nicht zu spät, suppig und saftig, nur wenig Brot, Gebäck oder Rohkost, kleine Mengen Kohlehydrate wie Nudeln oder Kartoffeln und wenig Eiweiß wie Fleisch oder Fisch
- Konstitutionstyp nach der TCM
  Der Konstitutionstyp spielt in der Traditionellen Chinesischen Medizin eine große Rolle (▶ Abschn. 1.1.2). Die Konstitution des Einzelnen hängt von unterschiedlichen Faktoren ab. Befindet sich der Mensch im Gleichgewicht, erfreut er sich guter Gesundheit. Dieses Gleichgewicht von Yin und Yang ist allerdings bei jedem Menschen anders und hängt von seiner Konstitution ab. Sie wird zum einen Teil von den Eltern mitgegeben und zum anderen Teil durch Lebensumstände und auftretende Krankheiten oder Alter bestimmt. Das heißt aber auch, dass wir unsere Konstitution beeinflussen können, und zwar durch Ernährung und Lebensstil. In der Traditionellen Chinesischen Medizin unterscheidet man sehr grob zwischen Yin- oder Yang-Mangel, Yin- oder Yang-Fülle, Qi, Blut und

Säftemangel. Meist liegt nicht nur eine Form vor, sondern oft ist es eine Mischung aus mehreren Mustern. Bei Erkrankungen oder wenn das Wohlbefinden vermindert ist, werden nach der 5-Elemente-Ernährung spezielle Nahrungsmittel empfohlen, andere sollen vermieden werden. Das bedeutet auch, die Ernährung wird in der TCM als Therapie eingesetzt, am sinnvollsten gemeinsam mit chinesischen Kräutern und Akupunktur. Der Konstitutionstyp wird von einem TCM-Arzt bestimmt, der eine optimale Therapie für den Patienten zusammenstellt und durchführt.

– Zur leichteren Verdaulichkeit
    – Mehr gekochte Speisen als Rohkost täglich verzehren
    – Frische Kräuter und Gewürze, sowie Verdauungshilfen (▶ Abschn. 4.3) fördern die Verdauung
    – Vollkorn als Flocken, Gries, poliert – z. B. Dinkelreis, geschrotet oder Mehl sind leichter verdaulich als das ganze Korn
– Jahreszeiten
    – Kaufen und essen Sie saisonale und regionale Produkte; zur jeweiligen Jahreszeit haben die Nahrungsmittel die richtige Temperatur (▶ Abschn. 1.6.2) und Geschmack (▶ Abschn. 1.6.1), die wir benötigen
    – Wärmende Kochmethoden z. B.: Schmoren, Braten im Herbst und Winter
    – Kühlende Kochmethoden z. B.: Blanchieren, Dünsten im Sommer

Tägliche Ernährung

In der 5-Elemente-Ernährung gibt es keine bestimmte Menge für die tägliche Nahrungsaufnahme. Man isst so lange, bis man das Gefühl hat, dass sich der Magen zu füllen beginnt. Ein angenehmes Sättigungsgefühl stellt sich ein. Die Speisen sollten nicht geschlungen, sondern gut gekaut werden. Während des Essens soll man nichts trinken, erst danach.

Tägliche Aufteilung der Nahrungsmittelgruppen (◨ Abb. 3.2):
– 50 % verschiedenes Getreide und Hülsenfrüchte
– 35 % gekochtes Obst und Gemüse

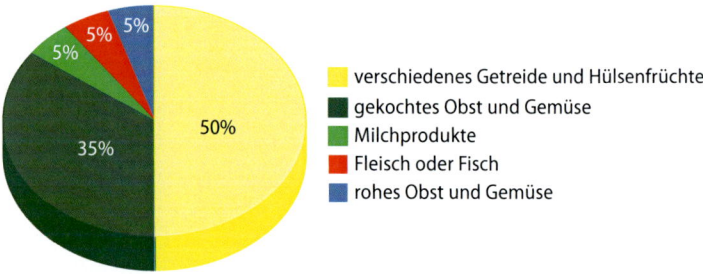

◨ **Abb. 3.2**   Prozentuale Aufteilung der Nahrungsmittelgruppen in der TCM

- 5 % Milchprodukte
- 5 % Fleisch oder Fisch
- 5 % rohes Obst und Gemüse

3.2 Ernährung für Ihre Gesundheit

3.2.1 Das Immunsystem stärken

Foto: © Christina Anzenberger-Fink

Um unseren Körper vor Krankheiten zu schützen, ist ein starkes Immunsystem wichtig. Täglich sind wir Krankheitserregern ausgesetzt – auf dem Weg zur Arbeit und in der Freizeit. Das Immunsystem ist in Dauereinsatz. Auch sogenannte Autoimmunerkrankungen resultieren aus einem defekten Immunsystem. Hier bilden sich körpereigene Stoffe, sogenannte Antikörper, gegen den eignen Körper. Wichtig ist, das Immunsystem täglich zu stärken.

Regelmäßige warme Mahlzeiten, Kraftsuppen und ausreichend Nährstoffe unterstützen das Immunsystem.

Essen für ein starkes Immunsystem!
- Max. 2- bis 3-mal in der Woche Fleisch, 2-mal pro Woche Fisch.
- Lang gekochte Eintöpfe und Geschmortes.
- Ein wichtiger Kraftspender ist Vollkorngetreide. Es enthält wichtige Mineralstoffe und Vitamine. Gut verdaulich ist es als Flocken, Gries oder Congee. Poliertes Getreide wie z. B. Dinkelreis oder Schrot sind ebenfalls leichter verdaulich. Vollkorn vor Verzehr immer, am besten über Nacht, quellen lassen, dann ist er leichter verdaubar.
- Regelmäßig Hülsenfrüchte essen. Sie leiten Feuchtigkeit gut aus und geben Kraft.
- Gegartes Obst und Gemüse der Saison essen, z. B. als Kompott, gebacken oder gedünstet.
- Wärmende Gewürze sind wichtig: Ingwer, Zimt, Nelken, Muskat, Wacholderbeeren, Rosmarin, Sternanis, Chili, Basilikum, Kümmel, Kreuzkümmel, Dill, Kardamom, Knoblauch, Koriander, Liebstöckel, Lorbeer, Majoran, Marsala, Schnitt-

3

lauch, Oregano, Kurkuma, Paprika, Thymian und Bockshornklee.

- Kraftsuppen aus Gemüse, Rind oder Huhn mit Wurzelgemüse stärken Qi und Essenz.
- Verdauungshilfen (siehe ▶ Abschn. 4.3).
- Wenig bittere Blattsalate als Beilage zum Mittagessen wie Endivie, Radicchio, Chicorée, Rucola, Blattpetersilie.
- Nach jeder Mahlzeit Zeit zum Verdauen nehmen!

> **Das Congee ist in der TCM ein sehr lange gekochter und leicht verdaulicher Getreidebrei. Es wird gerne bei Magenerkrankungen empfohlen (Rezept siehe ▶ Abschn. 6.3.7).**

Eine gute Darmflora stärkt das Immunsystem!

Was soll man vermeiden? Was schwächt den Körper?
- Zu viel rohes Obst und Gemüse (max. ein Stück pro Tag!)
- Zu viel Milch und Milchprodukte, besonders Joghurt, saure Milch, Buttermilch, Rahm, Topfen und weiche Käsesorten; Hartkäse und Butter in kleineren Mengen sind OK
- Stark fettige und ölige Speisen; Überbackenes mit Käse, Speisen mit Schlagobers, in Öl braten, Mehlspeisen
- Brot und Gebäck 2- bis 3-mal täglich– als Alternative eignen sich Maiswaffeln oder Knäckebrot
- Häufig Weizenprodukte
- Junkfood wie Burger, Chips, Pommes
- Süßigkeiten und Zucker
- Zitrusfrüchte und Fruchtsäfte, viele Südfrüchte
- Kalte Getränke, Speiseeis
- Stress, Sorgen, wenig Bewegung
- Unregelmäßiges Essen
- Selten warmes Essen
- Zu geringe Beachtung der Jahreszeiten

Immunstärkende Nahrungsmittel und deren Inhaltsstoffe im Überblick

- **Fleisch**
- Bedarf: 240–280 g/Woche = 40 g/Tag; 2–3×/Woche
- Quellen: Rind, Kalb, Huhn, kleine Mengen Schwein sowie qualitativ hochwertige Wurst
- Fleisch ist reich an Zink und Eisen, Vitamin B12
- Vor allem in Kombination mit Vitamin-C-reichen Lebensmitteln kann Eisen gut aufgenommen werden
- Wichtig für das Immunsystem
- Wurst und Wurstwaren enthalten viel verstecktes Fett, daher nur kleine Mengen essen. Besser: qualitativ hochwertiges Fleisch, am besten in Bio-Qualität
- Siehe auch ▶ Abschn. 4.1.5

- **Eier**
- Bedarf: 5 Stück pro Woche
- Gute Quelle für hochwertiges Eiweiß und Zink
- Eier können bereits im 1. Lebensjahr gegeben werden. Sie sollten dann auf 80°C erhitzt werden.
- Siehe auch ▶ Abschn. 4.1.5

- **Fische**
- Bedarf: 50 g/Tag, 1–2 Portionen pro Woche
- Siehe auch ▶ Abschn. 4.1.6

- **Hülsenfrüchte**
- Bedarf: 6 Portionen pro Woche
- Siehe auch ▶ Abschn. 4.1.7

- **Zinkhaltige Nahrungsmittel**
- Bedarf: 10 mg täglich
- Für Wachstum, Haut, Stoffwechselenzyme, Immunsystem
- Mangel entsteht durch einseitige Ernährung, Diäten, vegane Lebensweise, Junk Food
- Zinkgehalt von Getreide abhängig vom Ausmahlungsgrad, Zink befindet sich in den Randschichten
- Quellen:
    - Vollkorn Produkte, Hafer
    - Himbeeren, Johannisbeeren, Apfel, Birne
    - Brokkoli, Karotten, Nüsse, Linsen
    - Butter, Maiskeimöl, Olivenöl
    - Lamm, Leber, Austern, Eier

- **Selenhaltige Nahrungsmittel**
- Bedarf: 60–70 Mikrogramm pro Tag für Erwachsene
- Selen ist Bestandteil von vielen Proteinen
- Entzündungshemmende Eigenschaften
- Aktivierung von Schilddrüsenhormonen
- Quellen:
    - Nüsse
    - Fisch und Meeresfrüchte
    - Fleisch und Innereien
    - Obst und Gemüse

- **Vitamin-C-haltige Nahrungsmittel**
- Bedarf: 100–110 mg täglich für Erwachsene
- Zum Vitamin-C-Gehalt von Nahrungsmitteln siehe ◘ Tab. 3.1
- Erhöhter Bedarf von Vitamin C
    - bei Rauchern (bis zu 50 % mehr!),
    - bei Sportlern (leicht erhöht)
    - Infektionen
    - Stress

In Obst und Gemüse steckt das meiste Vitamin C in oder direkt unter der Schale!

3

□ Tab. 3.1 Vitamin-C-Gehalt von Nahrungsmitteln	
Lebensmittel	**mg/100 g**
Hagebutte roh	1200
Sanddornsaft	266
Johannisbeeren schwarz	189
Petersilie	166
Paprika rot, roh	140
Brokkoli roh	110
Kiwi	100
Paprika gedünstet	105
Fenchel roh	93
Orangen-/Zitronensaft	50

— Überdosierung von Vitamin C: Verzehr von mehr als 1 g Vitamin C kann Übelkeit, Krämpfe und Durchfall verursachen. Der Überschuss kann ausgeschieden werden und reichert sich nicht im Körper an
— Eigenschaften: wasserlösliches Vitamin; licht-, hitze- und sauerstoffempfindlich. Längeres Warmhalten von Speisen und Lagerung beschleunigt den Vitamin-C-Verlust. Verlust beim Kochen: bis ca. 50 %

Weitere Tipps zur Stärkung des Immunsystems

Kochen Sie sich stark! Ein paar Empfehlungen für wärmende Speisen für Herbst und Winter:
— Herbstliche Salate mit wärmenden, gekochten Zutaten
— Suppen mit Herbstgemüse
— Kräftiger Rinds-/Hühnersuppeneintopf
— Gulasch mit Wurzelgemüse
— Wildgerichte, Rindergeschortes
— Eintöpfe mit Hülsenfrüchten
— Gemüsevariationen mit wärmenden Gewürzen aus dem Ofen
— Warme Desserts mit wärmenden Gewürze: Mohn-Nuss Kuchen; Apfeltarte mit Zimtcrumble

Wärmespender für den Tag! Wärmende Getränke für Herbst und Winter:
— Kräutertees mit Rosmarin, Thymian, Fenchel, Süßholz, Kardamom, Wacholder, Kümmel...
— Hagebuttentee mit etwas Zimt und Honig
— Roter Traubensaft, Saft aus Kirschen ungesüßt mit warmen Wasser verdünnt

- Kakao mit Wasser und etwas Milch oder Haferdrink, Zimt und Kardamom
- Zuckerrohrmelasse mit einem Spritzer Zitronensaft. Es ist ein isotonisches Getränk. Es stärkt die Mitte, nährt das Blut und bewahrt die Säfte.
- Energiedrink mit Petersilie, Mandeln und Datteln (Rezept siehe ▶ Abschn. 6.4.1)

3.2.2 Original chinesische Kraftsuppen

© pipop_b / stock.adobe.com

Kraftsuppen haben in China eine lange Tradition. In unseren Bereitengraden kennen wir Kraftbrühen oder Fonds. Sie werden durch Auskochen von Fleisch und Knochen zubereitet. Bei chinesischen Kraftsuppen werden verschiedene Zutaten wie Gemüse, frische Kräuter, Gewürze und Fleisch verwendet. Es gibt vegetarische Kraftsuppen und Fleisch-Kraftsuppen. Eine Kraftsuppe köchelt über mehrere Stunden (3–6 Stunden) am Herd. Kraftsuppen stärken und wärmen!

Das Spezielle an Kraftsuppen ist, dass die Zutaten lange ausgekocht werden. Ihre Inhaltsstoffe gelangen in die Suppe. In mitgekochtem Gemüse, Kräutern, Gewürzen oder Fleisch sind nach dem Kochen keine Inhaltsstoffe mehr vorhanden. Sie sind eine Belastung für die Verdauung. Die Suppe wird abgeseiht, und die ausgekochten Zutaten werden weggeworfen. Mit bissfest gegartem Gemüse und frischen Kräutern als Einlage gelangen dann wieder wichtige Vitamine in die Suppe.

Chinesische Kraftsuppen stärken und wärmen!

3

> **Tipp**
>
> Wir empfehlen 3–4 Tassen Kraftsuppe täglich. Verwenden Sie Kraftsuppen zum Aufgießen oder Kochen von anderen Speisen.

Warum brauchen wir Kraftsuppen?

Unser Körper verbraucht ständig Kraft und Energie. Aus den Kraftsuppen können wir einfach viel Energie gewinnen. Sie bauen uns auf und erhalten unsere Gesundheit.

Wirkung der Kraftsuppen

… aus Sicht der 5-Elemente-Ernährung
- Großer Energie- und Wärmegewinn, wichtig im Herbst und Winter
- Sie stärken die Mitte
- Stark wärmende Kraftsuppen verletzen kein Yin oder Blut, im Gegensatz zu wärmenden Kochmethoden wie Grillen oder scharfem Anbraten
- Getreide als Suppeneinlage baut das Qi zusätzlich auf
- Frische Kräuter und knackig gekochtes Gemüse als Einlage bauen Blut und Säfte auf

… aus Sicht der westlichen Ernährung
- Enthalten viele Mineralstoffe und Spurenelemente; in Fleischkraftsuppen ist besonders viel Eiweiß
- Enthalten viel Kalzium aus den mitgekochten Knochen
- Wertvollen Inhaltsstoffe werden vom Darm leicht resorbiert
- Enthalten Omega-3- und -6-Fettsäuren aus Bio-Pflanzen-ölen. Sie sind wichtig in der vegetarischen Kraftsuppe und erhöhen die Aufnahme der fettlöslichen Vitamine A, E, D und K
- Knackiges Gemüse, Pilze und frische Kräuter als Einlage spenden Vitamine, besonders Vitamin C und B, und wertvolle Mineralstoffe
- Getreide als Suppeneinlage enthalten komplexe Kohlenhydrate; Mineralstoffe, Quinoa, Amarant und Hafer sind eiweißreich

Vegetarische Kraftsuppe

Die vegetarische Kraftsuppe nährt das Qi und Blut. Thermisch ist sie neutral bis wärmend.

Wichtig:
- Viele frische Kräuter nähren Blut.
- Verwendung von wärmenden Gewürzen.
- Bio-Pflanzenöle transportieren fettlösliche Vitamine.

- Als Einlage eiweißreiches Quinoa, Amarant oder wärmender Hafer.
- Für Vegetarier oder Veganer ist das Mitkochen von chinesischen Kräutern (siehe unten) sehr wichtig.

Fleischkraftsuppe

Aus Huhn baut die Fleischkraftsuppe Blut auf, die Hühnersuppe hat einen Leber-Bezug und ist thermisch warm. Dinkel als Einlage baut Qi auf.

Aus Rind baut sie Qi und Blut auf, ist thermisch warm. Wichtig ist es, bewegende Kräuter wie Chen Pi mitzukochen.

Aus Wild/Lamm baut sie Yang auf und wärmt. Hafer als Einlage gibt Kraft und Wärme.

Aus Ente baut sie Blut und Yin auf, ist thermisch neutral bis erfrischend. Weizengrießnockerln als Einlage mit Ei und Butter ist besonders gut für Frauen im Klimakterium.

Wichtig:
- Vor dem Kochen das Fleisch entgiften. Dazu das Fleisch etwa 5–10 Minuten in heißem Wasser blanchieren. 2–3 Scheiben Ingwer oder rosa Pfefferkörner mitkochen. Entstehenden Schaum abschöpfen, Fleisch kurz abspülen und in den Suppentopf ins kalte Wasser geben.
- Zur leichteren Verdaulichkeit ist das Mitkochen von verdauungsfördernden Gewürzen wie Ingwer, Senfkörnern und Chen Pi sehr wichtig.
- Auch frische Kräuter als Suppeneinlage fördern die Verdauung.
- Vor dem Anrichten der Suppe das überschüssige Fett mit einer Fett-Trennkanne abschöpfen.

> **Die Fett-Trennkanne sondert überschüssiges Suppenfett ab. Das Fett steigt in der Kanne auf. Die Öffnung zum Ausgießen der Suppe ist im unteren Teil der Kanne. Das Fett schwimmt oben und bleibt in der Kanne.**

Gewürze und Kräuter für die Kraftsuppe

- **Westliche Kräuter und Gewürze für die Kraftsuppe**

Viele unserer heimischen frischen Kräuter und Gewürze können für die Zubereitung einer chinesischen Kraftsuppe verwendet werden (◘ Tab. 3.2). Kräuter und Gewürze erhöhen die Verdaulichkeit und haben eine energie- und blutaufbauende Wirkung. Gewürze wärmen unseren Körper in den kalten Jahreszeiten.

- **Stärkende Kräuter für die original chinesische Kraftsuppe**

Einige der chinesischen Kräuter können in einer Kraftsuppe mitgekocht werden. Am besten kommen sie mit den anderen Zutaten in den Topf und kochen über Stunden mit. Ihre Inhaltsstoffe werden freigesetzt. In Apotheken werden fertige Suppenmischungen

Chinesische Kräuter geben Kraft und bauen Blut auf!

3

Elemant	Heiß	Warm	Neutral	Erfrischend	Kalt
Holz		Petersilie			
Feuer	Bockshornklee	Oregano, Rosmarin, Thymian, Wacholderbeere, Ysop			
Erde	Zimt, Fenchel-samen		Safran	Estragon, Kuzu	
Metall	Chili, Cayenne-pfeffer, Tabasco, Curry, Muskat, Nelke, Piment, Sternanis	Basilikum, Kümmel, Kreuz-kümmel, Dill, Ingwer, Karda-mom, Knoblauch, Koriander Liebstöckel, Lorbeer, Majoran, Marsala, Schnittlauch, Senf		Pfefferminze, Kresse	
Wasser			Miso		Salz, Soja-sauce, Algen

◻ Tab. 3.2 Gewürze und Kräuter für chinesische Kraftsuppen

angeboten. Auch Ihr TCM Arzt gibt Ihnen sicher gerne eine kräftigende Mischung.

- **Ren Shen** – Radix Ginseng – Menschenwurzel:
  Leicht warm, süß, leicht bitter, hebt und nährt das Qi, besonders Milz und Lunge
  Küche: auch in Alkohol eingelegt, als Tee 10–15 Minuten ziehen lassen, Kraftsuppe
- **Huang Qi** – Radix Astragali – Tragant:
  Leicht warm, süß, stärkt das Qi von Milz und Lunge, hebt das Qi!!
- **Dang Gui** – Radix Angelicae sinensis – chinesische Engelswurz:
  warm; süß, scharf, bitter, nährt und bewegt das Blut. Nicht in der Schwangerschaft!
- **Dang Shen** – Radix Codonopsis – Glockenwindenwurzel:
  Stärkt die Mitte, baut Qi auf
- **Bai Shao** – Radix Peonia alba – Weiße Pfingstrosenwurzel:
  Nicht in der Schwangerschaft! Bewegt Blut und löst Krämpfe
- **Fu Ling** – Poria Sclerotium cocos albae – Kokospilz:
  Tonisiert die Mitte und leitet Feuchtigkeit aus
- **Chuan Xiong** – Radix Ligusticum chuanxiong:
  Bewegt das Blut. Nicht in der Schwangerschaft!
- **Gou Qi Zi** – Fructus Lycii – chin Bocksdornfrüchte: als Goji-Beere bekannt
  Neutral, süß, stärken Leber und Niere, gut für die Augen
- **Da Zao** – Fructus Ziziphi Jujubae – chinesische Dattel:
  Neutral, süß, befeuchtet und nährt das Milz-Qi
- **Shan Yao** – Radix Diascorea – Yamswurzel:
  Neutral, süß, stärkt Magen/Milz und die Nieren

- **Chen Pi** – Pericarprium Citri – Tangarinenschale reif:
  Bewegt das Qi im Darm nach unten, wichtig in Fleischkraft-
  suppen zur leichtern Verdauung
- **Sheng Jiang** – Rhizoma Zingiberis – frischer Ingwer:
  Heiß und scharf, wichtig in Fleischkraftsuppen zur besseren
  Eiweißverdauung, gut bei Übelkeit

3.2.3 Ernährung in der Schwangerschaft und Stillzeit

© Gelpi / stock.adobe.com

Schwangerschaft und Stillzeit sind bei jeder Frau ein einschnei-
dendes Erlebnis. Die Erkenntnis, dass es nicht mehr nur um
einen selber geht, kann einem manchmal einen Schrecken ein-
jagen. Es passieren viele Veränderungen, denen man sich stellen
muss – nicht nur die Gewichtszunahme und die Veränderung der
Figur, sondern auch im Herz- Kreislauf-System und im Nieren-
system.

Gesundheitsfördernde Maßnahmen wie eine ausgewogene
Ernährung ermöglichen in diesen beiden Lebensphasen einen ge-
sunden Start für ein neues Leben und können krankmachenden
Verhaltensweisen im späteren Leben vorbeugen.

Wir haben uns bemüht, dass Wissen aus beiden Welten zusam-
menzufassen, und so eine optimale Ernährung in der Schwangerschaft und Stillzeit entwickelt.

3

Worauf kommt es in der Schwangerschaft und Stillzeit an?

Es ist nicht notwendig, für Zwei zu essen. Die Gewichtszunahme während der Schwangerschaft sollte zwischen 9 und 15 kg liegen.

Eine ausgewogene und energiereiche Ernährung spielt eine große Rolle in dieser Zeit. Wichtig ist, dass Sie Extreme wie zu heiß und zu kalt vermeiden und ihre Mitte, d. h., Magen und Milz stärken. Es schadet nicht, wenn Sie sich bewusst sind, dass Ihre Ernährung einen Einfluss auf das kindliche Ernährungsverhalten und die Entwicklung Ihres Kindes hat. Studien legen die Vermutung nahe, dass die Ernährung der Mutter während der perinatalen Entwicklung einen großen Einfluss auf die spätere Entstehung von Übergewicht und Diabetes mellitus Typ 2 hat. Eine moderate ausgewogene Ernährung, die an die Jahreszeiten angepasst ist, kann den Bedarf optimal decken.

Um das bestmöglich umzusetzen, kommt es vor allem auf die richtige Auswahl an, auf geeignete Nahrungsmittel und die Art und Weise, wie man isst. Regelmäßige gekochte Mahlzeiten sowie ein Abstand von 3 Stunden wären empfehlenswert. Diäten sind in dieser Zeit nicht günstig. Auch Stress sollte man so gut wie möglich vermeiden.

Der zusätzliche Energiebedarf in der Schwangerschaft liegt bei 250 kcal pro Tag und steigert sich erst im zweiten Drittel der Schwangerschaft auf 500 kcal pro Tag. In der Stillzeit haben Sie einen gesteigerten Bedarf, wenn sie teilstillen/vollstillen, und zwar von 250–500 kcal/Tag. Wichtiger als der Energiebedarf sind Vitamine, Mineralstoffe und Spurenelemente, die sie in der Schwangerschaft und noch mehr in der Stillzeit benötigen. Das ungeborene Kind nimmt sich alles aus dem Organismus der Mutter, was es benötigt. Je besser Sie sich in der Schwangerschaft ernähren, umso weniger geraten Sie und Ihr Kind in ein Ungleichgewicht. Eine Unterversorgung führt zuerst zu einem Defizit bei der Mutter, dann erst beim Baby.

> **Tipp**
>
> Kinder lernen Geschmackseindrücke bereits im Mutterleib kennen und lieben. Geschmacksstoffe gehen über die Plazentaschranke in das Fruchtwasser und später von der Muttermilch zum Kind über. So kommen Kinder mit den landestypischen Geschmäckern in Berührung. Je abwechslungsreicher man sich in der Schwangerschaft und Stillzeit ernährt, desto bessere Grundlagen werden für die spätere Konstitution und Vorlieben des Kindes geschaffen.

Der Mehrbedarf in der Schwangerschaft bezieht sich nicht nur auf die Energie, sondern auch auf die gesteigerte Eisenaufnahme und Kalziumabsorption. Vitamin A, B, C, E und D sowie Zink, Jod, Phosphor, Magnesium, Eisen und Folat (◻ Tab. 3.3) werden mehr benötigt.

◼ **Tab. 3.3** Vorkommen der wichtigsten Vitamine und Spurenelemente in der Schwangerschaft und Stillzeit

Vitamine und Spurenelemente	Vorkommen
Vitamin A	Kohl, Karotten, Kürbis, Brokkoli, Aal, Hering, Hartkäse, Eier
Vitamin B	Hefe, Vollkorngetreide, Hülsenfrüchte, Sonnenblumenkerne, Nüsse, Pilze, Brokkoli, Spargel, Tomaten, Lachs, Eier
Vitamin C	Paprika, Karfiol, Kohl, Brokkoli, Brennnessel, Kartoffeln, Hagebutte, Sanddorn
Vitamin E	Pflanzliche Öle, Nüsse, Getreidekeime
Vitamin D	Hering, Lachs, Avocado, Champignon, Eier, Milch, Obers, Käse
Folsäure	Kohl, Spinat, Mangold, Fenchel, Brokkoli, Hülsenfrüchte, Beeren, Nüsse, Eier
Zink	Getreidekeime, Nüsse, Vollkorngetreide, Fleisch
Jod	Speisesalz, Lachs, Barsch, Hering
Phosphor	Fleisch, Fisch, Milchprodukte, Vollkorngetreide
Magnesium	Weizenkeime, Amarant, Nüsse, Sesam, Sonnenblumenkerne, Beeren, Fisch, Mineralwasser
Eisen	Fleisch, Hafer, Hirse, Kohl, Rote Rüben, Linsen, Trauben, Ribisel, Granatapfel, Weizenkeime

Ab dem 4. Schwangerschaftsmonat sollte der tägliche Mehrbedarf mit folgenden Nahrungsmitteln zusätzlich gedeckt werden:
- 1 Portion frisches regionales Obst und Gemüse
- 1 Portion heimischer Fisch und etwas Bio-Lachs oder mageres Fleisch guter Qualität (ab der 13. SSW)
- Hülsenfrüchte, Samen und Nüsse oder qualitativ hochwertige Öle
- vermahlene Vollkorngetreideprodukte

Ernährung in der Schwangerschaft

Für eine gesunde Schwangere gelten die gleichen Empfehlungen, wie in ▶ Abschn. 1.7 schon erwähnt. Es sollten gekochte und leicht verdauliche Speisen bevorzugt werden. Man sollte Nahrungsmittel verwenden, die thermisch neutral und warm sind und von mildsüßem Geschmack (siehe ▶ Abschn. 1.6).

Lebensmittel, die diesen Kriterien entsprechen, sind vor allem Vollkorngetreide, viele Gemüsesorten, Hülsenfrüchte, Fleisch und Fische. Die Basis sollte aus Vollkorngetreide bestehen, wobei zunächst leicht verdaubare Sorten wie Hirse, Reis und Polenta gewählt werden sollten. Wenn man an Vollkorngetreide nicht gewöhnt ist, kann man den Anteil langsam steigern und darauf achten, dass es gut vermahlen oder lange gekocht ist. Vollkorngetreide soll aufgrund seines hohen Gehaltes an Vitamin B, Phos-

Obst und Gemüse schmecken am besten, wenn sie in der Jahreszeit verkocht werden, in der sie auch wachsen. Sie versorgen einen mit allem, was man in der Schwangerschaft benötigt.

3

phor, Fluor und Magnesium konsumiert werden. Vollkorngetreide hat im Gegensatz zu Weißmehlprodukten wie Weizen und Dinkel den Vorteil, dass es reich an den oben genannten Inhaltsstoffen ist. Diese befinden sich in den Schalenteilen. 4 Portionen Getreide, Reis, Mais, Kartoffeln, Nudeln und etwas Brot können gegessen werden, ab der 13. SSW 1 Portion extra.

Im **Frühling** kann man alles essen, was auf den Markt kommt. Viele frische Kräuter und entwässernde bittere Blattgemüse wie Löwenzahn und Brennnessel stehen jetzt zum Verkauf. Diese Varianten sollte man nur in kleinen Mengen konsumieren, besser wären Mangold und Spinat. Vorsicht ist nämlich bei sehr bitteren kalten Varianten in der Schwangerschaft geboten.

Im **Sommer** braucht der Organismus gerade in der Schwangerschaft und Stillzeit mehr erfrischende Nahrungsmittel. Bei vielen Schwangeren steigt das Verlangen nach kalten Getränken und Nahrungsmitteln stark an. Um dieses zu befriedigen, kann man auf kühlende und erfrischende Nahrungsmittel wie gekochtes Gemüse und Obst zurückgreifen. Dazu bieten sich erwärmende und etwas bewegende Gewürze an. Bittere Blattsalate in kleinen Mengen, kombiniert mit frischen Kräutern, können überflüssige Hitze ausleiten.

Im Sommer:
— Spargel, Chinakohl, Zucchini, Melanzani, Mangold, Gurken, Tomaten
— Beeren, Marillen, Kirschen, Pfirsiche
— Thymian, Rosmarin, Oregano, Rosenpaprika, Petersilie, Dill, Schnittlauch
— Bittere Blattsalate: Chicorée, Endivien, Löwenzahn, Radicchio, Rucola

Im **Herbst** kann vor dem Winter noch einmal aus dem Vollen geschöpft werden. In dieser Jahreszeit kann man Getreide und wärmende Gewürze mit Lauch, Zwiebeln oder Kren kombinieren. Diese stärken alle die Lunge und den Dickdarm. Es ist die Zeit der Ernte, und diese Nahrungsmittel können die Mitte der Mutter und damit des Kindes stärken. So wie im Sommer, sollte der größte Teil der Nahrungsmittel gekocht werden und mit vielen Gewürzen und Kräutern kombiniert sein, dabei soll immer darauf geachtet werden, dass die Gerichte thermisch nicht zu kalt und nicht zu heiß sind.

Im Herbst:
— Äpfel, Birnen, Trauben, Quitten
— Kartoffeln, Wurzelgemüse, Rote Rüben, Kohl- und Krautgewächse

Im **Winter** ist es die Aufgabe der Ernährung, dem Organismus genug Wärme und Energie zu spenden. Äußere Kälte muss konstant vertrieben werden. Wenn man Obst- und Gemüsesorten isst, die in dieser Jahreszeit wachsen und gelagert werden können, ist man bestens versorgt. Langes Kochen und etwas scharfe Gewürze können diesen Effekt noch erhöhen. Kraftsuppen und lang gekochte Eintöpfe stärken die Nieren und liefern so einen wichtigen Beitrag zu einer ausgewogenen Ernährung.

Folgende Nahrungsmittel sollten **in der Schwangerschaft unbedingt vermieden** werden:

- Rohes, ungekochtes, ungebratenes Fleisch: Steak (rare, medium), Carpaccio, Beef Tartar
- Rohe Wurst und Innereien: Salami, Speck, Prosciutto, Mortadella, Bresaola, Mettwurst
- Roher Fisch und Meeresfrüchte:
  - Sushi, Sashimi, kalt geräucherter Lachs/Fisch
  - Quecksilberbelastung v. a. bei Meeresfischen (Thunfisch, Heilbutt, Krustentiere), Hecht
- Rohmilchprodukte und Weich-/Schimmelkäse: Milch, Käse, Butter, Blauschimmelkäse, Gorgonzola, Käserinde, Mozzarella
- Rohe Eier wie in Tiramisu, Mousse au Chocolat, Mayonnaise, Frühstücksei
- Tiefkühlbeeren und Sprossen

Ernährung in der Stillzeit

In der Stillzeit ist auf die gleiche Ernährungsweise wie in der Schwangerschaft zu achten. Mütter, die voll stillen, haben – wie eingangs erwähnt – einen erhöhten Energie- und Nährstoffbedarf. Dieser kann durch eine ausgewogene, den Jahreszeiten entsprechende Ernährung gedeckt werden. Nach der Geburt ist darauf zu achten, dass Qi, Jing, Blut und Säfte kontinuierlich wieder aufgebaut werden. In dieser Zeit ist die leichte Verdaubarkeit von Speisen besonders wichtig. Suppen, Eintöpfe, langgekochte Getreidegerichte, im eigenen Saft gegartes Gemüse, blanchierte Salate und viele Kompotte können dafür sorgen, Säfte und Qi wieder aufzufüllen.

Weiters ist darauf zu achten, dass die Gerichte, die Sie zu sich nehmen, auch Ihrem Baby gut tun und gut vertragen werden. Essig, Zitrusfrüchte, Südfrüchte und diverse Kohl- und Krautarten können einen wunden Po hervorrufen. Grünkern, Weizen, Roggen – vor allem, wenn diese nicht gut gekocht wurden – können zu Blähungen beim Säugling führen. Weitere Nahrungsmittel, die Schwierigkeiten machen könnten, sind Brot, rohes Obst und Gemüse, Salat, Schwarzwurzel, Knoblauch, Lauch, Zwiebeln, Spargel, Topinambur, nicht gut gekochte und eingeweichte Hülsenfrüchte.

Bittere Genussmittel wie schwarzer Tee und Kaffee können bei Babys zu Unruhe führen und sollten daher, wenn möglich, vermieden werden. In dieser Zeit ist zu beachten: Alles, was sie essen und trinken, hat einen Einfluss auf den Milchfluss und auf Ihr Kind.

Nach der Geburt und in der Stillzeit muss man besonders auf Blut und Yin achten.

3

Was sollte **beim Stillen noch vermieden** werden?
- Scharfe Gewürze: Chili, Pfeffer, Piment, Zimt, Curry, Muskat, Knoblauch, Nelken
- Zu viel rohe und fette Nahrungsmittel
- Südfrüchte, saure Früchte (Zitrone, Orange…), Rhabarber
- Schweinefleisch, Innereien, Speck, rohes Fleisch, Meeresfrüchte, Soja, Sojamilch
- Zucker, Schokolade
- Kaffee, Grüner Tee, Schwarz Tee, Alkohol, Rotwein
- Fertiggerichte, TK-Gerichte, Mikrowelle

3.2.4 Vom Säugling bis zum Teenager

© rimmdream / stock.adobe.com

Die Ernährung des Kindes ist nicht gleich der Ernährung von Erwachsenen.

Die Ernährung vom Säugling bis zum Volksschulkind unterscheidet sich grundlegend von der des Erwachsenen. Wachstum und körperliche Entwicklung sowie später hormonelle Umstellungen führen zu einem anderen Energie- und Nährstoffbedarf als bei

Erwachsenen. Jugendliche hingegen nähern sich mit ihrem Bedarf langsam an den der Eltern an.

Kinder lernen Geschmackseindrücke bereits im Mutterleib kennen und lieben. Je abwechslungsreicher man sich in der Schwangerschaft und Stillzeit ernährt, desto besser ist die Grundlage für die spätere Konstitution des Kindes. Das Ernährungsverhalten der Eltern ist Vorbild für die Kinder. Eltern haben noch immer den größten Einfluss, wenn es um Portionsgröße, Zeiten der Mahlzeiten, Zusammensetzung der Mahlzeiten und Tischmanieren geht.

❯ Die Vorliebe für süß und salzig kann von den Eltern beeinflusst werden, vor allem, wenn es um die Menge geht. Diese ist nicht angeboren, sondern wird erst im Laufe der Zeit erworben.

Vom Säugling zum Kleinkind

Zu Beginn wird das Baby gestillt oder bekommt Säuglingsanfangsmilch, damit bekommt es alles, was es braucht. Etwa ab dem 6. Monat reicht Muttermilch nicht mehr aus. Der Energie- und Nährstoffbedarf des Babys steigt. Das ist der Zeitpunkt, zu dem Beikost eingeführt werden sollte. Beikost soll nicht vor der 17. Lebenswoche eingeführt werden, da der Darm und die Nieren des Kindes nicht reif genug sind. Der Essensbrei würde im Magen liegen bleiben und gären und so zu Verdauungsbeschwerden, Koliken und starken Blähungen führen. Das ist auch der Grund, warum man sehr langsam mit der Beikost anfängt. Zunächst werden nur ein paar Löffelchen gefüttert.

Um zu wissen, wann der richtige Zeitpunkt gekommen ist, um dem Baby das erste Mal Beikost zu füttern, gibt es Zeichen, die man beachten kann.

Reifezeichen Ihres Kindes
- Ihr Kind beobachtet sie beim Essen
- Es greift immer wieder in den Teller
- Es beginnt, intensiver an allem zu Kauen
- Es bekommt die ersten Zähne
- Die Zunge schiebt den Löffel nicht mehr reflexartig aus dem Mund
- Es will wieder öfter gestillt werden
- Kau- und Beißimpuls sind ausgereift
- Es kann schon Dinge von der Hand in den Mund führen – Hand-Mund-Koordination

Oft glauben Eltern, ihrem Kind schmeckt der Brei nicht, und versuchen eine Vielzahl an Nahrungsmitteln viel zu früh. Lieber sollte man in diesem Fall noch etwas warten, sich und dem Kind Zeit geben und ein paar Tage oder eine Woche später das Zufüttern noch einmal versuchen. Kinder müssen sich langsam an die neuen

3

Lebensumstände und Geschmäcker gewöhnen. Man beginnt am besten mit lang gekochtem Reis, der sogenannten Reissuppe (Congee) (siehe auch ▶ Abschn. 6.3.7). Dann führt man nach und nach ein Lebensmittel nach dem anderen ein. Das gibt einem die Möglichkeit zu sehen, wie das Kind die einzelnen Nahrungsmittel verträgt. Ihr Kind braucht nicht die Abwechslung, die wir Erwachsene gerne haben.

> **Tipp**
>
> Ein Nahrungsmittel alle 3–4 Tage reicht zu Beginn. Das gibt einem auch die Möglichkeit, auf Verstopfung, Blähungen oder Ausschläge zu reagieren. In diesem Fall setzt man das Lebensmittel einfach wieder ab und probiert es zu einem späteren Zeitpunkt noch einmal. Es gibt auch die Möglichkeit, stuhlauflockernde Nahrungsmittel zu füttern.

Nach einiger Zeit kann die Frequenz der Nahrungsmittel natürlich gesteigert werden, oder sie können auch kombiniert miteinander gereicht werden. Allergieprävention, indem man Nahrungsmittel beim Kind karenziert, gibt es seit Jänner 2017 nicht mehr. In kleinen Mengen dürfen Babys alles probieren, das gilt auch für Weizen, andere glutenhaltige Getreidearten, Fisch, Eier, Nüsse und Kuhmilch. Kuhmilch darf ab der 23. Woche zwischen 100–200 ml gegeben werden. Aus unserer Sicht würden wir Kuhmilch langsam, gekocht und zu Beginn mit Wasser verdünnt in einem Abendbrei versuchen.

Zu Beginn sind die Nahrungsmittel fein püriert, dann zwischen 7. und 9. Monat haben die Breie eine etwas festere und stückige Konsistenz. Ab dem 10. Monat geht man zu einer festen, klein geschnittenen Nahrung über. Kinder sind unterschiedlich, manche verlangen schon früher nach kleinen Stücken wie gekochten Kartoffeln, Karotten … Spätestens mit dem 1. Lebensjahr können die Kinder am Familientisch mitessen. Zu beachten sind dann allerdings die Würzung und die Portionsgrößen. Kinder sind keine kleinen Erwachsenen!

Getränke sind zu Beginn Muttermilch oder Säuglingsanfangsmilch, dann weiter abgekochtes Wasser und ab dem 6. Monat Leitungswasser. Getreide bildet lange Zeit die Basis der Kinderernährung, kombiniert wird mit Gemüse, Obst oder Fisch/Fleisch/Eiern.

Empfohlene Nahrungsmittel für die Beikost (mengenmäßig am meisten sind als erstes genannt) sind:
— Getreide als Basis: Reis, süßer Reis, Hafer, Hirse;
  kleine Mengen: Weizen, Dinkel, etwas später Roggen
— Gemüse: Karotten, Kartoffeln, Gelbe Rüben, Kürbis, Petersilienwurzel, Karfiol, Brokkoli, Zucchini, Fenchel, Rote Rüben
— Obst: Apfel, Birne, Beeren, Pfirsich, Marillen, Trauben
— Fleisch/etwas Fisch/Eier

━ Etwas Milch und Butter
━ Öle: 1 TL Weizenkeimöl, Rapsöl, Leinöl oder Sonnenblumenkernöl

Im 1. Lebensjahr zu vermeidende Nahrungsmittel
- ━ Honig: Gefahr von Botulismus
- ━ Rohe Eier, roher Fisch, rohes Fleisch: Gefahr von Lebensmittelinfektion
- ━ Rohmilch und Rohmilchprodukte
- ━ Salz und salzhaltige Nahrungsmittel: Wurst, Chips etc.
- ━ Ganze Nüsse: Aspirationsgefahr
- ━ Wurst und stark verarbeitete Nahrungsmittel: hoher Salzgehalt und Nitrat/Nitrit
- ━ Gebratenes, Frittiertes, Gegrilltes
- ━ Fettreduzierte Nahrungsmittel
- ━ Süßigkeiten, Zucker und Süßstoffe
- ━ Kinderprodukte wie Fruchtzwerge, Fruchtjoghurt
- ━ Südfrüchte, Zitrusfrüchte
- ━ Rohkost, Salate

Salz, Zucker und Gewürze brauchen Kinder im 1. Lebensjahr nicht. Zum Thema Zucker und Salz ist zu sagen: So lange man es vermeiden kann, umso besser. Irgendwann ist allerdings die Zeit gekommen, und Kinder verlangen danach. Da ist zu betonen, dass ein natürlicher Umgang ohne strikte Verbote das Beste ist.

Süßigkeiten integriert in eine ausgewogene, den Jahreszeiten angepasste Ernährung haben in kleinen Mengen ihren Platz. Zucker sollte allerdings nie als Belohnung eingesetzt werden. Süßigkeiten würden dadurch noch interessanter. Eine vielfältige Kost ist die beste Grundlage für die ganze Familie.

Kein freier Zugang zu Süßem wäre empfehlenswert.

■ Was macht man bei Gemüsemuffeln und Kindern, die Essen verweigern?

Wichtig ist, dass Kinder die Möglichkeit haben, Speisen und einzelne Nahrungsmittel oft genug zu probieren. Sie müssen 16- bis 18-mal etwas gekostet haben, um sich frei entscheiden zu können, ob sie das Nahrungsmittel mögen oder nicht. Es wird auch immer wieder Zeiten geben, in denen Kinder Nahrungsmittel verweigern. In diesen Phasen muss man Geduld beweisen und mit gutem Beispiel vorangehen. Es gibt die Möglichkeit, Lebensmittel mit alt Bekanntem zu kombinieren oder in anderen Darreichungsformen anzubieten. Die letzte Variante, zu der man greifen kann, ist, das teilweise unliebsame Obst oder Gemüse in Speisen zu verstecken. Suppen, Saucen und Kuchen bieten sich hierfür an.

Eine ausgewogene, regionale und saisonale Ernährung ist im Kindesalter ganz besonders wichtig.

❯ **Feste Essenszeiten und Regeln sind für Kinder gut und wichtig. Sie geben ihnen Sicherheit und Halt.**

3

■ **Kinder sind anders als Erwachsene**

Kinder sind anders als Erwachsene, das sollten wir uns immer vor Augen führen. Für Kinder ungeeignet sind zu scharfe, zu stark gewürzte Speisen wie Chili, Curry, zu kalte Speisen wie Sushi oder zu fette und süße Gerichte.

Kinder müssen stark gemacht werden. Ihr Immunsystem ist im Aufbau begriffen und vielen fremden Einflüssen ausgesetzt. Indem wir versuchen, den mittleren Erwärmer / die Verdauung zu stärken, unser Kind jahreszeitlich mit gekochten Speisen zu ernähren, schaffen wir das. Am besten gelingt dies mit vielen komplexen Kohlenhydraten, viel Gemüse, etwas Fleisch, Fisch, Eiern und Milchprodukten, ergänzt mit hochwertigen Ölen und Nüssen.

Ernährung für die ganze Familie

Wie kann eine Ernährung für die ganze Familie geeignet sein? Gibt es das überhaupt?

© Monkey Business / stock.adobe.com

Wenn man ein paar Grundregeln beachtet, können Speisen variiert werden und sind für Groß und Klein geeignet.

> **Überblick über die Zusammensetzung einer geeigneten Familienkost**
> — Getränke: Wasser am besten: 1,5–2 Liter, ungesüßte Tees, stark verdünnte Säfte
> — Obst: regional und saisonal, 2 Portionen
> — Gemüse: regional und saisonal, 3 Portionen
> — Getreide: 4 Portionen, Vollkorngetreide, Flocken, Mehle, lange gekocht, Vielfalt

- Hülsenfrüchte: 1 Portion, Erbsen, Linsen, Bohnen, Kicher-erbsen
- Fleisch: am besten bio, 2–3×/Woche, keine Wurst
- Fisch: 1–2×/Woche heimischer Fisch, Biolachs
- Eier: 4–5 Stück/Woche
- Milchprodukte: 2–3 Portionen/Tag
- Pflanzliche Öle: 3–5 TL/Tag von guter Qualität
- Nüsse: täglich kleine Mengen, Nuss- und Getreide-getränke
- Selten fettreiche Speisen (wie Pommes, Schnitzel etc.)
- Süßspeisen und Süßigkeiten in kleinen Mengen

In der Mahlzeitenhäufigkeit ist darauf zu achten, dass gerade Kinder keine Mahlzeiten auslassen. Dies gilt vor allem für Schulkinder, die unbedingt ein ausreichendes Frühstück zu sich nehmen sollten. Sie wachsen und brauchen Energie, um konzentriert und leistungsfähig zu sein. Der Blutzuckerspiegel kann durch die richtige Ernährung hochgehalten werden, und es kommt nicht zu diesen ausgeprägten Leistungstiefs. Mittlerweile frühstückt die Hälfte aller Schulkinder nicht mehr und nimmt auch keine Jause in einer der Pausen ein. Je älter die Kinder werden, umso weniger wird auf diese Regelmäßigkeit der Mahlzeiten geschaut. Es wird durch „Snacking" immer und überall abgelöst. Ein weiterer Vorteil der regelmäßigen Hauptmahlzeiten ist das Vorbeugen von Heißhungerattacken und extremen Gewichtsschwankungen.

3.2.5 Ernährung von Freizeitsportlern

© baranq / stock.adobe.com

3

Eine spezielle Sporternährung oder Supplementierung ist in den meisten Fällen nicht notwendig.

Sport ist für das Gleichgewicht von Körper, Geist und Seele wichtig. Tägliche Bewegung ist bei unserer heutigen Lebensweise ein wichtiger Ausgleich, gerade bei sitzender Tätigkeit. Moderater Sport wirkt sich positiv auf das Herz-Kreislauf-System, die Atmung, Verdauung und Stoffwechsel, Immunsystem, Nervensystem und den Bewegungsapparat aus.

❯ **Erwachsene sollten zumindest 150 Minuten pro Woche Sport mittlerer Intensität wie Nordic Walking und Radfahren betreiben und an 2 Tagen der Woche muskelkräftigende Übungen machen. Nur 5 % der Österreicher machen regelmäßig 5-mal pro Woche Sport.**

Eine spezielle Sporternährung ist meist nicht notwendig, solange ein paar Stunden pro Woche und das nicht jeden Tag trainiert wird. Steigt die sportliche Betätigung an, kommt es zu einem erhöhten Bedarf an Energie- und Nährstoffen. Bei leistungsorientiertem Training und vermehrter Teilnahme an Wettkämpfen ist eine spezielle Sporternährung notwendig. Für den Hobby- und Freizeitsportler reicht eine ausgewogene und abwechslungsreiche Kost vollkommen aus, um den Bedarf an Nährstoffen zu decken.

Auf ein paar Dinge sollte man aber trotzdem achten. Sportliche Leistungsfähigkeit kann durch die richtige Auswahl an Nahrungsmitteln gesteigert werden, und die Regenerationszeiten können dadurch verkürzt werden. Die leichte Verdaulichkeit von Lebensmittel während des Sports ist ein wichtiges Thema.

> **Bedarfsorientierte Lebensmittel-Auswahl**
> Die richtige Auswahl von Nahrungsmitteln im Sport kann in unterschiedliche Vorgänge des Körpers eingreifen und sie verbessern. Eine bedarfsorientierte Auswahl an Lebensmitteln führt zu
> — Vermeidung von Defiziten in der Energieversorgung
> — Verhinderung von leistungsmindernden Mangelerscheinungen bei Mineralstoffen und Spurenelementen
> — Schutz vor akuter Überlastung und Übertraining
> — Stabilisierung des Immunsystems
> — Aufrechterhaltung eines leistungsgerechten Körpergewichts
> — Langfristiger Prävention vor chronischen Erkrankungen

Auch bei einer hohen sportlichen Betätigung sollte man nicht zu süß und zu fett essen.

Viele Sportler haben ein höheres Ernährungsbewusstsein als die Allgemeinbevölkerung. Bei einem Großteil konnte allerdings auch ein ungünstiges Essverhalten nachgewiesen werden. Sie essen zu süß und zu fettig, zu wenige Früchte und Gemüse und zu viele Fertigprodukte. Die Balance ist im Sport ganz besonders wichtig, da man sonst ganz schnell in ein Ungleichgewicht fallen kann. Übermäßiger Sport führt nach der Traditionellen Chinesischen Medizin auf Dauer zu Auszehrung, Säfte, Blut und Yin-Mangel. Um das zu verhindern, müssen Nahrungsmittel ganz bewusst eingesetzt und Ruhephasen eingebaut werden.

> **Tipp**
>
> Man sollte nie vergessen, auf seinen Körper zu hören und ihn in stressigen Phasen nicht zu überfordern.

Energieumsatz im Sport

Wenn es um Sport geht, sollten einem Grundbegriffe des Energieumsatzes bekannt sein, damit man einschätzen kann, worum es geht und warum gerade in diesem Feld eine ausgewogene, bedarfsgerechte Ernährung so wichtig ist.

Die Energiemenge, die der Mensch an einem Tag benötigt, wird als Gesamtenergiebedarf bezeichnet. Dieser setzt sich aus dem so genannten Grundumsatz sowie dem Leistungsumsatz zusammen (▶ Abschn. 2.4).

> **Viele Funktionen und Stoffwechselvorgänge des Körpers sind auf Energie angewiesen**
>
> Der Körper benötigt Energie, um folgende Aufgaben erfüllen zu können:
> - Erhaltung der Körperwärme
> - Stoffwechseltätigkeiten, Organfunktionen
> - Aufrechterhaltung körperlicher Funktionen (Muskeltätigkeit, Verdauung etc.)
> - Aufrechterhaltung geistiger Funktionen
> - Wachstum

Den Bedarf an Energie deckt der Körper aus der Verstoffwechslung der Nährstoffe Kohlenhydrate und Fette sowie zum Teil auch Eiweiß. Die Energiegewinnung im Organismus ist vergleichbar mit dem physikalischen Modell eines Verbrennungsmotors. Chemisch gebundene Energie wird unter Freisetzung von Wärme in biologisch nutzbare Energie (ATP) umgewandelt.

Der Körper deckt seinen Energiebedarf durch Kohlenhydrate, Fette und Eiweiß.

▶ Beim Grundumsatz handelt es sich um die Menge an Kalorien/Nährstoffen, die ein Mensch benötigt, um auch in absoluter Ruhe (Schlaf) seine lebensnotwendigen Funktionen aufrechtzuerhalten (Wärmeproduktion, Herz-Kreislauf-Funktion, Atmung, Nieren- und Hirntätigkeit). Die Höhe dieses Grundumsatzes beträgt ungefähr 4,2 kJ (1 kcal)/Std./g Körpergewicht.

3

> ❯ **Der Leistungsumsatz bezeichnet den durch körperliche Aktivität erbrachten Kalorienmehrumsatz. Der Leistungsumsatz kann noch weiter in den so genannten Arbeitsumsatz (Kalorienverbrauch am Arbeitsplatz) und den so genannten Freizeitumsatz (Kalorienumsatz durch Freizeitaktivitäten, z. B. Sport) unterteilt werden.**

Für Leistungssportler gibt es weitere Berechnungsmodelle, die den genauen Bedarf ermitteln, je nach Geschlecht, Alter, Trainingsumfang und Wettkampfhäufigkeit.

Die wichtigsten Energielieferanten im Sport

- **Kohlenhydrate**
 - Der Vorrat an Kohlenhydraten muss immer wieder aufgefüllt werden. Er ist nur begrenzt vorhanden bis max. 2000 kcal.
 - 50–65 % der aufgenommenen Energie sollten Kohlenhydrate sein.
   - 5–7 g/kg KG < 10 h Ausdauerbelastung
   - 8–10 g/kg KG > 10 h Ausdauerbelastung
 - Quellen für Kohlenhydrate: Kartoffeln, Getreidebrei aus Hafer, Hirse, Reis, Buchweizen, Gerste, Mais, Dinkel, Obstsäfte, Frischobst, Nudeln, am besten Vollkorn

- **Fette**
 - Bei Ausdauerbelastungen wird vom Körper hauptsächlich auf die vorhandenen Fettreserven zurückgegriffen bis zu 50.000 kcal.
 - Bis zu 30 % der Energie kann aus Fetten aufgenommen werden.
 - Fette sind unbegrenzt speicherbar.
 - Der Zugriff ist nicht so schnell wie auf den Kohlenhydratspeicher.
 - Vermehrte Aufnahme durch einfach- und mehrfach ungesättigte Fettsäuren
 - Erhitzbar: Rapsöl, Olivenöl, Sojaöl, Erdnussöl
 - Nicht erhitzbar: Traubenkernöl, Walnussöl, Leinöl, Weizenkeimöl, Hanföl, Kürbiskernöl
 - Weitere Quellen: Nüsse, Kerne, Samen, Butter

- **Eiweiß**

Empfehlungen für gute
Eiweißkombinationen:
- Getreide + Milchprodukte
- Getreide mit Ei, Hülsenfrüchten oder Milch
- Kartoffel mit Ei, Hülsenfrüchten oder Milch
- Bohnen und Mais

 - Der Verbrauch von Eiweiß ist stark von der Sportart abhängig.
 - Die Aufnahme sollte etwa 0,8 g/kg KG betragen.
 - Proteine sind keine wesentlichen Lieferanten für Nahrungsenergie. Ca. 10–15 % der Energie sollten aus Proteinen stammen.
 - Gute Proteinlieferanten in der Ernährung sind vor allem heimischer Fisch, Lachs in Bio-Qualität , mageres Fleisch wie Rind, Kalb, Huhn, Ente, Milchprodukte, Milch, Käse, Eier, Hülsenfrüchte und Getreide.

Bedarfsgerechte Sporternährung

Regionales und saisonales Obst und Gemüse, wenn möglich in Bio-Qualität, schneiden am besten ab, wenn es um die Versorgung mit der gesamten Palette lebens- und leistungswichtiger Vitamine und Mineralstoffe geht (siehe ▶ Abschn. 2.2.2). Eine ausgewogene Ernährung, die reich an Obst, Gemüse, Hülsenfrüchten und Getreideprodukten ist, bedeutet auch eine hohe Aufnahme an Ballaststoffen und führt dadurch nicht nur zu einer guten Verdauung, sondern auch zu einer höheren Leistungsfähigkeit. Ein zu schnelles Absinken des Blutzuckerspiegels kann ebenfalls verhindert werden. 30 g Ballaststoffe sind die Empfehlungen für eine adäquate tägliche Zufuhr.

> **Tipp**
>
> Kohl, Brokkoli, Erbsen und Salat sind bezüglich der Nährstoffdichte Spitzenreiter.

Hinsichtlich der Versorgung z. B. mit Eisen und Vitamin B12 haben Fleischprodukte eine hohe Nährstoffdichte, Seefisch ist reich an mehrfach ungesättigten Fettsäuren, Vitamin D und Jod. Die Beispiele verdeutlichen, dass eine bewusste, ausgewogene Ernährung mit verringerter Zufuhr von tierischen Fetten und einfachen Kohlenhydraten bei Betonung pflanzlicher Produkte wie Obst, Gemüse, Vollkorngetreide und Hülsenfrüchten auch für Sportler die gesündeste Ernährungsform darstellt.

> **Allgemeine Tipps rund um die Ernährung**
> - Regionale und saisonale Produkte bevorzugen
> - Machen Sie Beilagen zur Hauptmahlzeit
> - Viel Vollkornprodukte: Vollkornreis, Mais, Kartoffeln, Hirse, Gerste, Dinkel
> - Gegartes Gemüse
> - Hülsenfrüchte: Statt Soja auch Lupinen oder Seitan, Linsen, Bohnen, Erbsen, Kichererbsen. Bohnen (auf die Verträglichkeit achten) immer über Nacht einweichen und mit einer Scheibe Ingwer lange kochen; Ausnahme sind rote und gelbe Linsen, die können in einer Suppe mitgekocht werden
> - Fleisch, heimischer Fisch, Eier
> - Wichtigste Mahlzeit – Frühstück:
>   - Beste Zeit zur Kohlenhydratverdauung
>   - Stärkt Leistungs- und Konzentrationsfähigkeit
>   - Blutzuckerspiegel fällt weniger schnell ab
> - Mittag – beste Zeit zur Eiweißverdauung, tierisch oder pflanzliches Eiweiß
> - Abendessen – nicht zu spät und leicht

3

Trotzdem muss man auf einige Vitamine besonders achten, da es leicht zu einer Mangelversorgung kommen kann. Kritische Vitamine in diesem Zusammenhang wären Vitamin C, E, A und B6.

Warum gerade diese Vitamine so wichtig sind und welche Funktionen sie übernehmen, zeigt ◘ Tab. 3.4.

Aber nicht nur auf die ausreichende Zufuhr von Vitaminen kommt es an, sondern auch Mineralstoffe und Spurenelemente müssen in angemessenem Maße vorhanden sein, damit eine zufriedenstellende Leistungsfähigkeit gewährleistet werden kann (siehe dazu ◘ Tab. 3.5).

◘ Tab. 3.4   Wichtige Vitamine im Sport

Vitamin	Funktion	Vorkommen
Vitamin C	Radikalfänger, schützt Gefäße, fördert Eisen-Stoffwechsel, Kollagenbildung	Kohl, Tomaten, Paprika, Blattgemüse, Beeren, Hagebutten, Heidelbeeren, Johannisbeeren, Petersilie
Vitamin E	Radikalfänger, Arteriosklerosevorbeugung, vermindert Muskelbeschwerden	Keime, Pflanzenöle, Sojabohne, Kohl, Blattgemüse, Milch, Butter, Eier, Vollkorngetreide
Vitamin A	Sehvorgang, Aufnahme von Fett	Eigelb, Karotten, Grünkohl, Spinat, Salat, Paprika, Kürbis, Marille, Fisch, dunkle Schokolade, Sonnenblumenkerne
Vitamin B6	Coenzym für Stoffwechsel der Aminosäuren, Kohlenhydrate, Proteine	Fleisch, Fisch, Eigelb, Milch, Hefe, Getreide, Brokkoli, Avocado

◘ Tab. 3.5   Vorkommen von wichtigen Mineralstoffen und Spurenelementen

Mineralstoffe/ Spurenelemente	Vorkommen
Kalium	Beeren, Trockenfrüchte
Kalzium	Milch, Milchprodukte, Haselnüsse, Mohn, Sesam, Brokkoli, Spinat
Magnesium	Getreide, Fisch, Nüsse, grünes Gemüse, Milch
Eisen	Fleisch, Vollkorngetreide, Leber, Hülsenfrüchte
Zink	Fleisch, Kalbsleber, Ei, Milch, Vollkorngetreide, Keime, Nüsse, Austern
Jod	Salz, Fisch, Meerestiere, Milch, Eier
Phosphor	In fast allen Lebensmitteln, Fleisch, Wurst, Schmelzkäse, Randschichten von Getreide
Chrom	Hefe, Nüsse, Fleisch, Leber, Eier, Hafer, Tomaten, Pilze, Traubensaft, Honig, Rohrzucker
Selen	Nüsse, Weizenkeime, Getreide, Fisch, Eier, Innereien

Tipps

2–3 Stunden vor dem Training sollte man das letzte Mal essen und Flüssigkeit zu sich nehmen. Möchte man Ausdauer trainieren, wählt man am besten eine kohlenhydratreiche, leicht verdauliche Speise aus.

Möglichkeiten für einen Tagesplan:

- Frühstück: Warmes Getreidefrühstück mit Obst, Nüsse, Gewürze, Eierspeis mit Kräutern, Gemüse der Saison und gemahlenes Vollkornbrot getoastet, Kresse, magerer Schinken
- Mittagessen: Eintöpfe, Gulasch, Faschiertes, Fisch, Gemüse, Risotto, Hülsenfrüchte, kleiner Beilagensalat, Kohlenhydrate, Beilagen
- Abendessen: Leicht und bekömmlich und nicht zu spät am Abend – Suppen, Gemüse, gekochtes Getreide, Kartoffeln

Sportgetränke und Schweißverlust während des Sports

Wer Sport betreibt, kommt automatisch ins Schwitzen. Dies ist ein natürlicher Mechanismus zum Schutz vor Überhitzung. Durch die Verdunstung des Schweißes wird der Körper abgekühlt. Neben Wasser verliert der Mensch aber auch wichtige Mineralstoffe, die ebenfalls während bzw. nach der sportlichen Aktivität ersetzt werden müssen.

Dafür eignet sich besonders eine Mischung aus Mineralwasser und Fruchtsäften (z. B. ½ Liter Apfelsaft mit 1 Liter natriumreichem, stillem Mineralwasser und ½ TL Salz). Das Mineralwasser liefert hauptsächlich Natrium, Chlorid und Kalzium, während Fruchtsäfte sich durch einen hohen Kalium- und Magnesiumgehalt auszeichnen. Alternativ können auch Johannisbeersaft oder Holunderbeersaft verwendet werden. Bei der Auswahl des Getränks sollte man immer auf die Verträglichkeit achten!

Durch den Kohlenhydratanteil können die Kohlenhydratreserven regeneriert werden. Bei purem Fruchtsaft ist dieser jedoch zu hoch, so dass das Getränk vom Körper langsamer aufgenommen wird. Es liegt dann ein hypertones Getränk vor.

> **Hyperton bedeutet, die Flüssigkeit enthält mehr gelöste Teilchen als das Blutplasma. Sie besitzt also eine höhere Osmolarität.**

Wer schwitzt, muss genug trinken!

Sportlern mit intensiverer Belastung wird empfohlen, während der körperlichen Betätigung alle 15–20 Minuten 100–200 ml Flüssigkeit zu sich zu nehmen, da ein Flüssigkeitsdefizit die Leistungsfähigkeit stark einschränkt sowie weitere Symptome hervorrufen kann. Wenn das nicht möglich ist, kann auch in der Sportpause getrunken werden. Die Temperatur des Getränkes sollte 15–25°C

3

betragen, da sich sonst die Verweildauer im Magen verlängert und die Verträglichkeit eventuell nicht gegeben ist.

3.2.6   Vegane und vegetarische Ernährung

© a_namenko / Getty Images / iStock

Die veganen und vegetarischen Ernährungsweisen haben sich in den letzten Jahren in unserer Gesellschaft etabliert.

Immer mehr Menschen in Österreich leben mittlerweile vegetarisch oder vegan. 5,7 % der Bevölkerung geben an, auf tierische Produkte zu verzichten, davon ist der größere Teil weiblich mit 76,6 %. Der typische Vegetarier ist weiblich, jung, gebildet und lebt in Städten. Es gibt in den letzten Jahren einen starken Anstieg an Vegetariern in der Bevölkerung, der sich auch in dem großen Angebot am Kochbuchmarkt wiederspiegelt. Die Hauptmotive für einen vegetarischen oder veganen Lebensstil sind vor allem ethische Gründe, die Zustände bei der Massentierhaltung, Umweltschutz und die Schonung von Ressourcen. Bei einer vegetarischen Ernährung rücken auch gesundheitliche Gründe immer mehr in den Vordergrund.

Was ist nun der genaue Unterschied zwischen einer vegetarischen und einer veganen Ernährungsweise?

Je nach Form des **Vegetarismus** werden ausgewählte tierische Nahrungsmittel verzehrt oder tierische Lebensmittel komplett gemieden. Man unterscheidet zwischen Pesco-Vegetariern und Ovo-Lakto-Vegetariern. Pesco-Vegetarier essen zusätzlich zu einer pflanzlichen Kost auch Fisch. Ovo-Lakto-Vegetarier essen zusätzlich auch Eier und Milch- und Milchprodukte.

Eine **vegane Ernährung** hingegen ist durch die ausschließliche Aufnahme von pflanzlichen Lebensmitteln gekennzeichnet. Bei dieser Lebensweise wird auf jegliche Lebensmittel und Produkte, die von Tieren kommen – auch Honig, Leder und Wolle – verzichtet. Vegan ernährte Erwachsene können nur dann gesundheitliche Vorteile aus dieser Lebensweise ziehen, wenn sie auf eine vielfältige Ernährung und die Supplementierung mancher kritischen Nährstoffe zurückgreifen. Das Wissen über Lebensmittel und deren Inhaltstoffe und eine gute Planung sind hier Grundvoraussetzung für eine ausgewogene, vollwertige Ernährung.

Laut einer offiziellen Stellungnahme der Deutschen Gesellschaft für Ernährung (DGE) wird eine vegane Ernährung für Schwangere, Stillende, Säuglinge, Kinder und Kleinkinder nicht empfohlen, da die Versorgung mit lebenswichtigen Nährstoffen nicht gewährleistet ist. Bei Personengruppen in diesen sensiblen Lebensphasen wie im Wachstum kann sich eine rein vegane Ernährung problematisch auf die Gesundheit auswirken. Vegan ernährte Kinder vom Säugling bis ins Jugendalter haben ein erhöhtes Risiko für eine Mangelversorgung an Vitamin B12, Vitamin D, Proteinen, Kalzium, Eisen und Jod.

Veganismus und Vegetarismus mit Köpfchen

Wird die Lebensmittelauswahl mit viel Wissen zusammengestellt und ist die Ernährung gut geplant, kann eine **vegane Kost** bei Erwachsenen viele Vorteile haben. Kritische Stoffe wie Vitamin B12 sollten allerdings im Auge behalten und bei Bedarf zugefügt werden. Für Kinder ist von einer rein veganen Lebensweise in jedem Lebensalter abzuraten. Lebenswichtige Nährstoffe sind in zu geringer Menge vorhanden. Kinder können in ihrem Wachstum und in ihrer Entwicklung gehemmt und verzögert werden.

Eine **vegetarische Ernährungsform** ist hingegen einfacher umzusetzen und führt, wenn sie gut geplant ist, zu keinen Mangelerscheinungen und kann bei Kindern ab dem Schulalter umgesetzt werden. In diesem Alter (von 6–12 Jahren) nähert sich der Nährstoffbedarf immer mehr dem von Erwachsenen an.

Eine vegetarische Kost weist eine günstigere Zusammensetzung an Lebensmitteln auf als die in Österreich übliche Mischkost. Diese beinhaltet zumeist sehr viel Fett, Fleisch, Zucker und Salz sowie Fertigprodukte, die hoch verarbeitet sind.

Personen, die sich vegetarisch ernähren, haben ein geringeres Risiko für metabolische und kardiovaskuläre Krankheiten sowie meist ein niedrigeres Körpergewicht und eine gesündere Lebensweise. Der Cholesterinspiegel ist oft niedriger, da mit einer pflanzlichen Kost viel weniger gesättigte Fettsäuren und tierisches Fett aufgenommen werden.

Durch den Verzicht auf fettiges Fleisch und Wurstprodukte können eventuell auch entzündliche Prozesse im Körper verhindert werden. Die Studienlage ist dazu aber derzeit noch nicht ausreichend. Aufgrund der geringen Aufnahme an gesättigten Fettsäuren und des hohen Gehaltes an Ballaststoffen und sekundären Pflanzeninhaltsstoffen durch den meist hohen Verzehr an Obst und Gemüse, Hülsenfrüchten und Vollkorngetreideprodukten kann sich dieser Lebensstil positiv auf die Prävention von Krebs auswirken. Es wird auch vermutet, dass ein niedrigeres Körpergewicht in diesem Zusammenhang eine Rolle spielt.

Weitere gesundheitliche Vorteile sind ein geringeres Risiko, an Diabetes mellitus Typ 2 zu erkranken, sowie eine positive Beeinflussung des Blutdrucks und der Blutfette. Mit einer vegetarischen Lebensweise kann man vielen zivilisationsbedingten Krankheiten vorbeugen.

Lebenswichtige Nährstoffe bei Veganismus und Vegetarismus

▪ Vitamin B12

Eine kritische Versorgung kann besonders bei Veganern auftreten. Vitamin B12 ist hauptsächlich in tierischen Produkten enthalten. Geringe Mengen finden sich jedoch auch in Bierhefe, Sauerkraut, Nori-Algen und Shiitake-Pilzen. Die Leber speichert das Vitamin B12. Die Versorgung aus dem Speicher kann 2–3 Jahre ausreichen. Bei einem Mangel treten Müdigkeit, Abgeschlagenheit und verminderte Konzentration auf. Diese Symptome sind Warnzeichen bei Veganismus. Regelmäßige Kontrollen mittels Blutabnahme sind hier angezeigt.

▪ Vitamin D

Die Vitamin D-Versorgung kann über die Nahrung zu etwa 20 % gedeckt werden. Hier sind besonders fettreiche Fischsorten (siehe ▶ Abschn. 4.1.6) zu erwähnen. Avocado, Pilze, Eidotter, Mandeln und Mandeldrinks sind Vitamin D-Spender. Sie können den Bedarf aber nicht vollständig decken. Etwa 80 % an Vitamin D wird durch die Einwirkung von Sonnenlicht im Körper produziert. In sonnenarmen Regionen sollte Vitamin D von Oktober bis April zugeführt werden.

▪ Eiweiß

Als Vegetarier oder Veganer muss man auch besonders auf seine Eiweißversorgung achten. Pflanzliches Eiweiß muss in höherem Mengen am besten mehrmals täglich in unterschiedlichen Kombinationen aufgenommen werden (siehe dazu auch ▶ Abschn. 2.2.1).

▪ Eisen, Jod und Kalzium

Eisen kommt überwiegend in Fleisch vor. Gute pflanzliche Eisenlieferanten sind Spinat, Erbsen, Nüsse und Hülsenfrüchte. Kombiniert man diese mit der Aufnahme von Ascorbinsäure wie aus Vitamin-C-haltigem Obst, kann das vorhandene Eisen besser aufgenommen werden. Der Bedarf an Jod kann durch jodangereichertes Speisesalz sowie durch die Algen Nori und Wakame gedeckt werden. Ein weiterer kritischer Nährstoff kann Kalzium sein, da Veganer auf den Genuss von Milch und Milchprodukten gänzlich verzichten. Brokkoli, Mangold, Sesam, Spinat, Haferflocken,

Mohn, Weizenkeimlinge sowie einige Beeren und frische Kräuter sind gute Kalziumquellen. Kalziumreiches Mineralwasser kann ebenfalls zur Versorgung herangezogen werden.

Gesund und fit mit vegetarischer oder veganer Ernährung

Bei der praktischen Umsetzung der vegetarischen und veganen Kost sollten Sie vor allem auf folgende Punkte achten:

- Pflanzliche Nahrung kühlt den Körper, besonders Obst, Gemüse, Salat, Tofu und Sojaprodukte.
- Milch und Milchprodukte wie Joghurt, Rahm, Sauermilch, Buttermilch, Topfen und Streichkäse wirken thermisch kühlend; länger gereifter Käse wirkt wärmender.
- Eier stärken unseren Körper, wärmen aber nicht.
- Nüsse, Kerne und Samen stärken, wärmen nicht; geröstet sind sie leichter verdaulich.
- Hülsenfrüchte stärken, aber wärmen nicht, sind schwerer verdaulich (siehe ▶ Abschn. 4.1.7)
- Rohes Obst und Gemüse sind schwer verdaulich, bei der Verdauung wird viel Energie, Qi, benötigt.
- Essen Sie vermehrt wärmende Gemüsesorten wie Kürbis, Zwiebel, Knoblauch, Lauch, Kohlsprossen, Fenchel und Süßkartoffeln.
- Regelmäßige warme Mahlzeiten! Frühstück, Mittag- und Abendessen.
- Essen Sie mindestens 2-mal täglich warme und gekochte Speisen!
- Frühstück: warm, kohlenhydratreich – Vollkorn leicht verdaulich, pikant oder süß.
- Mittag: warm, eiweißreich – Hülsenfrüchte, Tofu, Quinoa, Amarant.
- Abendessen: suppig, saftig – Suppen, Gemüseeintöpfe, gedünstetes oder gedämpftes Gemüse, wenig Kohlenhydrate und Eiweiß.
- Wichtig ist es, den Körper mit Kräutern und Gewürzen zu wärmen und die Verdauung zu unterstützen!
- Wärmende Kräuter und Gewürze: Kümmel, Koriander, Wacholder, Rosmarin, Thymian, Basilikum, Knoblauch, Liebstöckel, Lorbeer, Majoran, Kreuzkümmel, Oregano, Paprikapulver, Bockshornkleesamen, Kurkuma, Kakaopulver.
- Stark wärmend: Chili, Tabasco, Pfeffer, Curry, Ingwer, Muskat, Nelke, Anis, Zimt, Fenchelsamen.
- Essen Sie täglich ausreichend Eiweiß (siehe ▶ Abschn. 2.2.1).
- Gute pflanzliche Eiweißquellen: Hülsenfrüchte/Lupine, Getreide, Nüsse/Kerne/Samen, getrocknete Pilze, Sprossen.

3

— Kochen Sie regelmäßig chinesische Gemüsekraftsuppen (siehe ▶ Abschn. 3.2.2). Trinken Sie davon 2–3 Tassen täglich. Sie geben Kraft!
— Vermeiden Sie eine kohlenhydratlastige Ernährung und naschen Sie wenig!

Einige Rezeptideen:
— Suppen mit Wintergemüse und Hülsenfrüchten
— Aufstriche aus Hülsenfrüchten und Samen wie Humus, Erbsenaufstrich, Linsenaufstrich
— Warmes Frühstück aus Süßreis, Hafer, Quinoa oder Buchweizen mit Nüssen und Samen
— Eintöpfe mit Hülsenfrüchten
— Warme Desserts mit wärmenden Gewürzen wie Mohn-Nuss-Kuchen, Maronireis und Maronikuchen

Nahrungsmittellexikon und Warenkunde

Inhaltsverzeichnis

Einteilung der Nahrungsmittelgruppen

© Springer-Verlag GmbH Deutschland, ein Teil von Springer Nature 2019
V. Ottenschläger, C. Radbauer, *Ea(s)t meets West – Fit und gesund mit der Westlichen 5-Elemente-Ernährung*
https://doi.org/10.1007/978-3-662-56050-1_4

Bei diesem Kapitel haben wir an unsere diversen Kochkurse gedacht und die vielen Fragen, die immer wieder aufgetaucht sind. Es soll allen dazu dienen, einen schnellen Überblick und eine Erklärung über die einzelnen Nahrungsmittel und ihre Inhaltstoffe zu bekommen. Die Einteilung der Nahrungsmittelgruppen haben wir nach den Grundnahrungsmitteln und/oder Hauptinhaltsstoffen gewählt. Auch Superfood-Lebensmittel und Getränke werden erwähnt und näher erklärt.

4.1 Grundnahrungsmittel

Grundnahrungsmittel nennt man jene Lebensmittel, die von der Bevölkerung am meisten gegessen werden. Sie liefern die Hauptnährstoffe wie Kohlenhydrate, Eiweiß und Fette. Die weltweit wichtigsten Grundnahrungsmittel sind Getreide und Getreideprodukte, Kartoffeln, Hülsenfrüchte, Fleisch, Fisch, Milch und Eier. Welche Lebensmittel konsumiert werden, hängt sehr stark von der Region und den klimatischen Bedingungen ab. Daher ist es auch sinnvoll, Nahrungsmittel aus der eigenen Region zu verzehren, da wir dadurch mit allen Nährstoffen versorgt werden, die der Körper in der Jahreszeit benötigt.

Am meisten essen die Österreicher pro Jahr und pro Kopf Obst, Gemüse, Getreideprodukte, vor allem Brot, Reis, Kartoffeln sowie Milch und Milchprodukte, Fisch, Fleisch, Eier.

4.1.1 Obst

© koszivu / stock.adobe.com

Obst sind Früchte von meist mehrjährigen Pflanzen. Man kann zwischen Kernobst, Steinobst, Beerenobst, Südfrüchten, Schalenobst und Wildfrüchten unterscheiden.

❯ **Als Wildfrüchte bezeichnet man nicht kultiviertes Obst, welches in freier Natur wächst.**

Wie die Übersicht zeigt, haben wir keine rein botanische Einteilung gewählt, da diese sehr komplex wäre.

4

> **Übersicht über die Obstsorten**
> - Kernobst: Äpfel, Birnen, Quitten, Hagebutten
> - Steinobst: Kirschen, Zwetschken, Marillen, Pfirsiche, Nektarinen
> - Beerenobst: Erdbeeren, Johannisbeeren, Stachelbeeren, Himbeeren, Brombeeren, Heidelbeeren, Weintrauben
> - Südfrüchte: Ananas, Avocados, Bananen, Datteln, Feigen, Granatapfel, Melonen, Kakis, Kiwi, Litschis, Longan, Kumquats, Mangos, Papaya, Passionsfrüchte
> - Zitrusfrüchte: Zitronen, Limonen, Orangen, Grapefruit, Mandarinen

Die Wirkweise von Obst ist unter anderem abhängig von Sorte und Herkunft. Ebenfalls wichtig ist der Reifegrad bei der Ernte. Unreif gepflückt und nachgereift oder vollreif geerntet macht einen großen Unterschied in der Bekömmlichkeit, aber auch in der Wirkung auf den Körper. Unreif geerntetes Obst führt zu Magen-Darm-Beschwerden und hat natürlich auch wesentlich weniger Vitamine und Geschmack als reif Geerntetes.

Westliche Ernährung Obst enthält viel Vitamin A, C, B und Folsäure. Obst ist reich an Wasser, Mineralstoffen, Spurenelementen und sekundären Pflanzeninhaltsstoffen. Der Gehalt dieser ist je nach Obstsorte unterschiedlich. Obst und Gemüse besitzen die höchste Nährstoffdichte von unseren Lebensmitteln. Eiweiß und Fett sind fast gar nicht vorhanden. Der Fruchtzuckergehalt hängt von der Art des Obstes und dem Reifegrad ab.

Polyphenole sind aromatische Verbindungen, die zu den sekundären Pflanzeninhaltsstoffen zählen. Farbstoffe, Geschmacksstoffe und Tannine zählen zu ihnen.

Hinter dem Begriff des Kernobstes stehen unsere alten heimischen Obstsorten wie Apfel, Birne, Hagebutte und Quitte. Sie sind reich an Vitamin C, Phosphor, Kalium, Kalzium, Pektinen und Polyphenolen. Die Schale sollte bei diesen Sorten mitgegessen werden, da sich knapp unterhalb der Schale die meisten Vitamine verbergen. Wichtig ist, dass man zu ungespritzten Sorten greift.

Beeren im Sommer sind reich an Ballaststoffen, Vitamin C, Eisen, Kalium, Kalzium und vielen unterschiedlichen sekundären Pflanzeninhaltsstoffen. Sie zählen daher auch zu den Superfoods und sind sehr begehrt.

5-Elemente-Ernährung Die meisten Obstsorten sind süß, leicht sauer, wirken positiv auf die Bildung und Bewahrung von Blut und Körpersäften und helfen bei der Regulierung von innerer und äußerer Hitze. Mäßiger Verzehr von rohem Obst bis Mittag wirkt sich positiv auf unseren Körper aus.
- Kernobst hat einen süß sauren Geschmack und wirkt verdauungsfördernd sowie hitzeausleitend und lungestärkend. Es hat einen Einfluss auf Magen, Milz und Lunge.

- Steinobst ist warm, süß bis sauer, außer der Zwetschke/Pflaume, diese ist kalt.
- Beerenobst ist neutral und süß. Beeren haben einen starken Leber-, Herz- und Nieren-Bezug.
- Südfrüchte werden aus Sicht der TCM nur in sehr geringen Mengen in unseren Breitengraden empfohlen und sehr spezifisch eingesetzt. Ananas, Mangos, Kiwis und Papayas haben eine enzymatische Wirkung und werden zur Verdauungsförderung verwendet. Sie dürfen nicht erhitzt werden, da sie sonst ihre Wirkung verlieren.
- Von Zitrusfrüchten wird sowohl der Saft als auch die Schale verwendet. Die geriebene Schale ist reich an ätherischen Ölen und sekundären Pflanzeninhaltsstoffen. Sie hat eine stark bewegende Wirkung und ist ein bewährtes Mittel gegen Stagnation.

Warum gerade bis Mittag?

Laut Traditioneller Chinesischer Medizin ist zwischen 7.00 und 11.00 Uhr vormittags die höchste Energie von Magen und Milz und daher die beste Verdaubarkeit für rohes Obst gegeben.

Möglichkeiten der Zubereitung, um Obst besser verdaubar zu machen, sind:

Äpfel, Birnen, Zwetschken, Marillen, Pfirsiche und Beeren sind besonders gut.

- dünsten,
- als Kompott,
- braten (Banane),
- als Röster (Zwetschken-/Marillenröster),
- Marmeladen,
- Säfte, als Sirup
- eingelegt in Alkohol,
- getrocknet,
- als Fruchtsalat.

> **Tipp**
>
> Wir sollten zu Sorten greifen, die in unseren Breitengraden wachsen, daher nur kurze Transportwege hinter sich haben und reif geerntet werden können. Dadurch bleibt der Gehalt wichtiger Vitamine erhalten. Durch Zubereitung des Obstes wird es leichter verdaubar. 2 Portionen Obst reichen pro Tag, da in den meisten Sorten viel Fruchtzucker vorhanden ist.

Der Saisonkalender (◪ Abb. 4.1) gibt einen guten Überblick über die heimische Ernte.

4

	Jän.	Feb.	März	April	Mai	Juni	Juli	Aug.	Sept.	Okt.	Nov.	Dez.
Äpfel	🟨	🟨	🟨	🟨			🟩	🟩	🟩	🟩	🟨	🟨
Birnen	🟨	🟨					🟩	🟩	🟩	🟩	🟨	🟨
Brombeeren							🟩	🟩	🟩	🟩		
Erdbeeren					🟩	🟩	🟩	🟩				
Hagebutte									🟩	🟩	🟩	
Heidelbeeren							🟩	🟩	🟩			
Himbeeren						🟩	🟩	🟩	🟩	🟩		
Holunderbeere									🟩	🟩		
Kirsche						🟩	🟩					
Marillen							🟩	🟩				
Nektarinen							🟩	🟩				
Pfirsiche							🟩	🟩				
Preiselbeere									🟩	🟩	🟩	
Quitte									🟩	🟩	🟩	
Rhabarber				🟩	🟩	🟩						
Ribisel							🟩	🟩				
Weintrauben									🟩	🟩		
Zwetschke								🟩	🟩			

🔹 **Abb. 4.1**   Saisonkalender heimischer Obstsorten (grün: reif in Österreich; gelb: Lagerung)

4.1.2   Gemüse

© Kurhan / stock.adobe.com

Gemüse stammt von meist einjährigen Pflanzen. Je nach Region können unterschiedliche Gemüsesorten angebaut werden. Man kann Gemüse grob in Wildgemüse und Kulturgemüse einteilen. Eine detailliertere Unterteilung ergibt sich aus dem verzehrten Pflanzenteil wie Knollen-, Wurzel-, Zwiebel-, Kohl-, Stängel-, Blatt- und Fruchtgemüse.

Westliche Ernährung   Aus westlicher Sicht ist Gemüse ein wunderbarer Spurenelemente- und Mineralstofflieferant, weiters enthält es viele Vitamine und Ballaststoffe, die je nach Sorte sehr unterschiedlich sind.

5-Elemente-Ernährung   Gemüse wirkt allgemein reinigend und harmonisierend, darüber hinaus spendet es wertvolle Säfte. Temperatur und Geschmacksverhalten sind ganz unterschiedlich. Rohe Salate am besten zum Mittag in kleinen Mengen zu gekochten Speisen verzehren. Bei größeren Mengen an Rohkost den Magen mit einer Schale Suppe, heißem Wasser oder wärmendem Tee (z. B. Fenchel oder Anis) vorwärmen!

In der chinesischen Ernährungslehre wird Gemüse in 6 Kategorien eingeteilt. Sie werden je nach Konstitutionstyp eingesetzt:
- Knollen- und Wurzelgemüse: süß neutrale Gemüsesorten mit stärkender Wirkung auf den mittleren Erwärmer
- Zwiebel- und Lauchgewächse: scharf, stark riechend; Lungen- und Leberbezug
- Kohl- und Krautgemüse: neutral bis warm, süß und scharf
- Grünes Blattgemüse: süß, scharf, bitter, kühl bis kalt, weich und schlüpfrig
- Fruchtgemüse: süß, neutral, kühl, tonisieren Qi und Blut
- Pilze: meist neutral und süß, entgiftend und entfeuchtend

Knollen- und Wurzelgemüse

Zum Knollen- und Wurzelgemüse zählen Karotten, Gelbe Rüben, Petersilienwurzel, Rettich, Radieschen, Kren, Rote Rübe, Schwarzwurzel, Ingwer, Sellerie und Speiserüben. Bis auf Sellerie werden hier die im Boden wachsenden Wurzeln oder Knollen verzehrt.

Westliche Ernährung   Knollen- und Wurzelgemüse haben einen hohen Nährwert und aufgrund des hohen Wassergehalts nur wenig Kalorien. Sie sind reich an Mineralstoffen wie Kalzium, Phosphor, Kalium, Magnesium, Eisen sowie an Vitamin C, B und Folsäure. ß-Carotin ist in größeren Mengen in allen roten und orangenen Sorten enthalten.

5-Elemente-Ernährung   Knollen- und Wurzelgemüse sind nährend, ohne zu verschleimen, und zeichnen sich durch ihre Qi-regulierende und ergänzende Wirkung im mittleren Erwärmer aus.

4

Diese Gemüsesorten eignen sich besonders gut für Babys und Kleinkinder, deren Erdelement (= Verdauungsorgane) noch nicht vollständig entwickelt ist!

- Karotte: warm, süß und scharf, Qi tonisierend, Nässe auflösend, Yang erwärmend, Parasiten eliminierend
- Fenchel: Knolle und Samen verwenden; bei Kälteblockaden und Schmerzen im mittleren und unteren Erwärmer besonders gut; die Knolle wird bei Gelenksschmerzen eingesetzt!
- Rote Rüben: neutral, bitter, wirken sanft kühlend, nähren Blut und Yin, stärken besonders das Leber- und Herzblut und leiten feuchte Hitze aus der Leber aus
- Sellerie: kühl, scharf, aromatisch, Nässe und Hitze ausleitend, fördert Diurese, tonisiert das Qi
- Ingwer: wärmt v. a. den Magen und wandelt Kälteschleim in Milz und Lunge um; hilft gegen Übelkeit und Reisekrankheit; besonders wirksam bei beginnender Erkältung!
- Kren: heiß und scharf, starker Bezug zu Lunge und Magen, Yang erwärmend, Nässe trocknend, regt die Verdauung und die Diurese an; Achtung bei Gastritis und Magenhitze
- Radieschen: kühl, scharf, süß, Schleim, Nässe, Feuchtigkeit und Hitze ausleitend und auflösend, Blut kühlend, Qi regulierend und bewegend
- Rettich: stärkt Milz, senkt Lungen-Qi ab; wirkt kühl-scharf, wandelt Hitzeschleim in der Lunge um, stillt Husten

Tipp

Gerade in den Wintermonaten stellen Wurzel- und Knollengemüse eine wertvolle Quelle an Vitaminen und Mineralstoffen dar. Sie lassen sich gut in Suppen oder in Eintöpfen verarbeiten.

Zwiebel- und Lauchgewächse

Zu Zwiebel- und Lauchgewächsen gehören neben Zwiebeln auch noch Lauch, Knoblauch und Schnittlauch.

Westliche Ernährung   Zwiebelgemüse enthalten das ätherische Öl Allicin, welches für den milden bis scharfen Geschmack verantwortlich ist. Diese reizt beim Schneiden die Augen und Schleimhäute. Sie sind reich an den Vitaminen A, B, C, E, Glukose, Mineralstoffen und Spurenelementen wie Natrium, Kalium, Kalzium, Phosphor, Magnesium und Sulfiden. Durch die Sulfide kann das Thromboserisiko so wie Herz- Kreislauf-Erkrankungen positiv beeinflusst werden.

5-Elemente-Ernährung   Zwiebelgemüse sind scharf und warm-heiß. In der TCM werden sie zur Öffnung der Körperoberfläche, zum Zerstreuen von Kälte und Feuchtigkeit, zum Wärmen der Mitte, Bewegen des Qis und zum Beseitigen von Verdauungs-blockaden eingesetzt.

- Zwiebel: warm; roh ist sie scharf und süß, gekocht nur süß; Qi regulierend, Qi und Blut bewegend, Hitze und Toxine ausleitend, Feuchtigkeit eliminierend, starker Lungen-bezug; wird vor allem bei Bronchitis, Asthma und Sinusitis eingesetzt
- Schnittlauch: warm und scharf, starker Nierenbezug, Qi, Yang und Blut tonisierend, Nässe ausleitend
- Lauch: warm, roh ist er scharf und gekocht süß und scharf; Qi regulierend und bewegend, Blut tonisierend und bewe-gend; wird gerne bei Ödemen eingesetzt
- Knoblauch: entgiftet und wirkt gegen Parasiten!

> **Tipp**
>
> Im Winter sind die Zwiebelgewächse besonders gut, um hart-näckigen Husten loszuwerden. Dazu kann man einen Zwiebel-wickel auf der Brust machen oder kleingeschnittene Zwiebeln in Honig einlegen und den Saft trinken.

Kohl- und Krautgemüse

Zum Kohlgemüse gehören Karfiol, Brokkoli, Chinakohl, Grüner Kohl, Kohlrabi, Rotkraut und Weißkraut. Sie haben eine äußerst stärkende Wirkung auf den mittleren Erwärmer und werden bei Verdauungsproblemen eingesetzt. Hier ist besonders auf ausrei-chende Garzeit und die Verwendung von verdauungsstärkenden Gewürzen wie z. B. Fenchel, Kümmel, Anis zu achten (bei regel-mäßigem Verzehr wird die Bildung der entsprechenden Enzyme angeregt)!

Westliche Ernährung   Kohlgemüse sind reich an Vitamin C, Vita-min K, Magnesium, Kalium, Kalzium, Eisen, Senfölglykosiden und Polyphenolen. Sie sind antioxidativ, stark verdauungsfördernd und für manche Menschen schwer verdaulich. Sie sollten daher mit vielen Gewürzen wie Kümmel, Majoran oder Thymian gekocht werden.

5-Elemente-Ernährung   Kohl- und Krautgemüse gehören zum Element Erde und somit zum süßen Geschmack. Sie haben teil-weise zusätzlich eine leicht scharfe und bittere Komponente, daher

4

bewegen sie und können Hitze ausleiten. Sie haben einen starken Bezug zu Magen, Milz, Dickdarm und Lunge. Sie werden zum Tonisieren von Blut und Qi eingesetzt sowie zur Beseitigung von Feuchtigkeit und Hitze.

Sauerkraut hat einen hohen Vitamin C Gehalt, wirkt probiotisch, antikanzerogen, cholesterinsenkend und ist stark verdauungsfördernd.

- Karfiol: Lungenbezug – ideal bei Raucherentwöhnung!, eliminiert Hitze bei Lungen-, Magen- und Darmentzündungen
- Kohl und Brokkoli: Leberbezug!, tonisieren das Blut
- Kohlsprossen: durch bitteren Geschmack Herzbezug, tonisieren Leber- und Herzblut, lösen Kälteschleim auf (Tumore!)
- Kohl: reguliert und bewegt Qi v. a. in den Verdauungsorganen, eliminiert Hitze und Feuer (Geschwüre und Entzündungen im Magen-Darm-Trakt); stärkt das Knochenmark!
- Kohlrabi: Lungenbezug, reguliert und bewegt Qi bei Miktionsstörungen
- Chinakohl: eliminiert Hitze und Feuchtigkeit aus dem unteren Erwärmer, befeuchtet bei Verstopfung

Grünes Blattgemüse

Zum grünen Blattgemüse zählen Sorten wie Spinat, Brennnessel, Mangold, Pak Choi, Artischocke, Petersilie, Kochsalat und Blattsalate. Vertreter dieser Pflanzenfamilie werden auch häufig roh verzehrt. Achtgeben muss man auf den Nitratgehalt, der oft höher ist als bei anderem Gemüse.

> **Nitrate sind Salze der Salpetersäure. Pflanzen benötigen Nitrat als Stickstofflieferant, damit sie Eiweiß herstellen können. Im menschlichen Organismus werden dann die Nitrate in die gesundheitsschädlichen Nitrite umgewandelt. Auch im Glashaus gezogenes Gemüse und gepökelte Wurstwaren haben einen hohen Nitratgehalt. Es können krebserregende Nitrosamine gebildet werden.**

Oxalsäure kann Kalzium, Magnesium und Eisen im Körper binden und kann sich in größeren Mengen negativ auf unsere Knochen auswirken. Sie kann auch zu Harnsteinbildung führen. Sie ist in Spinat, Mangold, Rhabarber und Süßkartoffeln vorhanden.

Westliche Ernährung   Grünes Blattgemüse enthält viel Vitamin B2, C, E, Eisen, Folsäure, Magnesium und Oxalsäure. Es ist verdauungsfördernd und entzündungshemmend.

5-Elemente-Ernährung   Diese Gemüsearten wirken abführend und diuretisch, kühlen Hitze und bauen Blut und Säfte auf. Der Geschmack ist meist süß, scharf oder bitter. Gemüse dieser Pflanzenfamilien sind kühl bis kalt und werden daher auch oft bei verdauungsfördernden Tees oder Kräuterbitter eingesetzt.

- Artischockenblätter: bitter und kühlend, kühlen Blut und Hitze – besonders Leber Feuer –, fördern Gallensekretion, senken Cholesterin
- Brennnessel: Bluttonikum!
- Spinat: stärkt Leberblut bei Menstruationsbeschwerden, hilft gegen Nasenbluten; weiters bei Magenhitze mit trockenem Mund und Verstopfung
- Mangold: stärkt Yin, stoppt Blutungen, hilft bei Entzündungen
- Kochsalat: stärkt das Yin, fördert den Milchfluss
- Bittere Salate wie Endivie, Chicorée, Löwenzahn, Radicchio: kühlen Hitze im oberen Erwärmer, regulieren und bewegen Qi, fördern den Gallenfluss

> **Tipp**
>
> Genießen Sie im Frühjahr kleine Mengen an frischem Blattgemüse. Achten Sie allerdings bei schon vorliegenden Beschwerden auf den Einfluss der Oxalsäure.

Fruchtgemüse

Zum Fruchtgemüse zählen Gurken, Melanzani, Kürbisse, Gemüsepaprika, Tomaten, Zucchini und Mais. Gerade bei den Kürbissen haben wir eine Vielzahl an unterschiedlichen Sorten. Man unterscheidet Sommer- und Winterkürbisse. Die frühen, hellen Sorten wirken befeuchtender und kühlender als späte, dunkle Sorten, welche die Sommersonne über viele Monate speichern konnten.

Zu den Kürbisgewächsen zählen Zucchini, Gurken, Tomaten, Paprika, Melanzani und Melonen.

Westliche Ernährung Kürbisse sind reich an β- Carotin, Vitamin A, Magnesium, Eisen, Kalzium und Kalium. Melanzani haben einen hohen Oxalsäuregehalt und Solaningehalt (siehe dazu Blattgemüse). Sie haben eine protektive Wirkung für unser Herz und sind antithrombotisch. Paprika in rot und gelb sind besonders reich an Provitamin A und Vitamin C.

> **Tipp**
>
> Bevorzugen sie Melonen, Gurken und Tomaten an heißen Sommertagen, um sich zu kühlen. Wählen sie die in der jeweiligen Jahreszeit reifen Sorten. Im Winter können Sie sich bei einer Kürbissuppe aufwärmen.

4

5-Elemente-Ernährung   Fruchtgemüse tonisieren Qi und Blut des Mittleren Erwärmers! Sie erzeugen Säfte, befeuchten Trockenheit, wirken durststillend, Blut kühlend, diuretisch und abschwellend.

> — Kürbis: Qi und Blut tonisierend, Hitze und Feuchtigkeit ausleitend, etwas wärmend, verdauungsfördernd
> — Melanzani: Hitze eliminierend, Blut kühlend, bewegend und stillend, Qi regulierend und bewegend, v. a. gut bei Hämorrhoiden und Aphten
> — Paprika: schleimauflösend, Qi und Blut tonisierend, Hitze ausleitend
> — Tomaten-/Melonensaft: bei Bluthitze und Yin-Mangel mit starkem Durst, Nervosität und fiebrigen Erkrankungen im Sommer
> — Gurke: adstringierend, zusammenziehend, stark kühlend, Hitze und Toxine ausleitend, bei Akne
> — Mais: nährt im besonderen Maße das Erdelement und die zugehörigen Organe Milz und Magen

Bevorzugen Sie beim Einkauf Produkte aus kontrolliert biologischer Landwirtschaft!

Viele moderne Produktionstechnologien wie Beschleunigung des Wachstums, Vorverlegen des Erntezeitpunktes sowie künstliche Spritz- und Düngemittel führen zu einer Verminderung der erwünschten Inhaltsstoffe.

Aus chinesischer Sicht enthalten konventionell angebaute Pflanzen wesentlich weniger wertvolles Qi und sind auch in ihrem Wirkungsspektrum erheblich eingeschränkt. Daher sollten Sie beim Einkauf Produkte aus kontrolliert biologischer Landwirtschaft bevorzugen!

Ein Großteil unserer Ernährung sollte abwechslungsreich sein und aus regionalem, saisonalem Biogemüse bestehen. Es führt zu einer optimalen Versorgung an allen Nährstoffen, die wir in der Zeit und Region benötigen. ◘ Abb. 4.2 zeigt, wann welche Gemüsesorte in Österreich geerntet wird.

Pilze

Pilze sind heterotroph und ernähren sich von organischen Nährstoffen sowie Tieren. Wir erwähnen sie trotzdem im Abschnitt „Gemüse", da wir sie wirkmäßig eher bei Pflanzen sehen als bei den tierischen Lebensmitteln. Die meisten verwendeten Pilze stammen heute aus Pilzzuchten. Im Herbst bekommt man in Österreich noch heimische Sorten.

Pilze werden in der Traditionellen Chinesischen Medizin schon seit Jahrtausenden eingesetzt. Sie sind besondere Lebewesen und fungieren als sogenannte Zerleger. Sie sind am Abbau organischer Materie beteiligt und ernähren sich dadurch. Die Nährstoffe werden somit verfügbar.

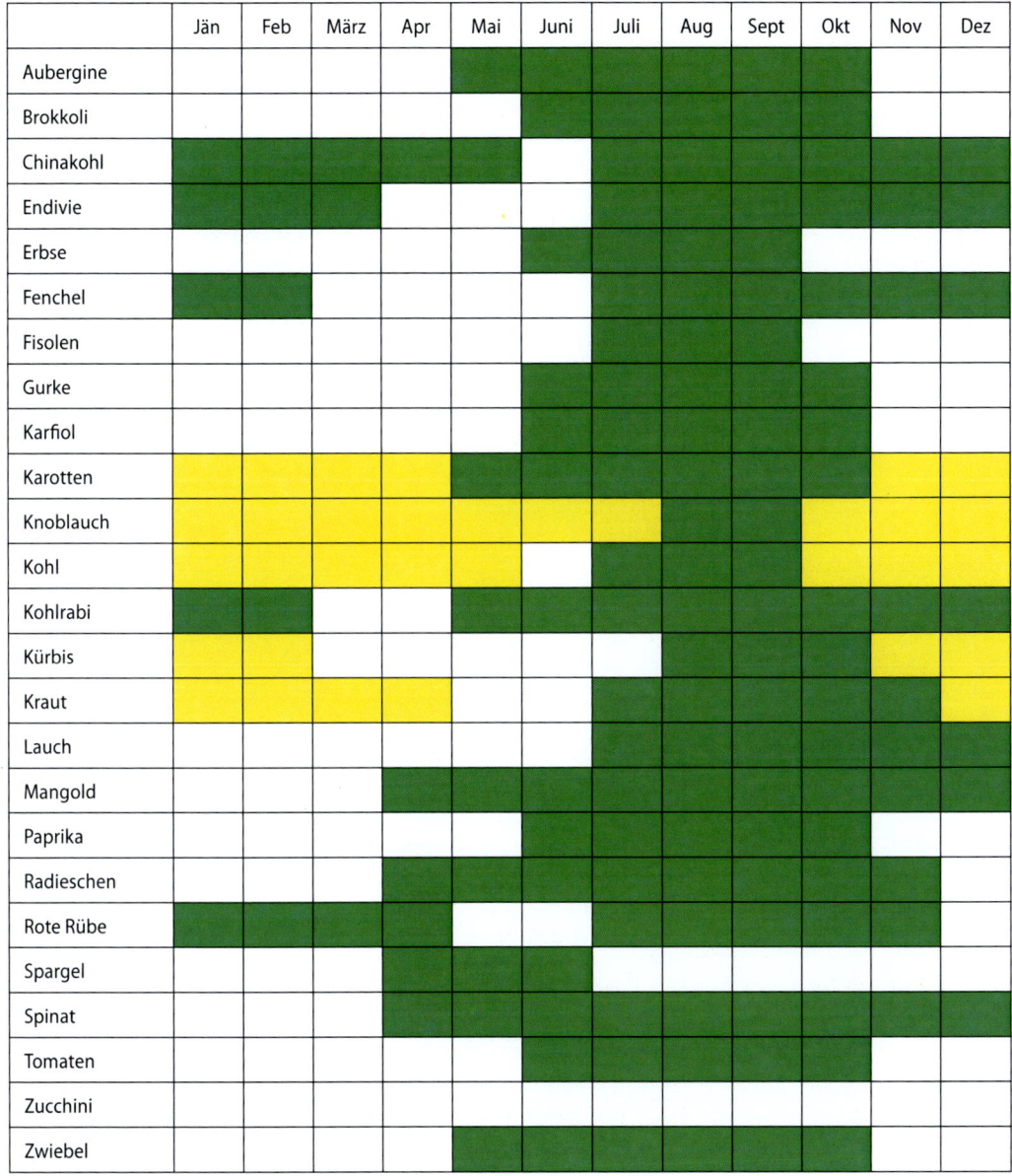

◘ Abb. 4.2 Saisonkalender unserer heimischen Gemüsesorten (grün: reif in Österreich, gelb: Lagerung)

Es gibt verschiedene Arten von Pilzen, z. B. Schimmelpilze, Hefepilze. Man unterscheidet zwei große Gruppen von Pilzen, die Schlauchpilze und die Ständerpilze. Zu den Schlauchpilzen zählen Trüffel, Morcheln und Becherlinge, zu den Ständerpilzen Hutpilze, Leistenpilze, Bauchpilze und korallenartige Pilze. Die für uns wichtigsten Pilze sind die Ständerpilze. Zu ihnen werden unsere hei-

Am besten verwendet man biologische Pilze!

mischen Speisepilze gezählt wie Steinpilze, Seitlinge, Austernpilze, Judasohr, Champignon und der Shiitakepilz. Bei Verzehr oder Einnahme von Pilzen muss immer auf die Qualität geachtet werden, da sie stark belastet sein können.

Westliche Ernährung   Pilze bestehen zu 90 % aus Wasser. Pilze sind reich an Eiweiß und Polysacchariden, vor allem Beta-Glucan (unverdauliche Bestandteile). Pilze enthalten wenig Fett, dafür umso mehr Vitamin B, D, Folsäure, Kalzium, Kalium, Magnesium, Eisen, Zink, Phosphor und Kupfer, je nach Bodenbeschaffenheit. Sie wirken regulierend, stärkend, entgiftend und blutdrucksenkend.

5-Elemente-Ernährung   Pilze haben einen süßen Geschmack und sind neutral bis kühl. Sie transformieren Feuchtigkeit und Schleim. Sie werden zum Tonisieren von Qi und Blut verwendet. Sie können Hitze und Toxine ausleiten, und der Shiitakepilz wird zur Stärkung des Immunsystems eingesetzt.

4.1.3   Getreide und Getreidedrinks

© fabiomax / stock.adobe.com

Getreide sind einjährige Gräser. Sie gehören zu den ersten kultivierten Nahrungspflanzen der Menschheit und sind die Grundlage einer abwechslungsreichen und ausgewogenen Ernährung. Man unterscheidet zwischen Getreide- und Pseudogetreidearten. Pseudogetreidearten sind Amarant, Quinoa und Buchweizen.

Zu den Getreidearten zählen Weizen, Dinkel, Gerste, Roggen, Hafer, Mais und Reis. Glutenhaltige Getreidearten sind Weizen, Dinkel, Roggen, Gerste, Emmer, Einkorn, Grünkern, Kamut, Tritical und teilweise Hafer, je nach Züchtung. Diese Getreidesorten sollten bei Zöliakie gemieden werden.

Zöliakie ist eine Glutenunverträglichkeit, die sich vor allem in einer Entzündung der Dünndarmschleimhaut bemerkbar macht. Es kann zu einer Zerstörung der Darmepithelzellen kommen, wodurch Nährstoffe aus der Nahrung nicht mehr vollständig aufgenommen werden können.

Westliche Ernährung   Getreide ist eine wichtige Quelle für hochwertiges Eiweiß, ungesättigte Fettsäuren und viele Mineralstoffe und Spurenelemente wie Kalzium, Natrium, Magnesium, Phosphor, Eisen und Silizium. Die meisten Sorten haben auch viel Vitamin B. Achtgeben sollten Sie auf die Phytinsäure.

Die Phytinsäure ist ein Fraßschutz für Pflanzen und dient dem Keimling als Energiequelle. Für den Menschen ist sie nicht verdaubar, und sie kann die Aufnahme von wichtigen Mineralstoffen und Spurenelementen wie Magnesium, Kalzium und Zink hemmen. Sie befindet sich nicht nur im Getreide, sondern auch in Hülsenfrüchten wie schwarzen und weißen Bohnen.

Wichtig ist hierbei, auf die richtige Zubereitung zu achten. Weichen Sie Ihr Vollkorngetreide über Nacht ein und versuchen Sie, Brot aus echten, nicht tiefgefrorenen Teiglingen zu kaufen.

> Hülsenfrüchte müssen über Nacht mit einer Scheibe Ingwer und Algen eingeweicht werden. Am nächsten Tag mit frischem Wasser gut gekocht, sind sie leichter verdaubar.

5-Elemente-Ernährung   In der chinesischen Medizin sind viele Getreidesorten dem süßen Geschmack zugeordnet und sind daher von großer Wichtigkeit. Sie stärken den mittleren Erwärmer und dadurch unsere Verdauung. Gekocht ist es ein unverzichtbarer Bestandteil unserer Ernährung und auch gut verdaubar. Die wertvollen Inhaltsstoffe können so besser aufgenommen werden.

Tipp

Vollkorngetreide ist besser als Weißmehlprodukte. Denn Vollkorngetreide enthält noch die wertvollen Schalenanteile, in denen die meisten Mineralstoffe, Spurenelemente und Vitamine stecken. Bei Vollkornprodukten wird nur die ganz äußerste Schicht des Korns entfernt, alle weiteren bleiben erhalten und werden bei Vollkornmehl mitvermahlen. Es ist reich an Vitamin B, E, Kalium, Phosphor, Mangan, Magnesium, Zink und hochwertigem pflanzlichen Eiweiß. Zusätzlich bekommt man über die Schalen auch noch viele wertvolle Ballaststoffe mitgeliefert, die für unsere Verdauung von so großer Bedeutung sind.

Allerdings müssen alle Getreidearten ausreichend eingeweicht, gekocht und ausgequollen sein, bevor sie verzehrt werden! Vor allem die ganzen Körner von Dinkel, Gerste, Grünkern und Weizen muss man sehr lange kochen.

Mehl, Grieß, Flocken und Schrot sind unterschiedliche Zerkleinerungsgrade von Getreide und durch diese Behandlung leichter verdaubar. Nicht zu verwechseln ist dies mit dem Ausmahlungsgrad, der über den Anteil von Schalenteilen und Stärke Auskunft gibt.

> Je niedriger die Ausmahlungsgradnummer, desto heller, weniger vollwertig und weniger reich ist das Produkt!

4

Amarant

Amarant ist ein altes Getreide der südamerikanischen Inkas und Azteken. Es gehört zu den Pseudogetreidearten wie Buchweizen und Quinoa. Es wird mittlerweile auch in kleinen Mengen in Europa angepflanzt. Es handelt sich dabei um gelbe Samenkörner, die einen nussigen Geschmack haben. Amarant wird gekocht, gepoppt oder zu Mehl vermahlen.

Westliche Ernährung Amarant enthält viel von den wichtigen Aminosäuren Lysin und Methionin so wie Magnesium, Kalzium, Zink und Eisen. Aufgrund der hohen Nährstoffdichte ist es ein sehr gutes Getreide für Sportler und Vegetarier.

5-Elemente-Ernährung Nach der Traditionellen Chinesischen Medizin wirkt Amarant kühlend, feuchtigkeitsausleitend, Niere und Lunge nährend und die Essenz, das Jing, tonisierend.

Es eignet sich besonders gut in folgenden Bereichen: bei Vergesslichkeit, Muskelschwäche, Herpes, in der Schwangerschaft und in der Rekonvaleszenz.

Buchweizen

Beim Buchweizen wird nach der Ernte die äußerste Schichte der Samenkörner entfernt. Diese können im Ganzen als Schrot oder Mehl verwendet werden. Buchweizen alleine eignet sich nicht für Kuchen oder Brot, da Gluten fehlt und der Teig nicht aufgeht.

Westliche Ernährung Buchweizen hat einen nussigen Geschmack und ist reich an essenziellen Aminosäuren, Vitamin B, Eisen, Kupfer, Magnesium und sekundären Pflanzeninhaltsstoffen. Das Flavonoid Rutin trägt dazu bei, Bluthochdruck zu senken und Arteriosklerose vorzubeugen.

5-Elemente-Ernährung Nach der Traditionellen Chinesischen Medizin kann Buchweizen Nässe und Feuchtigkeit lösen sowie Hitze und Gifte eliminieren. Besonders gut eignet er sich bei Erkältungen mit gelbgrünem Schleim, erhöhtem Cholesterin und Ekzemen.

Dinkel

Dinkel ist mit Weizen verwandt und kann auch wie dieser eingesetzt werden. Er ist in den vergangenen 100 Jahren immer mehr durch den sehr ertragreichen Weizen verdrängt worden. In der letzten Zeit erfährt er wieder eine Renaissance. Dinkel wird oft besser vertragen als Weizen.

Dinkel ist viel widerstandsfähiger und noch nicht so überzüchtet wie Weizen. Weizen wächst schnell und ist daher ertragreicher als Dinkel. Er hat daher den Dinkel verdrängt.

Westliche Ernährung Dinkel hat einen höheren Vitamin- und Mineralstoffgehalt als Weizen. Er ist reich an Magnesium, Eisen, Zink und Mangan. Dinkelreis ist geschliffener, polierter Dinkel,

d. h., es wurden Teile der Schale entfernt. Dinkelreis muss nicht unbedingt eingeweicht werden, hat eine kürzere Kochzeit und ist leichter verdaulich als Dinkel.

5-Elemente-Ernährung   Nach der Traditionellen Chinesischen Medizin ist Dinkel neutral, befeuchtet, tonisiert Qi, Yin und Blut. Er wird bei Säftemangel, Trockenheit, Blutmangel, Allergien und Hautkrankheiten eingesetzt.

Gerste

Gerste ist eine einjährige, sehr alte europäische Getreidesorte. Sie ist überhaupt eine der ältesten kultivierten Getreidepflanzen der Welt. Gerste wurde früher als Brei oder zu Fladen verarbeitet.

Westliche Ernährung   Gerste ist ballaststoffreich und hat einen hohen Eisen-, Zink-, Mangan- und Siliziumgehalt. Silizium ist Bestandteil der Kieselsäure und gut für Haare und Nägel. Gekeimte Gerste kann die Kohlenhydratverdauung unterstützen.

5-Elemente-Ernährung   Nach der Traditionellen Chinesischen Medizin ist Gerste kühlend, leitet Nässe, Feuchtigkeit und Hitze aus. Sie wird bei Übergewicht, Ödemen und Erkältungen eingesetzt.

Grünkern

Grünkern ist unreif geernteter Dinkel, der auf Holzfeuer gedarrt wurde, wodurch er sein typisch würziges Aroma erhält.

Westliche Ernährung   Grünkern ist reich an Magnesium, Eisen, Zink und Mangan.

Darren ist eine Art der Trocknung, des Dörrens. Es ist ein sehr altes Verfahren, bei dem mit Hitze Lebensmittel haltbar gemacht werden.

5-Elemente-Ernährung   Nach der Traditionellen Chinesischen Medizin wirkt Grünkern wärmend und unterstützt die Leber und Gallenblase. Besonders gut hilft er bei Blutmangel, Leberschwäche und in der Rekonvaleszenz.

Hafer

Hafer ist ebenfalls ein altes Getreide und wird in Europa schon lange angebaut. Hafer wird meist als Haferflocken für Müsli, Porridge, Kuchen, Kekse und viele andere Süßspeisen verwendet. Haferflocken sind gequetschte, gedämpfte Haferkörner und in dieser Form wesentlich leichter verdaulich!

Westliche Ernährung   Hafer ist besonders reich an essenziellen Aminosäuren, ungesättigten Fettsäuren, Vitamin K und Biotin sowie Magnesium, Eisen, Zink und Kupfer. Er wird oft als Haferschleim oder Porridge bei Magen-Darm-Beschwerden eingesetzt.

4

5-Elemente-Ernährung   Nach der Traditionellen Chinesischen Medizin wirkt Hafer wärmend, kräftigend, nährend und befeuchtend. Besonders bei Erschöpfung, Schwächen aller Art, Kältegefühlen, chronischen Krankheiten und in der Rekonvaleszenz liefert er von allen Getreidearten am meisten Qi!

Hirse

Hirse ist ein wichtiges Grundnahrungsmittel in vielen Ländern der Erde. Sie wird auch in unseren Breiten schon lange als sättigendes Nahrungsmittel eingesetzt.

Westliche Ernährung   Hirse ist sehr mineralstoffreich, vor allem an Eisen, Kupfer, Magnesium und Kieselsäure. Hirse ist leicht zu verarbeiten, da sie eine kurze Kochzeit hat und sich daher auch gut für Aufläufe eignet. Man verwendet Hirse in Form von Körnern, Flocken und Mehl. Hirse ist glutenfrei und daher gut für Personen mit Zöliakie einsetzbar.

5-Elemente-Ernährung   Nach der Traditionellen Chinesischen Medizin wirkt Hirse neutral bis kühlend, trocknend, kräftigend, aufbauend, entgiftend und hat einen speziellen Nierenbezug. Sie wird gerne bei Schwächezuständen aller Art, Candida, Haarausfall, brüchigen Nägeln und Milchbildungsmangel eingesetzt.

Mais/Polenta

Getrockneter gemahlener Mais kann zu Polenta gekocht werden. Maismehl und Maisflocken werden ebenfalls gerne in der Ernährung eingesetzt.

Westliche Ernährung   Mais ist zwar reich an Vitamin B Niacin, Er ist reich an dem Vitamin B Niacin, dieses kann allerdings nicht aus dem Mais verwertet werden. Bei alleinigem Verzehr von Mais kann Nicotinsäure nicht in ausreichenden Masse aufgenommen werden, und es kommt zu der Erkrankung Pellagra. In den Ursprungsländern des Maisanbaus wird der Mais alkalisch behandelt und so die Nicotinsäure für den Menschen aufnahmebereit gemacht.

5-Elemente-Ernährung   Nach der Traditionellen Chinesischen Medizin ist Mais neutral und süß. Er kann die Mitte, Niere und Herz stärken. Er löst Nässe und Feuchtigkeit aus und stärkt das Yin. Er wird gerne bei erhöhtem Cholesterin sowie bei Bluthochdruck eingesetzt.

Pseudozerealien sind Körnerfrüchte von Pflanzenarten, die nicht zu den Süßgräsern gehören. Sie sind glutenfrei und werden daher bei Zöliakiepatienten eingesetzt.

Quinoa

Quinoa zählt wie Amarant und Buchweizen zu den Pseudozerealien. Es wird mittlerweile als das Superfood gehandelt. Quinoa ist außerdem das Hauptnahrungsmittel der südamerikanischen Bevölkerung und wird dort schon seit ca. 5000 Jahren angebaut. Er war das Grundnahrungsmittel der Inkas und kommt in Rot, Weiß und Schwarz vor.

Westliche Ernährung   Quinoa ist eine vollständige Eiweißquelle, d. h., alle essenziellen Aminosäuren sind in Quinoa vertreten. Weiters liefert er Vitamin B, E, Magnesium, Zink, Kalzium, Kupfer, Phosphor und Mangan. Wichtig ist, die Körner vor der Verarbeitung mehrmals warm-heiß abzuduschen, um die bitteren Saponine abzuwaschen. Für Kinder unter 2 Jahren sind Quinoa und Amarant daher auch nicht geeignet.

5-Elemente-Ernährung   Nach der Traditionellen Chinesischen Medizin ist Quinoa Qi, Yang und Blut tonisierend. Er wird gerne bei Eisenmangel, Anämie und Blutarmut eingesetzt.

Weizen

Mit dem Weizen verwandt sind Kamut, Einkorn, Emmer und Dinkel. Er wird in ca. 20 unterschiedlichen Arten in Europa und Asien angebaut. Weizen hat einen hohen Glutengehalt und wird daher gerne für Brot, Nudeln und Kuchen eingesetzt.

Westliche Ernährung   Geschälter, polierter feingemahlener Weizen hat fast keine positiven Inhaltsstoffe mehr zu bieten. Hingegen ist Vollkornweizen reich an Vitamin A, B, E, Magnesium, Zink, Kupfer, Kalium, Phosphor und Mangan.

5-Elemente-Ernährung   Nach der Traditionellen Chinesischen Medizin ist Weizen süß, kühlend, nährend, befeuchtend und Hitze eliminierend. Er wird gerne bei Schlafstörungen eingesetzt und ist Geist beruhigend, Blut, Yin und Qi tonisierend.

Couscous und Bulgur

Couscous und Bulgur sind gegarte, geschälte, getrocknete und zerkleinerte Formen des Weizens. Sie können auch aus Quinoa oder Dinkel hergestellt werden. Sie sind wesentlich leichter verdaulich und eignen sich hervorragend als Grundlage für eine leichte Sommermahlzeit oder als bekömmliche Abendmahlzeit! Mittlerweile gibt es auch aus Quinoa und Dinkel Bulgur und Couscous.

Reis

Neben Mais und Hirse ist Reis das wichtigste Getreide weltweit. Bei Reis unterscheidet man je nach Korngröße zwischen Langkorn-, Rundkorn- und Mittelkornreis. Weitere Sorten sind schwarzer, roter und wilder Reis. Der wilde Reis ist allerdings nur sehr entfernt mit dem ursprünglichen Reis verwandt. Die meisten Sorten gibt es dann auch noch in poliert, geschält, also weiß, und in Voll-

4

korn (Naturkornreis). Reis kommt aus den Tropen und Subtropen sowie auch aus der italienischen Poebene und aus Frankreich.

Westliche Ernährung   Naturreis hat einen höheren Fettgehalt, geringere Haltbarkeit, aber höheren Mineralstoff- und Vitamingehalt, da die äußeren Schichten noch vorhanden sind. Naturreis ist reich an Stärke, Eiweiß, Vitamin B, Biotin, E, Magnesium, Mangan und vielen Ballaststoffen. Aufgrund seines hohen Kalium-, aber geringen Natriumgehaltes wirkt er entwässernd und wird häufig bei Frühjahrs- und Herbstkuren eingesetzt.

5-Elemente-Ernährung   Nach der Traditionellen Chinesischen Medizin ist Reis neutral, tonisiert, reguliert und bewegt das Qi. Er wird bei Anspannung und Appetitlosigkeit eingesetzt.

Weißer Reis

Weißer Reis ist geschliffen, d. h., Schale, Silberhaut und Keimling werden entfernt und dann zum Teil auch noch poliert, wobei die Aleuronschicht komplett verloren geht. Weißer Reis enthält nicht sehr viele Nährstoffe und Qi wie ungeschälter Vollkornreis. Er ist aber viel leichter verdaulich und gut für die Nerven. Bei allgemeinem Qi-Mangel und Schwäche in allen Funktionskreisen (v. a. Milz, Magen und Lunge) sowie bei Milchbildungsmangel, Milchqualitätsmangel, spontanem Schwitzen und Durchfall kann er sehr gut eingesetzt werden.

Basmativollkornreis

Basmatireis und Jasminreis sind am wenigsten belastet. Man kann weiter die positive Wirkung von Reis genießen.

Basmativollkornreis kommt aus einer unberührten Region im Himalaja Gebiet mit guter Luft- und Wasserqualität sowie viel Sonnenlicht – diese positiven Informationen trägt er in sich und liefert somit besonders hochwertiges Qi!

Getreidedrinks

Von den meisten Getreidesorten gibt es mittlerweile auch Drinks oder pflanzliche Creme fraiche zu kaufen, die man je nach Geschmacksvorlieben wunderbar für pflanzliche Gerichte einsetzen kann.

4.1.4   Milch und Milchprodukte

© Grafvision / stock.adobe.com

Milch und Milchprodukte haben in unserer westlichen Ernährungsweise einen hohen Stellenwert erlangt. Eine starke Milchindustrie und ein historisch gewachsener Konsum unterstützen unseren gewohnten Verzehr.

Historisch gesehen haben Menschen in nördlichen, kalten Regionen gerade im Winter vermehrt Milch und Milchprodukte genossen. Die Vegetation war karg. Die Verdauung hat sich über Generationen angepasst. In südlichen Regionen wie auch in vielen Teilen Asiens kann Milch nur schwer oder nicht verdaut werden. Diese Menschen leiden häufig an Laktoseintoleranz.

> ❯ **Bei Laktoseintoleranz ist das Enzym Laktase im Darm zu wenig oder gar nicht vorhanden. Laktose oder Milchzucker wird zu wenig abgebaut und kommt in tiefere Darmabschnitte. Es kommt zur Gärung des Zuckers durch die angesiedelten Bakterien und nach etwa 1–3 Stunden zu Beschwerden wie Völlegefühl, Blähungen und Durchfall.**

Laktose ist in Milch und in Molkeprodukten enthalten. Außerdem wird Laktose von der Lebensmittelindustrie als Füllstoff gerne verwendet. Sie kommt speziell in Backwaren, Fertiggerichten und Fastfood vor.

Tipp
Sparsam eingesetzt, ergänzen Milch und Milchprodukte eine regionale und saisonale Ernährung sinnvoll. Jeder Mensch reagiert anders. Für manche Menschen und vor allem für Kinder ist Milch in guter Qualität ein wichtiges Nahrungsmittel. Verwenden Sie Frischmilch, die nicht „noch länger haltbar" ist!

4

Milch und Milchprodukte aus Kuh-, Schaf- oder Ziegenmilch
- Milch
  - Rohmilch: naturbelassen, anfällig für Bakterien, teilweise pathogene Keime vorhanden, sollte abgekocht werden,
  - Frischmilch: pasteurisiert, für etwa 30 Sekunden auf 75°C erhitzt
  - ESL (Extended Shelf Life) oder „längerfrische" Milch: wird etwas stärker erhitzt als Frischmilch, ist etwa 3 Wochen im Kühlregal haltbar
  - Haltbarmilch: wird ultrahocherhitzt und dabei alle Keime abgetötet, 3–6 Monate haltbar
  - Laktosefreie Milch: schmeckt etwas süßer, da die Laktose von Laktase in Glukose und Galaktose aufgespalten wird
  - Kondensmilch: Wassergehalt ist reduziert
  - Magermilch, hat einen geringeren Fettgehalt
  - Milchpulver
- Butter und Butterschmalz
  - Käse
  - Frischkäse
  - Weichkäse
  - Schnittkäse
  - Hartkäse
- Topfen
- Molke: Restflüssigkeit bei der Käseherstellung
- Schlagobers oder Sahne
- Sauermilchprodukte: durch Milchsäuregärung
- Joghurt
- Rahm
- Buttermilch
- Saure Milch
- Kefir
- Creme fraiche

Westliche Ernährung   Milch und Milchprodukte haben hier einen sehr hohen Stellenwert. Sie sollen täglich gegessen werden. Sie sind reich an Vitamin A, D, E, K, B und Biotin, Eiweiß und Kalzium, besonders Hartkäsesorten. Sie werden im Rahmen der Osteoporosevorbeugung empfohlen. Speziell kalziumhaltig sind Parmesan und Appenzeller. Andere wertvolle Mineralstoffe sind Jod und Zink.

Manche Milchprodukte enthalten reichlich tierisches Fett, das Cholesterin. Besonders Butter, Schlagobers und Weichkäse sind sehr cholesterinhaltig. Sie sollen in geringen Mengen verzehrt werden. Achten Sie beim Verzehr auf fettarme Varianten, allerdings sind damit nicht fettreduzierte oder Diätprodukte gemeint.

> **Tipp**
>
> Vergleichen Sie die verschiedenen Milchprodukte miteinander. Sie können auf der Verpackung den Fettgehalt genau ablesen.

Die Vitamine B12, B2 und Vitamin D sind ebenfalls enthalten. Sie stellen eine gute Vitaminquelle für Vegetarier dar, die Milch und Milchprodukte essen (siehe ▶ Abschn. 3.2.6).

5-Elemente-Ernährung   In der Traditionellen Chinesischen Medizin werden Milch und Milchprodukte sparsam verwendet. Empfohlen wird Milch zur Stärkung der Essenz bei Kindern und älteren Menschen. Hier wird eine Stärkung der Nierenkraft erzielt. Für einen sinnvollen Verzehr von Milch und Milchprodukten ist die jeweilige Jahreszeit entscheidend. Milchsauervergorene Milchprodukte wie Joghurt, Sauerrahm, Buttermilch, Hüttenkäse oder Topfen kühlen und befeuchten unseren Körper. Sie sind sauer, ziehen zusammen und halten so Feuchtigkeit im Körper. Das ist ein erwünschter Effekt in der heißen Jahreszeit oder zum thermischen Ausgleich von warmen und heißen Speisen, wie Lamm mit Tsatsiki oder indische scharfe Gerichte mit Lassi. Im Herbst und Winter sollen Sauermilchprodukte nur ein bis 2-mal pro Woche gegessen werden, idealerweise mit wärmenden Gewürzen. Eine Abkühlung des Körpers und damit eine Schwächung des Immunsystems wird verhindert. Weiche Käsesorten wie Camembert, Gorgonzola oder Brie sollen ebenfalls nur in Maßen verzehrt werden. Denn sie befeuchten wie die Sauermilchprodukte die Mitte und schwächen die Verdauung. Völlegefühl, Blähungen, Müdigkeit und weiche Stühle treten in Folge auf. Butter oder Ghee und Hartkäsesorten können ein bis 2-mal täglich gegessen werden.

❯ **Lassi ist ein vorwiegend indisches Joghurtgetränk. Man trinkt es zu scharfen Speisen, da der Fettgehalt die Schärfe der Gewürze mindert.**

> **Tipp**
>
> Setzen Sie Joghurt, Topfen, Rahm, Butter- und Sauermilch oder weiche Käsesorten bewusst und dosiert ein – ein bis 2-mal pro Woche bei Menschen mit einer schwachen Mitte und auch in den kühlen Jahreszeiten.

Butter und Schlagobers befeuchten und nähren, helfen bei innerer Trockenheit wie Verstopfung, trockener und schuppiger Haut.

4

Milch ist nährend und kräftigend, besonders für Kinder und alte Menschen. Kuhmilch ist im Temperaturverhalten neutral bis kühl, Schaf- und Ziegenmilch sind neutral bis wärmend.

Käse hat die thermischen Eigenschaften der Milch von Kuh, Schaf oder Ziege. Je älter und gereifter der Käse ist, desto wärmer wird er. Frischkäsesorten sind befeuchtend, kühlend und stärken das Yin. Weiche Käsesorten befeuchten die Mitte stark und führen oft zu Verdauungsbeschwerden.

4.1.5   Fleisch, Wurst und Eier

© karepa / stock.adobe.com

Fleisch und Wurst

Wichtig ist, beim Kauf von Fleisch, Wurst und Eiern auf Bio-Qualität und Herkunft zu achten!

In unserer Konsumgesellschaft werden Fleisch und Wurstwaren, vor allem auch sehr fette Varianten, nahezu täglich konsumiert. Das aus Überfluss entstandene Essverhalten schädigt auf Dauer unsere Gesundheit. Herz-Kreislauf-Erkrankungen, Schlaganfall, erhöhte Blutfette und Gicht sind häufige Folgeerkrankungen.

> **Fleisch- und Wurstwaren**
> - Formfleischerzeugnisse: mechanisch bearbeitete Fleischstücke, die zu einem Stück zusammengefügt werden
> - Wurstwaren wie
>   - Presswurst
>   - Corned Beef
>   - Sulz
>   - Blutwurst oder Blunzen

- – Leberwurst
- – Mettwurst
- – Rohwurst
- – Streichwurst
- Gegarte Pökelfleischerzeugnisse
  - – Schinken
- Rohe Pökelfleischerzeugnisse
  - – Rohschinken
  - – Bauchspeck
  - – Prosciutto
- Fleischteilstücke
  - – Filet
  - – Rostbraten
  - – Hüfte
  - – Große Lende
  - – Kotelett
  - – Steak
  - – Faschiertes

Westliche Ernährung Fleisch ist ein guter Eiweißspender. In 100 g Fleisch sind etwa 20 g Eiweiß enthalten. Fleisch enthält alle neun essenziellen Aminosäuren. Diese Aminosäuren müssen mit der Nahrung zugeführt werden, damit der Zellaufbau sowie die Produktion von Hormonen und Enzymen stattfinden kann. Außerdem enthält Fleisch reichlich Vitamin B12, Eisen und Zink.

Innereien und fettiges Fleisch enthalten viel tierisches Fett und Cholesterin. Das schlechte LDL-Cholesterin steigt, das gute HDL-Cholesterin sinkt. Das Risiko für Herz-Kreislauf-Erkrankungen wie Schlaganfall und Herzinfarkt steigt. Bio-Hühner- und Bio-Putenfleisch enthalten weniger Cholesterin als Schweine- oder Rindfleisch.

Wurstwaren enthalten bis zu 70 % tierisches Fett und sind industriell hoch verarbeitete Produkte. Meist werden Konservierungsmittel und Nitritpökelsalz für die Rotfärbung der Wurst eingesetzt. Weniger verarbeitete Produkte wie Schinken und Speck sind zu bevorzugen. Hier ist fettärmerer Schinken von der Bio-Pute zu empfehlen.

5-Elemente-Ernährung Fleisch tonisiert die Mitte und stärkt Qi und Blut. Heiße Fleischsorten wie Lamm, Ziege und Wild sowie auch Speck und gepökelte Sorten wärmen und tonisieren das Yang. Diese Sorten sind im Herbst und Winter zu bevorzugen. Kühlende Fleischsorten sind Ente, Pute, Gans und Truthahn. Schweinfleisch wirkt befeuchtend und sollte nur selten gegessen werden. Original chinesische Fleischkraftsuppen vom Rind stärken und wärmen besonders im Winter (siehe ▶ Abschn. 3.2.2).

4

Eier

Eier sind stärkende, aber auch sehr sensible Nahrungsmittel. Sie bilden einen guten Nährboden für Bakterien, speziell für Salmonellen. Daher werden sie kaum roh verzehrt. Sie werden gebraten, gekocht, pochiert oder auch in Teigen verarbeitet. Innerhalb der Europäischen Union gibt es eine Kennzeichnungspflicht für Eier. Die Haltungsform und die Herkunft müssen auf diesen Eiern zu erkennen sein. Nach dem Erzeugercode folgt die Länderkennzeichnung, DE für Deutschland und AT für Österreich. Die Zahl nach dem Herkunftsland benennt den Betrieb, aus dem das Ei stammt.

Ein Erzeugercode lässt auf die Haltungsform rückschließen:

- 0 – Bio-Eier; Freilandhaltung mit biologischem Futter
- 1 – Freilandhaltung
- 2 – Bodenhaltung
- 3 – Ausgestalteter Käfig bzw. Kleingruppenhaltung in Legebatterien

Kaufen Sie keine Eier von Großproduzenten! Suchen Sie sich lieber einen Händler Ihres Vertrauens, der weiß, woher die Eier stammen. Oder kaufen Sie direkt beim Bauern.

Eier für die Produktion von Eierteigwaren und für die Gastronomie müssen in Österreich nicht gekennzeichnet werden. Eier aus Käfighaltung sind auch in Österreich leider noch immer zu finden. Etwa ein Sechstel des Bedarfes wird mit Eiern aus Drittstaaten wie China, Indien, Argentinien, Singapur, Mexiko oder der Ukraine gedeckt. Gerade bei der Qualität von Eiern spielen eine gute Haltung und eine optimale Fütterung eine wichtige Rolle. Eier aus Käfighaltung unter tierquälerischen Bedingungen sollten keinen Platz mehr in unserer Gesellschaft haben. Leider täuschen auch Großproduzenten oftmals Musterbetriebe vor. Hinter den Kulissen sieht es jedoch ganz anders aus. Oft gibt es zwar Auslaufflächen für Hühner, die sie aber nicht nutzen können, da es an Sträuchern und Verstecken fehlt. Trotz Bio-Garantie und Freilandhaltung wird hier viel Schindluder getrieben.

Eiersorten
- Hühnerei: Schale von braunen Eiern ist härter
- Enteneier: Kochzeit 10 Minuten
- Gänseeier
- Wachteleier: Kochzeit 4 Minuten
- Fasan- und Rebhuhneier
- Straußeneier
- Zwerghuhneier

Westliche Ernährung   Eier sind ein Grundnahrungsmittel. Sie enthalten wichtige Nährstoffe. Ein Ei enthält etwa 10 g Eiweiß. Für dieses Eiweiß gilt: Es wird im Körper optimal in körpereigenes Eiweiß umgewandelt (zum Thema Eiweiß siehe ▶ Abschn. 2.2.1).

Für Ovo-/Lakto Vegetarier (Vegetarier siehe ▶ Abschn. 3.2.6) eignen sich Eier als gute Eiweißquelle. Ein Ei enthält im Dotter etwa 250 mg Cholesterin. Hier zeigen Studien, dass dieses Cholesterin nicht gesundheitsschädlich ist und damit keine negative Auswirkung auf unser Herz-Kreislauf-System und unsere Blutfette hat. Auch das wertvolle Lezithin ist im Dotter enthalten. Eier sind sehr vitaminreich. Sie enthalten die fettlöslichen Vitamine A, D und E sowie Vitamine des B-Komplexes – B2, B6, B12, Biotin, Niacin und Folsäure (siehe ▶ Abschn. 2.2.2). Eier stellen eine gute Eisen- und Zinkquelle dar.

5-Elemente-Ernährung
- Hühnereier: bauen Blut und Yin auf, thermisch neutral
- Eidotter: süß, neutral, stärkt Blut und Yin besonders der Niere
- Eiklar: süß, kühlend, stärkt Blut und Yin besonders der Lunge
- Wachteleier: bauen Blut und Qi auf, thermisch leicht wärmend

4.1.6 Fische und Meeresfrüchte

© wideonet / stock.adobe.com

Fische

In den letzten Jahren sind Fische als „gesunde Eiweißlieferanten" in den Vordergrund gerückt. Sie liefern hochwertiges Eiweiß, Selen, Jod und Vitamin D. Fettreiche Fische enthalten wertvolle mehrfach ungesättigte Fettsäuren wie Omega-3- und 6-Fettsäuren. Dennoch spielt die Qualität der Fische eine große Rolle. Bevorzugen Sie heimischen Bio-Fisch! Das Fischfleisch ist weitgehend frei von Schadstoff- und Medikamentenbelastung. Greifen Sie öfter zu fettreichen Fischarten wie Karpfen und Wels. Sie enthalten Omega-3- und

Die wertvollen Omega-3- und 6-Fettsäuren produziert der Fisch bei Bewegungsfreiheit und optimalem Futter.

4

6-Fettsäuren. Die wertvollen Omega-3- und -6-Fettsäuren produziert der Fisch bei Bewegungsfreiheit und optimalem Futter.

■ **Wichtige Süßwasserfische in der Küche**

Bevorzugen Sie heimische Fischsorten. Fettreiche Meeresfische sind oft schwermetallbelastet.

— Bachforellen gibt es in ganz Österreich in kalten Gebirgsseen, Bächen und Flüssen.
Verwendung: Räuchern, Braten, Dünsten, Pochieren und Grillen

— Seeforelle kommt in kühlen Seen vor.
Verwendung: wie Bachforelle

— Regenborgenforelle ist auch als „Lachsforelle" bekannt.
Kam um 1880 aus Nordamerika nach Europa, passt sich der Umwelt gut an und wird daher gerne zur Zucht verwendet, besondere Merkmale sind ein rot gefärbtes Längsband vom Kiemendeckel bis zur Schwanzflosse sowie schwarze Flecken.
Verwendung: Pochieren, Braten und Grillen

— Bachsaibling kommt in ganz Österreich vor, kam um 1880 aus Nordamerika nach Europa, kreuzt sich gelegentlich mit der Bachforelle – wird wegen der typischen Marmorierung als „Tigerfisch" bezeichnet.
Verwendung: Braten, Pochieren und Grillen

— Seesaibling ist ein Relikt aus der Eiszeit, lebt in tiefen, kalten Seen der Alpen und Voralpen.
Verwendung: Pochieren, Braten und Grillen

— Huchen oder Donaulachs kommt in kühlen Fließgewässern vor, wiegt bis zu 35 kg. Durch den Verlust des natürlichen Lebensraumes ist der Bestand deutlich vermindert worden.
Verwendung: Dünsten, Pochieren, sanft in Butter braten, wenig Würze verwenden

— Äsche lebt in kühlen Fließgewässern und Seen, bis vor 40 Jahren wurde sie für den kommerziellen Fischfang genützt, durch den Verlust des natürlichen Lebensraumes ist der Bestand jedoch zurückgegangen.
Verwendung: Dämpfen oder Pochieren

— Alpen- oder Kavalierlachs ist eine Kreuzung zwischen dem Eismeersaibling und dem Atlantischen Lachs. Er wird in speziellen Zuchtanlagen mit Fischmehlpellets gefüttert, die mit mehrfach ungesättigten pflanzlichen Omega-3- und 6-Fettsäuren biologisch angereichert sind.
Verwendung: Pochieren, Dämpfen, Braten und Grillen

— Mariazeller Wildsaibling ist ähnlich wie der Alpenlachs.
Es handelt es sich hier um einen Markennamen, unter dem See- und Bachsaiblinge und Bachforellen vermarktet werden.
Der Gründer ist Peter Quester, auch diese Fische sind reich an Omega-3-Fettsäuren.
Verwendung: Dünsten, Pochieren, Braten und Grillen

— Wels oder Waller ist einer der größten Süßwasserfische Europas. Er wird bis zu 3 Meter groß und bis zu 150 kg schwer.

Es gibt 200 verschiedene Welssorten, dazu gehört auch der in Asien gezüchtete Pangasius. Das Fleisch ist fettreich und fast grätenfrei.
Verwendung: Braten, Grillen und Pochieren

- Karpfen kommen ursprünglich aus Asien. Schon unter den Griechen und Römern kam diese Art über das Schwarze Meer in die Donau. Im Mittelalter wurde er von Mönchen in Teichanlagen gezüchtet, heute ist er der wichtigste Zuchtfisch. Das Fleisch ist fettreich und enthält viel Omega-3- und Omega-6-Fettsäuren. Er ist der am wenigsten belastete Fisch unser Gewässer.
Verwendung: Pochieren, Dünsten, Braten, Räuchern und Frittieren

- Wildkarpfen leben in der Donau, March und Donauzubringern. Sie sind viel aktiver und deshalb weniger fettreich als der Zuchtkarpfen.

- Spiegelkarpfen sind bekannt auch als „Weihnachtskarpfen".
Verwendung: Backen oder „Karpfen blau"

- Gras-, Silber-, Marmorkarpfen und der Schwarze Amur stammen aus China.

- Schleien leben in warmen, stehenden Gewässern. Sie zählen zu den beliebtesten Karpfenfischen.
Verwendung: „Schleie blau"

- Brachse kommt in kühlen, tiefen Voralpenseen und Teichen vor.
Verwendung: Braten, Räuchern und als Fischlaibchen

- Aalrutte ist der einzige Dorschvertreter im Süßwasser und liebt kühle Fließgewässer und Voralpenseen.

- Flussaal hat einen schlangenförmigen Körperbau und ist ein Wanderfisch. Er wandert nach 4–10 Jahren in Flüssen und Seen als „Blankaal" zum Laichen ins Meer. Die Laichplätze sind im Westatlantik und in der Sargassosee. Die Larven schwimmen mit dem Golfstrom an die Küsten Europas und dann weiter in Flüsse und Seen. Der Flussaal ist wegen der gefährlichen Wanderung durch Wasserkraftwerke, Überfischung sehr stark bedroht.
Verwendung: Schmoren, Kochen und Braten, Räuchern

- Zander gehört zur Familie der Barsche und ist der größte Vertreter in Europa. Er ist ein Raubfisch und lebt in tiefen, langsam fließenden Gewässern.

- Hechte sind Raubfische und leben in Seen und Teichen oder in Ufernähe von Flüssen. Für die Zucht sind sie nicht geeignet.

■ **Wichtige Meeresfische in der Küche**
- Rundfische: Kabeljau, Tunfisch, Wolfsbarsch oder Branzino, Sardinen und Drachenkopf
- Plattfische: Scholle, Seezunge, Steinbutt
- Knorpelfische: Seeteufel oder Angler

4

Achten Sie beim Kauf von Fischen und Meeresfrüchten immer auf die Frische!

■ **Wichtig beim Fischkauf**

Frisch geschlachtet haben sie ein Maximum an Frische. Jedoch tritt nach einigen Stunden Totenstarre die Milchsäureproduktion ein. Das Fischfleisch ist in dieser Zeit hart und schwer zu filetieren.

Frischekriterien sind:

- Geruch: Fische sind beinahe geruchlos. Sie sollen nicht tranig, säuerlich oder faulig riechen. Den Geruchstest nicht an kaltem Fisch durchführen, da er keinen Geruch aufweist.
- Augen: sollen klar sein. Wenn sie trüb oder verschleiert wirken, ist der Fisch alt.
- Kiemen: sollen leuchtend rot und die Blättchen klar erkennbar sein. Sie sollen nicht verschleimt, graubraun oder verklebt sein.
- Fleisch: muss elastisch und fest sein. Die Fingerdruckprobe machen! Es soll keine Delle zurückbleiben.
- Haut: Wichtig sind ein natürlicher Glanz und eine dünne Schleimschicht. Graue Flecken und Beschädigungen sind zu vermeiden.

■ **Richtige Lagerung**

Direkt beim Kauf sollte der Fisch in eine Kühlbox oder in ein Kühlsackerl mit Eis gefüllt werden.

Zuhause soll der Fisch auch bei schnellem Gebrauch sofort in den Kühlschrank gegeben werden. Ideal ist eine Lagerung in einer 0 Grad Zone auf Eis in einer abgedeckten Glasschüssel. Keinesfalls über 5°C lagern! Nicht länger als max. 48 Stunden, da der Fisch schnell an Geschmack und Qualität verliert. Ganze ausgenommene Fische nicht länger als 2–4 Tage aufbewahren.

Zum Einfrieren muss der Fisch ausgenommen werden, und die Totenstarre muss er hinter sich gebracht haben. Am besten Vakuumieren und dann einfrieren. Fisch ist bei -18°C 3–5 Monate haltbar.

Auftauen muss langsam über mehrere Stunden und am besten im Kühlschrank erfolgen. Tauwasser regelmäßig entfernen wegen des Bakterienwachstums.

Meeresfisch hält länger als Süßwasserfisch. Fettfische wie Aal, Makrele, Lachs und Karpfen verderben schneller als fettärmere Fische.

Westliche Ernährung   Fische sind gute Eiweißlieferanten. Sie sind leicht verdaulich, da ihr Bindegewebsanteil gering ist. Sie sind vollständige Eiweißquellen. Sie enthalten alle neun essenziellen Aminosäuren. Diese können vom Körper nicht selbst produziert werden und müssen aufgenommen werden. Vitamin B2, B6, Vitamin A und D sind in Fischen reichlich vorhanden. Fische enthalten Mineralstoffe und Spurenelemente wie Selen, Kalium und Magnesium. Meeresfische sind besonders jodhaltig. Fische enthalten wertvolle Omega-3- und Omega-6-Fettsäuren (Fette siehe ▶ Abschn. 2.2.1). Sie kommen besonders in fettreichen Fischen wie Makrele, Hering, Sardine, Tunfisch, Lachs, Karpfen, Alpenlachs, Wels oder Waller und Flussaal vor.

5-Elemente-Ernährung   Fische stärken die Nieren-Energie und Knochen. Das Fischeiweiß ist dem Yang zugeordnet. Es wärmt und spendet Kraft und Energie. Seelachs, Austern, Kaviar, Shrimps und Miesmuscheln nähren das Nieren-Jing.

Meeresfrüchte

Als Meeresfrüchte werden wirbellose Meerestiere bezeichnet. Zu ihnen zählen die Gruppe der Krusten- und Schalentiere wie Shrimps, Krabben, Garnelen, Langusten, Hummer, Krebse und Weichtiere wie Schnecken, Muscheln und Tintenfische.

Westliche Ernährungsweise   Bei Erwachsenen kommt es häufig zu allergischen Reaktionen auf Meeresfrüchte. Sie enthalten das Muskeleiweiß Tropomyosin, welches vom Immunsystem als Allergen erkannt wird. Meeresfrüchte stellen aber eine gute Eiweißquelle dar. Sie bestehen aus etwa 80 % Wasser. Meeresfrüchte enthalten weniger Cholesterin und sind reicher an Omega-3-Fettsäuren. Auch wertvolles Eisen, Kalzium, Magnesium, Kupfer, Vitamin A, E und B-Vitamine sind enthalten.

Verzehren Sie Meeresfrüchte nur in Bio-Qualität. Meeresfrüchte nehmen die Substanzen ihrer Umgebung auf.

5-Elemente-Ernährung Krusten- und Schalentiere   Diese haben mit Ausnahme der Krebse ein warmes Temperaturverhalten und einen süß-salzigen Geschmack. Sie kräftigen das Nieren-Yang bei Schmerzen im Lumbalbereich und Impotenz. Weiters füllen sie Qi und Blut auf, fördern den Milchfluss und lassen schlecht heilende Wunden abklingen.
- Garnelen, Langusten (Shrimps, Gambas, Crevetten, Krabben, Hummer): süß, salzig, warm, tonisieren Nieren Qi und Yang
- Krebse: süß, kalt, nähren das Nieren Yin, stärken Knochen und Sehnen

5-Elemente-Ernährung Weichtiere   Das schmackhafte Fleisch der Weichtiere enthält reichlich Bindegewebe mit einem hohen Anteil an Kollagen. Dadurch sind sie schwer verdaulich und sollten nur ab und zu in geringen Mengen verzehrt werden.
      Generell wirken Weichtiere kühlend und nähren Yin und Blut. Weiters sind sie in der Lage, Hitze und Feuchtigkeit aufzulösen!
- Austern: süß, salzig, leicht kühl, tonisieren Yin und Blut von Leber und Niere bei Säftemangel, beleben Jing, wirken stark beruhigend (pulverisierte Austernschalen als TCM-Arznei zur Beruhigung des Geistes!)
      Achtung: nicht bei Kälte der Mitte und der Nieren verwenden!

— Miesmuscheln: salzig, neutral, tonisieren Nieren- und Leber-Yin, nähren das Blut und Jing
— Tintenfische: salzig, kühl bis kalt, nähren das Nieren-Yin, kühlen Hitze
— Fischroggen und Kaviar: salzig, neutral, stärken die Nieren-Essenz Jing

4.1.7 Hülsenfrüchte

© monticellllo / stock.adobe.com

Für Veganer und Vegetarier sind Hülsenfrüchte lebenswichtige Eiweißlieferanten.

Hülsenfrüchte stellen einen wichtigen Bestandteil unserer Ernährung dar. Hülsenfrüchte und ihre Produkte liefern wertvolles Eiweiß, Vitamine des B-Komplexes und Mineralstoffe.

> **Tipp**
>
> Essen Sie Hülsenfrüchte regelmäßig. Sie geben Kraft und bauen Substanz auf!

Hülsenfrüchte
— Bohnen
  - Käfer- oder Riesenbohnen
  - Azukibohnen
  - Mungobohnen
  - Indianer- oder Kidneybohnen
  - Sojabohnen: Sojadrink, Tofu, Seidentofu
  - Schwarze Bohnen
  - Augenbohnen

- – Acker- oder Saubohnen
- – Limabohnen
- – Pinto- oder Wachtelbohnen
- Linsen
  - – Belugalinsen
  - – Berglinsen
  - – Rote Linsen
  - – Gelbe Linsen
  - – Weiße Linsen
  - – Puy-Linsen
  - – Braune Tellerlinsen
- Grüne Erbsen
- Kichererbsen
- Fisolen
- Erdnüsse

Westliche Ernährung Hülsenfrüchte enthalten reichlich Ballaststoffe, komplexe Kohlenhydrate, Vitamine und Spurenelemente. Sie liefern lebensnotwendiges Eiweiß. In Sojaprodukten befinden sich alle neun essenziellen Aminosäuren (siehe ▸ Abschn. 2.2.1). Sojabohnen sind vollständige Eiweißlieferanten. Linsen, Bohnen, Erbsen, Fisolen und Kichererbsen hingegen sind unvollständige Eiweißquellen. Das bedeutet, sie enthalten nicht alle lebensnotwendigen Aminosäuren und müssen mit Aminosäuren aus Getreide ergänzt werden.

Gute Kombinationen sind Bohnen und Mais, Kichererbsen und Hirse oder Linsen und Reis.

Neben reichlich Eiweiß, Kohlenhydraten und Vitamin B enthalten Hülsenfrüchte viele wichtige Spurenelementen wie Eisen, Kupfer, Zink, Pantothensäure und Niacin.

Bohnen haben einen hohen Eiweißgehalt etwa 20–25 %, Sojabohnen sogar bis 50 %. Bohnen enthalten reichlich Kalium. Linsen sind besonders reich an Eisen, Phosphor und Zink. Kichererbsen enthalten Folsäure und Pantothensäure. Erdnüsse enthalten besonders viel Magnesium.

> **Tipp**
> Kombinieren Sie Hülsenfrüchte immer mit anderen Eiweißquellen. Nur Sojaprodukte sind vollständige Eiweißquellen!

5-Elemente-Ernährung In der TCM sind Hülsenfrüchte wichtige Kraftspender, tonisieren Qi, Blut und Yin. Sie stärken besonders die Nierenenergie. Dunkle Sorten wie Belugalinsen oder Schwarze Bohnen bauen das Nieren-Yin und Blut auf. Die Adzukibohne leitet Feuchtigkeit und Hitze aus. Thermisch sind Hülsenfrüchte neutral, der Geschmack ist süß.

Sojadrink tonisiert das Yin von Lunge, Niere und Magen und kühlt die Lunge bei trockenem Reizhusten. Seidentofu tonisiert Qi, harmonisiert die Mitte, befeuchtet Trockenheit, kühlt Hitze in Magen, Lunge und Blase.

▪ Verdaulichkeit

Hülsenfrüchte sind schwer verdaulich und können Blähungen verursachen. Roh dürfen sie nicht verzehrt werden, da sie Giftstoffe in der Schale wie Phasin enthalten. Die meisten Sorten müssen vor dem Verzehr einige Stunden eingeweicht werden. Das Einweichwasser muss danach weggeschüttet werden. Sie können zur bes-

◻ Tab. 4.1   Einweich- und Kochzeiten für Hülsenfrüchte

Sorte	Einweichzeit	Kochzeit
Weiche Hülsenfrüchte		
Rote und weiße Linsen	Keine	20–40 min
Berg-, Puy- und braune Linsen	6–8 h	45 min
Mungbohnen	6–8 h	45 min
Erbsen (Spalterbsen)	Keine	ca. 40 min
Belugalinsen	Keine	ca. 40 min
Gelbe Spaltlinsen	Keine	ca. 40 min
Mittelharte Hülsenfrüchte		
Kleine Azukibohnen und Mungbohnen	6–8 h	60–90 min
Weiße Bohnen	6–8 h	90 min
Kleine schwarze Bohnen	6–8 h	120 min
Nierenbohnen (Kidneybohnen)	6–8 h	120 min
Wachtelbohnen	6–8 h	120 min
Harte Hülsenfrüchte		
Hokkaido-Azukibohnen und Augenbohnen	12 h – über Nacht	180 min
Hokkaido-Schwarzbohnen	12 h – über Nacht	180–240 min
Käferbohnen und Saubohnen	12 h – über Nacht	180 min
Sojabohnen	12 h – über Nacht	180 min
Pintobohnen	12 h – über Nacht	180 min
Kichererbsen	12 h – über Nacht	180–240 min
Limabohnen (große, weiße)	12 h – über Nacht	240 min

seren Verdaulichkeit mit den Algen Kombu, Wakame oder Hiziki (nicht bei Schilddrüsenüberfunktion!), Lorbeerblättern, Bohnenkraut, Thymian, Rosmarin, Kümmel, Koriander oder Ingwer gemeinsam weichgekocht werden. Beim Kochen keinen Deckel verwenden. Schaum, der sich bildet, soll abgeschöpft werden. Besser ist es, die Hülsenfrüchte nach dem Weichkochen zu salzen, sonst können sie hart bleiben. Das Kochwasser ebenfalls wegschütten. Nach dem Kochen verdoppelt sich die Menge an abgewogenen trockenen Hülsenfrüchten. Dies sollte bei der Zubereitung bedacht werden. Einweich- und Kochzeiten für unterschiedliche Hülsenfrüchte sind in ◘ Tab. 4.1 angegeben.

In lang gekochten Eintöpfen oder als Aufstrich sind Hülsenfrüchte am Bekömmlichsten.

Steigern Sie die Essmenge an Hülsenfrüchten langsam. Ihre Verdauung kann sich dann langsam daran gewöhnen.

❯ **Asafoetida ist ein getrocknetes Gummiharz, es stammt vom Milchsaft der Assantpflanze. Beim Kochen entwickelt es ein Aroma, das Zwiebeln oder Lauch ähnelt. Es macht die Schale und somit Hülsenfrüchte leichter verdaulich.**

> **Tipp**
>
> Bei schlechter Verträglichkeit kann man Hülsenfrüchte ein zweites Mal für ca. 20 Minuten kochen. Damit sind sie leichter verdaulich.

4.1.8 Öle und Fette

Fette sind Bestandteil jeder lebenden Zelle. Wir brauchen sie zur Wärmedämmung und zum mechanischen Schutz. Fette bringen

Verwenden Sie biologischen Öle und Fette.

© colnihko / stock.adobe.com

4

Elastizität in unsere Zellwände und sind wichtige Bestandteile bei chemischen Stoffwechselprozessen im Körper. Die tägliche Versorgung mit hochwertigen Fetten und Ölen ist wichtig. Besonders Öle mit mehrfach ungesättigten Fettsäuren sind lebensnotwendig. Kaufen Sie abwechselnd unterschiedliche Pflanzenöle mit einem guten Verhältnis von Omega-6- zu Omega-3-Fettsäuren wie Walnuss-, Hanf-, Traubenkern- und Leinöl.

Öle und Fette

Speiseöle können aus Kernen, Samen und Früchten gewonnen werden. Man unterscheidet feste und flüssige Fette und Öle.

- Feste Pflanzenfette: enthalten kein Wasser und keine Trubteilchen, eignen sich zum Frittieren und Braten, spritzen nicht
  - Kokosfett
  - Palmfett
- Schlachtfette
  - Schmalz (Schwein, Gans)
  - Talg (Rind)
- Streichfette
  - Butter und Ghee aus Kuh-, Schaf- oder Ziegenmilch
  - Margarine
  - Feste Pflanzenfette – wie Kakaobutter, Kokosöl
- Flüssige Pflanzenfette oder Pflanzenöle: sind bei Raumtemperatur flüssig; wie
  - Agranöl
  - Distelöl
  - Erdnussöl
  - Hanföl
  - Kürbiskernöl
  - Leinöl
  - Maiskeimöl
  - Mohnöl
  - Olivenöl
  - Palmöl
  - Olivenöl
  - Rapsöl
  - Sesamöl
  - Sojaöl
  - Sonnenblumenöl
  - Traubenkernöl
  - Walnussöl
  - Weizenkeimöl

Bei Streichfetten und Margarinen handelt es sich um industriell hochverarbeitete Fette, die als Butter- und Schmalzersatz verwendet werden. Darin enthalten sind vorwiegend gehärtete oder nicht gehärtete Pflanzenfette, Wasser, Magermilch, Säuerungsmittel, Soja-Lecithin. Die gelbliche Farbe wird durch Zugabe von Beta-Karotin erreicht. Auch bestehen Margarinen sowie Butter und Ghee aus 80 % Fett. Sie bestehen zu einem Großteil aus gesättigten und einfach ungesättigten Fettsäuren. Die gesundheitsfördernden mehrfach ungesättigten Fettsäuren sind in geringer Menge enthalten.

> **Tipp**
>
> Vermeiden Sie hochverarbeitete Fette und Öle. Je natürlicher das Nahrungsmittel ist, desto besser ist es für unsere Gesundheit!

■ **Flüssig oder fest?**

Öle sind bei Zimmertemperatur flüssig, Fette hingegen fest. Je mehr gesättigte Fettsäuren in einem Fett enthalten sind, desto fester ist es. Umgekehrt verhält es sich genauso.

■ **Welche Öle und Fette darf man erhitzen?**

Native kaltgepresste Öle eignen sich weniger gut zum Erwärmen. Sie sind naturbelassen, das bedeutet, sie sind kalt gepresst und gefiltert. Sie eignen sich für Salate und können nach dem Kochen zu Speisen zugegeben werden. Am besten kühl lagern und schnell aufbrauchen.

Raffinierte Öle hingegen eignen sich zum Erwärmen. Sie werden gepresst und danach durch chemische und mechanische Prozesse gereinigt.

> **Tipp**
>
> Zum Erhitzen in der Pfanne eignen sich sogenannte High-oleic-Öle aus Sonnenblumen-, Raps- und Distelsorten, Kokosfett, Palmfett, Butterschmalz, von den nativen kaltgepressten Ölen eignen sich Erdnussöl oder eine Mischung aus 1:1 Sonnenblumen-, Raps- und Olivenöl.

❯ High-oleic-Öle sind Bio-Öle, die durch die Züchtung einen höheren Ölsäureanteil haben. Sie werden nach der Pressung mit Wasserdampf behandelt und enthalten ihre natürlichen Farb- und Aromastoffe.

■ **Wie bewahrt man Fette und Öle richtig auf?**

Die in den Fetten und Ölen enthaltenen Vitamine A, E, D und K und Fettsäuren reagieren empfindlich auf Sauerstoff, Licht und Hitze.

4

Wichtige Tipps zur Lagerung:
- Öle immer gut verschlossen aufbewahren!
  Wichtig ist der Schutz vor Sauerstoff, da ungesättigte Fett-
  säuren mit Sauerstoff reagieren und schnell ranzig werden!
- Dunkel lagern! Licht verstärkt die Reaktionen der Fettsäuren
  mit Sauerstoff aus der Luft.
- Kühl/im Kühlschrank lagern!
- Je mehr Omega-3-Fettsäuren enthalten sind, desto kühler
  lagern. Leinöl immer in den Kühlschrank geben. Dies ver-
  langsamt den Verderb!

Haltbarkeit von Fetten und Ölen:
- Geöffnete, raffinierte Öle etwa 3–6 Monate
- Kalt gepresste Öle etwa 8 Wochen
- Leinöl und Walnussöl nur etwa 3 Wochen
- Sobald das Öl ranzig riecht, im Hals kratzt oder eigenartig
  schmeckt, ist es verdorben.

- **Gesättigte oder ungesättigte Fettsäuren?**

Fettarten können unterschieden werden in gesättigte, einfach ungesättigte und mehrfach ungesättigte Fettsäuren.
  Gesättigte Fettsäuren kommen vor
- in tierischem Fett: Schmalz, Fleisch, Wurst, Butter, Butterschmalz,
- in pflanzlichem Fett: Kokosfett, Palmkernfett (und somit
  meist in fettreichen Süßigkeiten!).

Einfach ungesättigte Fettsäuren kommen vor
- in Olivenöl, Rapsöl, Avocados, Korianderöl, Senföl, Hasel-
  nüssen, Mandeln.

Ein ideales Verhältnis in Pflanzenölen sind fünf Teile Omega-6-Fettsäuren zu einem Teil Omega-3-Fett-säuren.

Mehrfach ungesättigte Fettsäuren werden nochmals unterschieden
in Omega-3- und Omega-6-Fettsäuren.
Omega-6-Fettsäuren (Linolsäure) kommen vor
- in Sonnenblumenöl, Maiskeimöl, Weizenkeimöl, Distelöl,
  Hanföl, Schwarzkümmelöl, Nachtkerzenöl, Borretschöl.

Omega-3 Fettsäuren (Linolensäure) kommen vor
- in Pflanzenölen: Leinöl, Leinsamen, Walnüssen, Walnussöl,
  Hanföl (!), Distel-, Raps-, Traubenkern-, Kürbiskern-, Sojaöl,
- in Wildpflanzen: Moosen, Flechten, Algen,
- in Fischen: vor allem in fetten Meeresfischen und heimischen
  Sonderzüchtungen, z. B. Alpenlachs, Kavalierlachs, Saibling,
  Lachs, Sardinen, Sardellen, Hering, Makrele und Fischölen,
- in kleinen Mengen in Wildtieren: Hirsch, Reh, Wildschwein,
  Fasan, Wildhase.

Öle mit mehrfach ungesättigten Fettsäuren dürfen nicht über 45°C
erhitzt werden, da ihre gesundheitsfördernden Inhaltsstoffe sonst

◘ Tab. 4.2 Übersicht über die Fettsäurezusammensetzung von Speiseölen

	Gesättigte FS in %	Einfach ungesättigte FS in %	Mehrfach ungesättigte FS in % (Omega 6)	Mehrfach ungesättigte FS in % (Omega 3)
Rapsöl	6	65	20	9
Sonnenblumenöl	10	25	65	–
Distelöl	10	14	75	1
Maiskeimöl	13	34	52	1
Walnussöl	8	22	60	10
Traubenkernöl	10	19	71	–
Kürbiskernöl	12	31	55	2
Weizenkeimöl	16	17	60	7
Leinöl	10	18	15	57
Hanföl	9	40	44	7
Olivenöl	15	75	9	1
Sojaöl	15	22	55	8

zerstört werden. Sie sollen im Kühlschrank in dunkeln Flaschen aufbewahrt werden.

◘ Tab. 4.2 gibt eine Übersicht über die Fettsäurezusammensetzung von Speiseölen.

▪ Fettbedarf

Der Fettanteil unserer Nahrung soll ca. 30 % unserer Gesamtkalorienzufuhr betragen. Fette haben etwa doppelt so viele Kalorien wie Eiweiß und Kohlenhydrate, daher sollten Portionen mit fettreicher Nahrung wie Wurst, Käse, fettreiches Fleisch, Plundergebäck etc. kleiner sein als beispielsweise fettarme Lebensmittel wie mageres Fleisch, Getreide, Hülsenfrüchte etc.

▪ Was sind Transfettsäuren?

Transfettsäuren entstehen vor allem durch industrielle Härtungs- oder Erhitzungsprozesse. Sie entstehen auch in der eigenen Küche bei der Zubereitung von Speisen, wenn Fette über deren „Rauchpunkt" erhitzt werden (siehe ▶ Abschn. 2.2.1).

Vermeiden Sie folgende Nahrungsmittel – sie sind reich an Transfettsäuren:
- Blätter- und Butterteig-Produkte: Croissants, Topfengolatschen, Krapfen
- Fertig-Pommes
- Popcorn, Chips und Tacos

- Margarinen
- Frittierte Lebensmittel, panierter Fisch und Fleisch, Schnitzel, Chicken Wings, Hamburger
- Fertigsuppen, fertige Bratensaucen

Westliche Ernährung Gesättigte Fettsäuren erhöhen das Gesamtcholesterin und „schlechtes" LDL-Cholesterin im Blut. Einfach ungesättigte Fettsäuren können den Gesamtcholesterinwert und „böses" LDL-Cholesterin senken. Die mehrfach ungesättigten Fettsäuren sind essenziell, können also vom Körper nicht selbst hergestellt werden. Sie werden aber für viele Körperfunktionen benötigt. Omega-6-Fettsäuren können ebenfalls das Gesamtcholesterin und das LDL-Cholesterin senken.

5-Elemente-Ernährung Fette und Öle haben nicht erhitzt ein neutrales Temperaturverhalten und sind vom Geschmack süß. Sie tonisieren Yin und befeuchten bei Trockenheit den Darm. Bei Erhitzen haben sie ein warmes Temperaturverhalten.

4.1.9 Nüsse, Samen, Kerne, Keime und Sprossen

© photocrew / stock.adobe.com

Nüsse, Kerne und Samen

Nüsse, Kerne und Samen steigern die Konzentration und versorgen uns mit wichtigen Nährstoffen.

Zum Frühstück im Porridge oder Eintopf, auf Gemüse, in Salaten oder als Studentenfutter mit Trockenfrüchten sowie in Süßspeisen eignen sich Nüsse, Kerne und Samen für den täglichen Verzehr. Aus ihnen werden wertvolle native, kaltgepresste Öle gewonnen, am besten in Bio-Qualität. Sie zeichnen sich durch eine lange Haltbarkeit aus. Eine trockene und kühle Lagerung ist allerdings notwendig, sonst kommt es leicht zu Schimmelpilzbefall. Sie sind wichtige Energielieferanten. Durch ihren hohen Gehalt an mehrfach ungesättigten Fettsäuren haben sie eine protektive Wirkung auf das Herz-Kreislauf-System.

Für die schnelle Küche legen Sie sich am besten einen kleinen Vorrat gerösteter Nüsse, Kerne oder Samen an. Durch das Rösten erhalten sie ein besonders gutes Aroma. Geröstet wird in einer beschichteten Pfanne ohne Fett.

Botanische Einteilung der Nüsse, Kerne und Samen

- Echte Nüsse: Sogenannte „echte Nüsse" gehören zu den Nussfrüchten. Der Samen ist von einer hölzernen Schale umschlossen. Wir essen den Samen.
  - Walnuss
  - Haselnuss
  - Esskastanie
  - Macadamianuss
  - Erdnuss
  - Hanfsamen oder Hanfnuss
- Steinfrüchte: Hier ist die innere Fruchtwand verholzt und wird von einer weichen Hülle, dem Fruchtfleisch umgeben. Wir essen nicht den Samen, sondern nur das Fruchtfleisch. Nur zur Information haben wir eine Auflistung beigefügt. Es sind beliebte Obstsorten, außer die Steinfrüchte mit essbarem Samen.
  - Pfirsich, Marille, Nektarine
  - Mirabelle, Weichsel, Kirsche
  - Mango
  - Zwetschke
- Steinfrüchte mit essbarem Samen
  - Pistazie
  - Pekannuss
  - Mandeln
  - Cashewkerne
  - Kokosnuss
- Kapselfrüchte: Bei diesen Nüssen ist auch das Fruchtfleisch verholzt, und wir essen den darin liegenden Samen.
  - Paranuss
- Andere Samen und Kerne
  - Sesamsamen (Familie Sesamgewächse)
  - Sonnenblumenkerne (Familie Korbblütler)
  - Leinsamen (Familie Leingewächse)
  - Mohnsamen (Familie Mohngewächse)
  - Kürbiskerne (Familie Kürbisgewächse)
  - Chia-Samen (Familie Lippenblütler)
  - Pinienkerne (Familie Kieferngewächse)

4

☐ **Tab. 4.3** Eiweißgehalt von Nüssen, Samen und Kernen. (Aus Elmfada et al. 2013)	
	Eiweiß/100 g
Erdnüsse	25,3 g
Pistazien	20,8 g
Cashewnüsse	17,2 g
Haselnüsse	12 g
Walnüsse	14,4 g
Pinienkerne	13 g
Mandeln	18,7 g
Macadamia-Nüsse	7,5 g
Paranüsse	13,6 g
Esskastanien (Maroni)	3,4 g
Kürbiskerne	24,4 g
Leinsamen	24,4 g
Sesam	17,7 g
Sonnenblumenkerne	22,5 g
Mohn	20,2 g
Hanfsamen	20,2 g
Koksnuss	3,9 g

Westliche Ernährung   Hauptnährstoffe sind Eiweiß (☐ Tab. 4.3) und mehrfach ungesättigte Fettsäuren, Omega-3- und Omega-6-Fettsäuren. Sie sind reich an Mineralstoffen wie Kalzium, Magnesium, Phosphor und Spurenelementen wie Eisen, Zink, Mangan, Kupfer und Selen. Cashewkerne enthalten viel Magnesium und die Aminosäure Tryptophan.

5-Elemente-Ernährung   Der Geschmack von Nüssen, Samen und Kernen ist meist süß. Die Temperatur ist neutral bis warm. Sie tonisieren Yin und Qi und befeuchten den Darm. Angeröstet in einer beschichteten Pfanne ohne Öl, bauen sie das Qi ganz besonders auf. Die befeuchtende Wirkung ist geringer.

— Walnuss: warm, tonisiert geröstet das Nieren-Yang, nährt die Nierenessenz
— Haselnuss: neutral, tonisiert das Magen/Milz und Nieren-Qi, nährt Blut
— Kokosnussfleisch: neutral, tonisiert Nieren-Yin und Blut
— Kürbiskerne: neutral, leiten Nässe aus und fördern die Ausscheidung, stärken das Qi

- Leinsamen: neutral, befeuchten den Darm und kühlen leere Hitze
- Esskastanie: warm, tonisieren Qi, Yin und Yang, tonisieren die Essenz – Jing
- Schwarzer Sesam: süß, neutral, tonisiert Blut und Essenz – Jing sowie Yin
- Sonnenblumenkerne: neutral, tonisieren Milz-Qi, stärken Nieren-Yin

Keime und Sprossen

Keime und Sprossen sind ein Feuerwerk an Vitalstoffen mit Vitaminen, Mineralien, Einfachzucker und freien Aminosäuren. Getreidekörner, Hülsenfrüchte und Samen sind reich an wichtigen Inhaltsstoffen, die durch Keimung vervielfacht werden. Keimlinge enthalten einen höheren Anteil an gesunden Nährstoffen als die ausgewachsene Pflanze.

Integrieren Sie Sprossen und Keime in den Alltag! Es sind kleine Wunder der Natur.

> **Tipp**
>
> Achten Sie immer auf die Frische der Sprossen! Je frischer, desto mehr Inhaltsstoffe sind enthalten.

▪ Keimung

Zur Keimung geeignet sind Getreide, ölhaltigen Samen und Hülsenfrüchte. Sie werden verzehrt, wenn der Keim etwa 5 mm lang ist. Die Keimlinge von Getreide und Hülsenfrüchten müssen vor dem Verzehr ca. 3 Minuten blanchiert oder gedämpft werden, damit sie besser verdaulich sind. Getreidekeimlinge sind süß im Geschmack. Keimlinge von Hülsenfrüchten sind süß und bitter.

Es gibt viele Keimlinge wie aus Adzukibohne, Bockshornklee, Buchweizen, Erbse, Gerste, Hafer, Hirse, Kichererbse, Kürbis, Leinsamen, Linsen, Mungobohnen, Roggen, Sesam, Sojabohnen, Sonnenblume, Weizen und Quinoa.

Sprossen aus Gemüsesamen und Gewürzen sind nach der Blattentwicklung als Sprossen sehr empfehlenswert! Eine ausreichend lange Keimzeit von 6 Tagen ist notwendig, damit die Chlorophyllbildung abgeschlossen ist. Leider erhält man im Handel oft noch nicht ausreichend lange gekeimte Sprossen.

Sprossen aus Bockshornklee, Kresse, Radieschen, Lauch, Karotte, Dill, Rotkraut, Senf, Luzerne oder Alfalfa sind besonders gut.

Sichern Sie sich Ihren täglichen Sprossenverzehr! Keimen Sie mehrere Sorten, aber etwas zeitverschoben. Dann können Sie täglich Vitamine und Energie ernten.

> **❯** **Alfalfasprossen müssen mindestens 7 Tage lange keimen! Sonst enthalten sie noch das giftige Canavanin. Canavanin ist eine Aminosäure, die als Fraßschutz in Leguminosen vorkommt. Durch das Sprossen wird sie enzymatisch abgebaut, und die Sprossen sind genießbar.**

4

■   **Wie kann man selber keimen und sprossen?**

Samen werden üblicherweise über Nacht bzw. 24 Stunden in Wasser eingeweicht und gequellt. Das Wasser muss alle 12 Stunden gewechselt werden. Das Einweichwasser muss weggeschüttet werden. Einzelne Sorten können sofort und ohne Einweichen gekeimt werden. Nach dem Einweichen Samen in ein Keimgefäß geben, ein- bis 2-mal täglich spülen. Einige Tage feucht stehen lassen, bis sich der Keim zeigt. Nicht ins direkte Sonnenlicht stellen. Ideale Keimtemperatur beträgt ca. 18–21°C. Wenn der Keim ca. 3–5 mm lang ist, sind die Keimlinge reif. Am Keimling werden die ersten grünen Blätter sichtbar, dann spricht man von Sprossen.

Keime können auch im Dunkeln gezogen werden. Sie haben dann einen höheren Vitamin B Gehalt.

Westliche Ernährung   Keime und Sprossen sind reich an Enzymen, Ballaststoffen, Vitaminen, Eiweiß, Kohlenhydraten, Chlorophyll, Mineralstoffen und Spurenelementen.

- **Enzyme** sind Biokatalysatoren, die während des Keimungsprozesses das Innere der Samen einer Wandlung unterziehen. Durch Einwirken von Wärme, Wasser und Licht beginnt die Keimung. Enzyme nehmen ihre Arbeit, auf und die embryonale Pflanzenanlage mit ihren Wirkstoffen beginnt zu wachsen. Samenprotektive Substanzen oder Fraßschutzstoffe, die äußerst schwer verdaulich sind, wie z. B. Phytinsäure oder Hämagglutinine in Hülsenfrüchten, werden abgebaut. Damit wird der Keimling genießbar.
- **Vitamin** A, B1(Getreide), B2 (Getreide), B12 (Sojabohnen, Linsen, Kichererbsen, Gartenerbsen), B6 (Weizen, Linsen, Kichererbsen) und Vitamin C steigen während der Keimung extrem an, besonders in Luzernen (Alfalfa) das Vitamin E (Getreide).
- **Mineralstoffe und Spurenelemente** wie Eisen, Fluor, Kalzium, Kalium, Kupfer, Magnesium, Mangan, Natrium, Phosphor (Lecithin-Phosphor-Verbindung) und Zink sind in Keimen und Sprossen enthalten.
- **Ballaststoffe** sind unverdauliche Bestandteile von Nahrungsmitteln, z. B. Zellulose, Pektin. Sie wirken sättigend und verdauungsfördernd, binden Gallensäuren und senken so Cholesterin.
- **Eiweiße** werden in essenzielle Aminosäuren umgewandelt und sind so leicht verdaulich.
- Komplexe **Kohlenhydrate** werden in Einfachzucker umgewandelt und ergeben so den süßen Geschmack.
- Der Gehalt **mehrfach ungesättigter Fettsäuren** steigt während der Keimung an, besonders Linolsäure (Omega-6-Fettsäure).
- Jede grüne Pflanze enthält **Chlorophyll**, den Pflanzenfarbstoff. Das ermöglicht unter Lichteinwirkung die Umwandlung

von Kohlendioxid und Wasser in Stärke und die Bildung von Sauerstoff. Chlorophyll hat einen ähnlichen molekularen Aufbau wie Hämoglobin – der rote Blutfarbstoff beim Menschen. Deshalb wirkt es blutbildend und stärkend. Sprossen, die bis zum 12. Tag geerntet werden, heißen 12-Tage-Kräuter. Sie enthalten neben Chlorophyll noch andere wichtige Nährstoffe.

- **Scharfstoffe** steigern die Darmaktivität, verhindern Gärungs- und Fäulnisprozesse und Bähungen, besonders in Kresse, Senf, Rettich, Bockshornklee.
- **Bitterstoffe** regen die Verdauung an, in Senf-, Kresse-, Rettich- und Bockshorngrün.
- **Ätherische Öle** werden durch langes Kauen aus den Pflanzenfasern freigesetzt.
- **Sekretine** erhöhen die Sekretion der Bauchspeicheldrüse, in Weizen, Reis und Sojabohnen.

5-Elemente-Ernährung Sprossen wirken allgemein neutral bis kühlend. Sie nähren insbesondere die Körpersäfte und das Yin. Durch ihre starke Wachstumsenergie haben alle Sprossen einen Bezug zu Leberenergie. Sie bewegen das Leber-Qi, besonders Sprossen mit scharfem Geschmack, wie Radieschensprossen.

4.1.10 Kräuter und Gewürze

© viperagp / stock.adobe.com

Kräuter

Der Begriff „Kräuter" bezeichnet Pflanzenteile oder ganze Pflanzen, die entweder eine Heilwirkung besitzen oder als Küchenkräuter eingesetzt werden. Die aromatische und heilende Wir-

Pro Speise sollte man 3–5 Kräuter und Gewürze einsetzen.

4

kung befindet sich in den Blüten, Blättern, Wurzeln, Zwiebeln, Rinden, Holz, Samen oder Früchten. Sie werden häufig frisch zu Speisen zugegeben oder in Form von Kräutertees verwendet (siehe ▶ Tab. 4.4).

Westliche Ernährung   Kräuter sind reich an Vitamin C, diversen Mineralstoffen und sekundären Pflanzeninhaltsstoffen.

5-Elemente-Ernährung   Nach der Traditionellen Chinesischen Medizin haben alle Kräuter eine bewegende Wirkung, allerdings hat jedes Kraut eine Vielzahl an Funktionen.

Gewürze

Gewürze werden meist in getrockneter Form benutzt. Von den Gewürzpflanzen werden Wurzeln, Rinden, Blätter, Samen, Früchte, Beeren oder Knospen verwendet. Sie geben jedem Essen ihren einzigarten Geschmack und können zusätzlich eine Vielzahl an positiven Wirkungen entfalten. Durch die enthaltenen ätherischen Öle können sie ihr Aroma freisetzen und so auch appetitanregend wirken.

Am besten mahlt man die Gewürze frisch mit einer Mühle, da es sonst zu einem sehr großen Aroma- und Wirkungsverlust kommen kann.

Westliche Ernährung   Durchblutungsfördernd, antibakteriell, antiviral, antifungizid, antioxidativ, schmerzlindernd sind nur einige der Eigenschaften, die Gewürze haben können. Sie haben einen hohen Gehalt an Mineralstoffen, Spurenelementen, sekundären Pflanzeninhaltsstoffen und in geringen Mengen auch Vitamine.

5-Elemente-Ernährung   Nach der Traditionellen Chinesischen Medizin haben viele Gewürze ein warmes bis heißes Temperaturverhalten und einen scharfen Geschmack. Sie eignen sich hervorragend dazu, die Verdauung zu fördern und Feuchtigkeit auszuleiten. Besonders bei Qi- und Yang-Mangel sowie im Winter sind wärmende Gewürze sehr wichtig.

▪ Anis

Anis ist eines der ältesten Gewürze aus dem arabischen Raum. Es ist mit dem Fenchel verwandt.

❯ **Anistee lange gezogen ist für Kinder wegen des ätherischen Öls Anethol nicht geeignet, da es zu Schleimhautreizungen kommen kann.**

Westliche Ernährung   Das im Anis enthaltene Anethol ist allerdings auch ein Phytoöstrogen und in der Menopause gut einzusetzen. Es wird weiters zur Regulierung der Verdauung eingesetzt, hat antifungizide, antivirale und antibakterielle Eigenschaften. Es wirkt krampflösend und entspannend.

5-Elemente-Ernährung   Nach der Traditionellen Chinesischen Medizin ist Anis heiß und scharf, wärmt und tonisiert Yang und das Lungen-Qi, löst Stagnation von Blut und Qi.

▪ Basilikum

Basilikum ist im Mittelmeerraum weit verbreitet, wobei es ursprünglich aus Asien kommt. Es gibt viele unterschiedliche Sorten weltweit. Thaibasilikum ist milder als der bei uns verbreitete. Doch auch bei Basilikum kommt es auf die Dosis an.

Basilikum gehört zur Familie der Lippenblütler, und etwa 60 verschiedene Arten sind weltweit verbreitet.

Westliche Ernährung   Der Wirkstoff Eugenol kann schädliche Radikale binden, aber in großen Mengen auch selber produzieren. Aufgrund der großen Mengen an ätherischen Ölen hat Basilikum eine desinfizierende, entzündungshemmende und antibakterielle Wirkung. Einsatzgebiete sind Asthma, Diabetes, Akne, Darmträgheit und Verdauungsstörungen.

5-Elemente-Ernährung   Nach der Traditionellen Chinesischen Medizin ist Basilikum warm und scharf, fördert die Verdauung und vertreibt Feuchtigkeit und Schleim.

▪ Bockshornkleesamen

Bockshornklee wird auch als griechisches Heu bezeichnet und hält in unserer Küche durch die indische Küche wieder Einzug. Er schmeckt leicht scharf und aromatisch.

Westliche Ernährung   Die Samen werden im Winter gerne zu Sprossen gezogen und dienen als wertvoller Lieferant für Vitamine und Mineralstoffe. Bockshornklee enthält viele sekundäre Pflanzeninhaltsstoffe, vor allem Saponine, Flavonoide, Bitterstoffe, aber auch Schleimstoffe und Eiweiß.

5-Elemente-Ernährung   Nach der Traditionellen Chinesischen Medizin ist Bockshornklee bitter und süß, wirkt erhitzend, tonisierend auf Nieren-Yang und Lunge und kann Kälte vertreiben. Er wird zur Appetitanregung, gegen Durchfall und für Rheuma verwendet. Weitere Wirkmechanismen sind Cholesterin- und Blutdrucksenkung.

▪ Bohnenkraut

Bohnenkraut liebt ein mildes, warmes Klima und wächst daher bei uns nur im Sommer. Es kann entweder getrocknet oder auch frisch verwendet werden.

4

Westliche Ernährung   Bohnenkraut ist reich an Gerbstoffen, Bitterstoffen, ätherischen Ölen und vielen sekundären Pflanzeninhaltstoffen wie Carvacrol, Sitosterin und Thymol.

> **Sitosterin ist ein natürlicher Cholesterinsenker, und Cravacrol ist ein natürliches Biozid gegen Bakterien und Pilze.**

Schon lange wird Bohnenkraut bei uns gegen viele unterschiedliche Befindlichkeitsstörungen wie Entzündungen, Fettverdauung, Gewichtsreduktion, Darmträgheit, Verstopfung und zur Aktivierung des Kreislaufs eingesetzt.

> **Tipp**
>
> Besonders eignet sich Bohnenkraut in Fleischgerichten und Hülsenfrüchteneintöpfen zur besseren Verdaulichkeit.

5-Elemente-Ernährung   Nach der Traditionellen Chinesischen Medizin wirkt Bohnenkraut wärmend, scharf, bitter, regt die Verdauung an, löst Schleim und kann Wind und Kälte vertreiben. Kälte kann sich in Grippe und Schnupfen äußern.

- **Chili**

Chili gehört zu der großen Familie der Nachtschattengewächse und ist verwandt mit Paprika. Es gibt 50 verschiedene Arten, und sie werden nach unterschiedlichen Schärfegraden und Farben eingeteilt.

In heißen Ländern mit hygienischen Problemen wird Chili gerne eingesetzt, um sich vor Parasiten zu schützen.

Westliche Ernährung   Chilis sind reich an Vitamin C, A, Kalium, Kalzium, Eisen und dem Stoff, der für die Schärfe zuständig ist: Capsaicin. Menschen mit einem empfindlichen Magen-Darm-Trakt sollten auf das Würzen mit Chili verzichten. Er wirkt wunderbar bei Rückenschmerzen und ist Bestandteil einiger Salben bei Verspannungen und muskulären Verhärtungen, um die Durchblutung anzuregen.

5-Elemente-Ernährung   Nach der Traditionellen Chinesischen Medizin ist Chili heiß und scharf, zerstreut Kälte, löst Verdauungsblockaden und trocknet Feuchtigkeit. Sehr gerne wird er bei Ermüdung, Abgeschlagenheit und Müdigkeit eingesetzt. Chili öffnet die Oberfläche und kann so in heißen Ländern auch zur Kühlung beitragen.

- **Curry**

Mit Curry kann entweder das Currykraut oder die Currymischung bezeichnet werden. Das Currykraut ist ein Strauch, der dem Rosmarin sehr ähnlich ist und hellgraue bis grüne Nadeln besitzt. Currykraut hat einen sehr intensiven Geruch und Geschmack. Es kann dadurch andere Pflanzen vor Bakterien, Viren, Pilzen und Parasiten schützen.

Das uns geläufigere Currypulver ist eine Mischung aus Ostindien, die je nach Ursprungsgebiet aus 10–20 verschiedenen Gewürzen besteht. Folgende Gewürze können im Curry vorhanden sein: Koriander, Cumin, Pfeffer, Zimt, Kurkuma, Fenchel, Nelken, Bockshornkleesamen, Muskat, Chili, Ingwer und Piment. Je nach Zusammensetzung variieren daher auch die Farbe und die Schärfe von hellgelb, rot, grün bis goldbraun.

> Eine sehr bekannte Curry-Mischung ist Masala.

Westliche Ernährung   Die Inhaltsstoffe des Currykrauts wirken gegen Bakterien, Viren, Parasiten und Pilze. Currykraut beugt Entzündungen und Infekten vor. Es enthält viele unterschiedliche ätherische Öle und kann dadurch das Immunsystem, das Gehirn, den Blutfluss, Leber und Galle und vieles mehr positiv beeinflussen. Es wird seit langem in unseren Klostergärten angebaut.

5-Elemente-Ernährung   Nach der Traditionellen Chinesischen Medizin ist Currypulver heiß, scharf und bitter. Es wärmt, entspannt, bricht Stagnation und kann die Verdauung anregen.

- **Dill**

Dill ist ein einjähriges Kraut und wurde schon von den alten Ägyptern und Griechen eingesetzt. Es ist vielseitig einsetzbar und in unseren Breitengraden ein beliebtes Küchenkraut.

Westliche Ernährung   Dill enthält Vitamin A, B, C und E so wie Eisen, Magnesium, Kalzium, Kalium und viele sekundäre Pflanzeninhaltsstoffe und ätherische Öle. Dill wirkt krampflösend, durchblutungsfördernd, verdauungsfördernd und blähungslindernd.

> **Tipp**
>
> Dillsamen sind Bestandteil von milchflussfördernden Tees.

5-Elemente-Ernährung   Nach der Traditionellen Chinesischen Medizin ist Dill wärmend, scharf und leicht bitter. Dill regt den Appetit an und wird bei Rückenschmerzen und Übelkeit eingesetzt.

- **Fenchelsamen**

Fenchel stammt ursprünglich aus Nordamerika und dem Mittelmeerraum. Er ist sowohl Küchenkraut als auch Heilkraut und wird als solcher bei uns schon lange eingesetzt. Fenchel hat einen anisähnlichen Geschmack.

Westliche Ernährung   Fenchel ist reich an Vitamin C, Folsäure, Kalium, Kalzium, Kieselsäure, Magnesium und sekundären Pflanzeninhaltsstoffen, wobei hier vor allem Anethol, Dillapiol und Fenchol zu nennen sind. Sie wirken stark desinfizierend, antibakteriell und antimikrobiell. Fenchel ist ein beliebtes Mittel bei Blähungen und anderen Magen-Darm-Beschwerden.

> **Aufpassen sollte man mit Fencheltees vor allem bei Babys und Kleinkindern, da bei manchen Teeanbietern ein hoher Gehalt an krebserregenden Pyrrolizidinalkaloiden (PA) nachgewiesen werden konnte.**

Jedes Kraut hat eine Wirkung.   Pyrrolizidinalkaloiden sind Pflanzeninhaltsstoffe, die Pflanzen gegen Fressfeinde einsetzen. Auch hier macht die Dosis das Gift. Man sollte Kräutertees nur für eine gewisse Zeit anwenden und dann wieder absetzen. Das gilt für die ganz Kleinen, aber auch für uns Erwachsene.

5-Elemente-Ernährung   Nach der Traditionellen Chinesischen Medizin ist Fenchel scharf, warm und kann Kälte und Schmerzen vertreiben. Er wird zur Lösung von Stagnationen im Magen-Darm-Bereich eingesetzt sowie bei Appetitmangel und Bronchitis.

■   **Gelbwurzel/Kurkuma**

Kurkuma ist ein südostasiatisches Gewürz aus der Wurzel eines Ingwergewächses.

Westliche Ernährung   Kurkuma ist einer der Hauptbestandteile im Curry und für die schöne gelbe Farbe verantwortlich. Der hierfür verantwortliche sekundäre Pflanzeninhaltsstoff Curcumin hat eine starke antioxidative Wirkung.

5-Elemente-Ernährung   Nach der Traditionellen Chinesischen Medizin ist Kurkuma kalt, bitter, zusammenziehend, Leber-Qi-Stagnation und Feuchtigkeit lösend. Es hat außerdem einen starken Bezug zum Uterus und zur Menstruation. Kurkuma fördert die Gallensekretion.

■   **Kardamom**

Kardamom gehört zu den Ingwergewächsen und hat seit jeher eine große Bedeutung im Orient als Heilpflanze. In Asien ist Kardamom wichtiger Bestandteil von Masala-Mischungen und Chai-Tee.

Westliche Ernährung   Kardamom ist reich an ätherischen Ölen und sekundären Pflanzeninhaltsstoffen wie Sabinen, Terpineol und Limonen. Er wurde schon immer bei Entzündungen von Augen, Mund, Rachen, Zahnfleisch und Haut eingesetzt. Weiters wirkt er verdauungsfördernd, krampflösend, stimmungsaufhellend und durchblutungsfördernd.

5-Elemente-Ernährung Nach der Traditionellen Chinesischen Medizin ist Kardamom warm und scharf. Er wärmt das Milz-Qi, bewegt das Qi und löst Stagnationen. Er ist einer der Entfeuchter in der TCM.

- **Korianderfrüchte**

Bei uns ist Koriander vor allem als Brotgewürz in Verwendung. Mittlerweile findet er bei uns auch in frischer Form Anklang in vielen asiatischen Gerichten.

Westliche Ernährung Allgemein stärkend, verdauungsfördernd, Blähungen lindernd, wird Koriander in der österreichischen Küche schon lange eingesetzt. Er ist reich an ätherischen Ölen und sekundären Pflanzeninhaltsstoffen. Er wird zur Entgiftung, Entblähung und Steigerung der Diurese eingesetzt. Er ist blutverdünnend, antibakteriell, und desinfizierend.

5-Elemente-Ernährung Nach der Traditionellen Chinesischen Medizin ist Koriander warm, süß und scharf. Er findet vor allem bei Nahrungsretention, zur Tonisierung des Qi, als Entfeuchter und zur Stärkung des Lungen-Qi Einsatz.

- **Kümmel – Kümmel, Kreuzkümmel, Schwarzkümmel**
- Kümmelfrüchte

Kümmel hat bei uns schon lange einen festen Platz in der Küche und als Heilpflanze. Er wird als Brotgewürz gerne eingesetzt, und man findet ihn in vielen alten österreichischen Speisen.

Kümmel zählt zu den ältesten Gewürzpflanzen unserer Breitengrade. Er ist als Gewürz vielseitig einsetzbar.

Westliche Ernährung Kümmel ist reich an einfach und mehrfach ungesättigten Fettsäuren, Kalium, Kalzium, Natrium, Eisen, Magnesium, Vitamin C und A. Er ist verdauungsfördernd, magenberuhigend und gut gegen Blähungen.

5-Elemente-Ernährung Nach der Traditionellen Chinesischen Medizin ist Kümmel warm, süß und scharf. Er wirkt Nahrungsstagnation entgegen, entfeuchtet und kann das Qi und Yang tonisieren. Er wird zur Menstruationsförderung eingesetzt.

- Kreuzkümmel

Kreuzkümmel ist ein Verwandter des Kümmels und wird auch als Mutterkümmel bezeichnet. Er findet in der arabischen und indischen Küche Verwendung.

Westliche Ernährung Kreuzkümmel ist reich an Vitamin C und ätherischen Ölen, die dem Immunsystem und dem Magen-Darm-Trakt hilfreich zur Seite stehen.

4

5-Elemente-Ernährung   Nach der Traditionellen Chinesischen Medizin ist Kreuzkümmel neutral und scharf. Er kann Qi regulieren und bewegen sowie tonisieren. Er wirkt entblähend und krampflösend.

— Schwarzkümmel
Schwarzkümmel stammt aus Südeuropa und dem Vorderen Orient. Es handelt sich dabei um schwarze eckige Samen, die einen sehr intensiven Geschmack besitzen. Er wird in diesen Gegenden bei Verdauungsbeschwerden eingesetzt.

Westliche Ernährung   Schwarzkümmel ist reich an Vitamin A, C, Zink, Eisen, Mangan, Selen, Jod, Magnesium, Kupfer und sekundären Pflanzeninhaltsstoffen. Die Inhaltsstoffe finden sich in höherer Dosierung im Schwarzkümmelöl. Er eignet sich auch zur Stärkung des Immunsystems und hat eine keim- und pilztötende Wirkung.

5-Elemente-Ernährung   Schwarzkümmel ist warm, bitter und scharf. Er ist stark bewegend und wärmend. Gut für die Lunge und zur Stärkung des Immunsystems.

■ **Liebstöckl**
Liebstöckl, auch Maggikraut genannt, ist ein beliebtes und alt bewährtes Suppengewürz. Er wird frisch oder getrocknet eingesetzt.

Westliche Ernährung   Besonders geeignet ist Liebstöckl bei Magenbeschwerden, Blähungen, Verstopfung, Schuppenflechte und Wasseransammlungen. Er ist reich an sekundären Pflanzeninhaltsstoffen wie Furanocumarinen, Bitterstoffen und Gerbstoffen.

5-Elemente-Ernährung   Nach der Traditionellen Chinesischen Medizin ist Liebstöckl warm, leicht bitter und scharf. Er tonisiert das Yang, vertreibt somit Kälte, löst Stagnationen im mittleren Erwärmer und wirkt leicht diuretisch.

■ **Lorbeer**

In einer echten Rindsuppe oder Hühnersuppe darf der Lorbeer nicht fehlen.

Lorbeer ist ein lange bekanntes Heilkraut und war schon im alten Griechenland eine heilige Pflanze.

Tipp
In Österreich werden die Lorbeerblätter als Suppenwürze und bei der Zubereitung von Wild und Saucen eingesetzt.

Westliche Ernährung   Hildegard von Bingen hat Lorbeer bei Kopfschmerzen, Blähungen, Gicht und Verdauungsschwäche eingesetzt. Er ist reich an ätherischen Ölen und Bitterstoffen.

5-Elemente-Ernährung Nach der Traditionellen Chinesischen Medizin ist Lorbeer wärmend, scharf und bitter. Er wirkt Qi tonisierend, Blut bewegend und verdauungsfördernd.

- **Majoran**

Majoran ist in Österreich ein sehr beliebtes Gewürz für Fleischspeisen und Fleischaufstriche. Auch im arabischen Raum findet es als Öl schon lange Anwendung.

Westliche Ernährung Majoran wirkt krampflösend und verdauungsfördernd. Majoran ist reich an sekundären Pflanzeninhaltsstoffen wie Flavonoiden, Glykosiden, weiters Gerbstoffen, Bitterstoffen und Vitamin C. Er wirkt durchblutungsfördernd, verdauungsfördernd und schleimlösend. Daher wird er gerne in kleinen Mengen als Tee bei Husten empfohlen.

5-Elemente-Ernährung Nach der Traditionellen Chinesischen Medizin ist er warm und scharf. Er wird zur Qi-Regulation, zur Wind-Kälte-Eliminierung und zur Lösung von zähem Schleim in der Lunge eingesetzt.

- **Muskatnuss**

Die Muskatnuss ist in den Tropen und Subtropen beheimatet. Sie ist keine Nuss, sondern der Kern einer Frucht.

Westliche Ernährung Schon Hildegard von Bingen hat die Muskatnuss sehr geschätzt und sie vor allem für Nerven und zur Durchblutungsförderung eingesetzt.

> Bei der Muskatnuss ist Vorsicht geboten. Zu hohe Dosen können tödlich wirken, aufgrund des berauschenden Phenylpropanoidgehaltes. Safrol ist zudem mutagen und krebserregend. Auch hier macht die Dosis das Gift!

Die Muskatnuss ist außerdem reich an ätherischen Ölen, ungesättigten Fettsäuren, Vitamin C und dem Farbstoff Lycopen.

5-Elemente-Ernährung Nach der Traditionellen Chinesischen Medizin ist sie wärmend, salzig, zusammenziehend und kann Kälte aus der Mitte vertreiben.

- **Nelke (Gewürznelken)**

Der Name stammt von der nagelförmigen Form der Knospe. Die Gewürznelke wächst auf einem Baum in Gegenden des indischen Ozeans. In unseren Breiten kennen wir sie als Zusatz für Kompotte, Süßspeisen, Punsch und Glühwein.

Im Winter schätzen wir die wärmende Wirkung der Nelke im Punsch und Glühwein.

Westliche Ernährung Schon lange wird die Gewürznelke wegen ihrer erwärmenden, blähungsreduzierenden und desinfizierenden

4

Wirkung geschätzt. Durch den hohen Anteil an Antioxidantien sind Nelken gute Radikalfänger. Weiters besitzen sie eine große Menge an Phenolverbindungen, die antioxidative, entzündungshemmende und gerinnungshemmende Eigenschaften besitzen. Gewürznelken kommen auch bei Zahnschmerzen und Kopfschmerzen zum Einsatz.

5-Elemente-Ernährung   Nach der Traditionellen Chinesischen Medizin sind Gewürznelken warm und scharf. Sie tonisieren das Nieren-Yang, wärmen das Magen-Yang und den mittleren Erwärmer. Einsatzgebiete sind Brechreiz, Appetitmangel, Blähungen, Schluckauf und chronische Reizblase.

▪ Oregano

Das Hauptgewürz der italienischen Küche erfreut sich auch in Österreich sehr großer Beliebtheit. Der heimische wildwachsende Oregano wird auch Dost oder wilder Majoran genannt.

Westliche Ernährung   Oregano ist verdauungsfördernd und entkrampfend. Er beinhaltet viele sekundäre Pflanzeninhaltsstoffe wie Phenole, die freie Radikale fangen können. Er ist reich an Vitamin C und stärkt somit das Immunsystem.

5-Elemente-Ernährung   Nach der Traditionellen Chinesischen Medizin ist Oregano erhitzend und bitter. Er senkt das Lungen-Qi, vertreibt Wind, Kälte und Feuchtigkeit. Oregano wird gerne zur Lösung von Schleim in der Lunge eingesetzt.

▪ Pfeffer

Pfeffer ist ein sehr vielseitiges Gewürz. Erst im Mittelalter hat er den Weg nach Europa gefunden. Es gibt weißen, roten, grünen und schwarzen Pfeffer. Sie stammen alle von derselben Pflanze ab, nur werden sie zu unterschiedlichen Zeiten geerntet und verarbeitet. Grüner Pfeffer ist unreif und wird meist in Salzlake eingelegt. Weißer Pfeffer ist geschälter Pfeffer, und roter Pfeffer stammt von reifen ungeschälten Früchten. Der schwarze Pfeffer wird ebenfalls aus dem unreifen, grünen Pfeffer gewonnen. Er wird durch das Trocknen runzlig und schwarz. Der gemahlene handelsübliche Pfeffer hat einen Großteil seines Aromas bereits eingebüßt.

> **Tipp**
>
> Kaufen sie sich eine Pfeffermühle. Sie ist eine gute Investition, um den ganzen Geschmack des Gewürzes aufnehmen zu können.

Westliche Ernährung Pfeffer besitzt einen hohen Anteil an sekundären Pflanzeninhaltsstoffen wie Flavonoide und Alkaloide sowie ätherischen Ölen. Sie wirken antibakteriell, desinfizierend und entzündungshemmend. Schwarzer Pfeffer wird seit jeher zur Durchblutungsförderung und Verdauungsstimulierung eingesetzt.

5-Elemente-Ernährung Nach der Traditionellen Chinesischen Medizin ist er heiß und scharf. Er löst Qi und Blut Stagnationen, wärmt den mittleren Erwärmer und vertreibt ganz allgemein Kälte.

- **Rosmarin**

Rosmarin stammt ursprünglich aus dem Mittelmeerraum und ist ein lange bekanntes Gewürz und Heilkraut. Es wird auch gerne Salben für Gelenke und Rheuma beigegeben.

Westliche Ernährung Rosmarin steigert den Blutdruck und bringt den Kreislauf wieder in Schwung. Er wurde schon bei den Mönchen zur Steigerung der Konzentrationsfähigkeit und zur Steigerung der Gedächtnisleistung eingesetzt. Die in ihm enthaltene Carnosinsäure schützt das Gehirn vor freien Radikalen. Weiters sind Phytosäuren und viele andere sekundäre Pflanzeninhaltsstoffe, Bitterstoffe, Harze so wie viele ätherische Öle enthalten.

5-Elemente-Ernährung Nach der traditionellen chinesischen Medizin ist Rosmarin warm, leicht bitter und scharf. Er löst Stagnation von Blut und Qi, tonisiert das Nieren- und Milz Qi und Yang. Er kann die Gallensekretion anregen, Herz Blut nähren und die Durchblutung fördern.

- **Safran**

Safran gehört zu den Krokusgewächsen und wird vor allem in Asien und Iran angebaut. Er ist das teuerste Gewürz der Welt, da sich der Preis auf das Endgewicht der feinen Fäden bezieht.

Safran wird mittlerweile in Österreich im Marchfeld angebaut.

Westliche Ernährung Die Inhaltsstoffe Safranol und Picrocrocin sind für den typischen Geschmack und die keimtötende Wirkung zuständig. Safran enthält einen hohen Anteil an Eisen, Kalium, Kalzium, Vitamin C und Carotinoiden und hat einen positiven Einfluss auf die Augen. Er reguliert die Magen-Darm-Tätigkeit und hilft bei Blähungen und Durchfallerkrankungen.

5-Elemente-Ernährung Nach der Traditionellen Chinesischen Medizin ist Safran neutral, bitter, süß und scharf. Er löst Blutstagnation und nährt das Blut.

- **Salbei**

siehe ▶ Tab. 4.4.

4

- ■ **Sezuanpfeffer**

Sezuanpfeffer, auch Bergpfeffer genannt, ist nicht mit dem schwarzen Pfeffer verwandt. Er stammt aus der Provinz Sichuan in China und wird gerne zur Entfeuchtung eingesetzt.

Westliche Ernährung   Sezuanpfeffer enthält viele Amide, die ein Taubheitsgefühl auf Lippen und Zunge hervorrufen. Weiters enthält er viele ätherische Öle, Bitterstoffe und Flavonoide.

5-Elemente-Ernährung   Nach der Traditionellen Chinesischen Medizin ist Sezuanpfeffer warm, scharf und stark aromatisch. Er wird bei Verdauungsbeschwerden und Blasenentzündungen eingesetzt.

- ■ **Thymian**

Thymian ist ein sehr beliebtes Gewürz und Heilkraut. Vor allem die hustenstillende und entzündungshemmende Wirkung macht ihn bei uns so beliebt. In vielen heimischen, aber auch italienischen Speisen findet er Anwendung.

Westliche Ernährung   Thymian ist reich an ätherischen Ölen, und sekundären Pflanzeninhaltsstoffen wie Glykosiden und Gerbstoffen. Diese wirken antibakteriell und antimikrobiell.

Wei Qi wird auch das Abwehr-Qi genannt. Das Wei Qi schützt den Körper vor dem Eindringen eines Krankheitserregers.

5-Elemente-Ernährung   Nach der Traditionellen Chinesischen Medizin ist Thymian warm und bitter. Er wärmt und tonisiert das Nieren- und Magen-Yang, stärkt Lungen-Qi und Wei Qi und löst Hustenkrämpfe.

- ■ **Vanille**

Vanille, auch als Bourbonvanille bekannt, stammt aus den orchideenartigen Blüten dieser Pflanze. In Österreich kennen wir sie nur als Zutat zu Backwaren, Kuchen und Keksen.

Westliche Ernährung   Ursprünglich wurde Vanille als Hausmittel gegen Infektionen, Entzündungen und Fieber verwendet.

> ❯ **Vanille enthält Katecholamine, welche die körpereigene Produktion von stimmungsaufhellenden Eiweißstoffen wie Noradreanlin, Dopamin und Serotonin anregen.**

5-Elemente-Ernährung   Nach der Traditionellen Chinesischen Medizin ist Vanille warm und süß. Sie wirkt anregend auf Magen und Milz.

- ■ **Wacholderbeere**

Wacholder ist eine immergrüne Zypressenart und kann überall wachsen.

Westliche Ernährung   Wacholder wird sehr gerne zur Reduzierung von Wasseransammlungen im Körper und zur Stärkung der Nieren verwendet. Er ist außerdem ein beliebtes Gewürz für Suppen, Wild und Saucen. Wacholder ist reich an Alkaloiden, Bitterstoffen, Gerbstoffen, ungesättigten Fettsäuren und Vitamin C.

5-Elemente-Ernährung   Nach der Traditionellen Chinesischen Medizin ist Wacholder warm, leicht scharf, bitter und süß. Er tonisiert das Nieren- und Milz-Yang, vertreibt Kälte und Schmerzen.

- **Ysop**

Ysop ist mit Thymian eng verwandt. Er gehört zu der Familie der Lippenblütler. Der Namen stammt aus dem hebräischen und bedeutet „heiliges Kraut". Er kommt in Europa, Westasien und Nordafrika vor.

Westliche Ernährung   Ysop ist ein Kraut, das schon lange zur Reinigung, Desinfektion, als Stimmungsaufheller und Entzündungshemmer verwendet wird. Auch bei Husten und Infektionen der Mundschleimhaut wird Ysop gerne gegeben. Er kann in der Küche für Süßspeisen wie auch für Saucen, Suppen und Marinaden, für Fleisch und Fisch eingesetzt werden.

5-Elemente-Ernährung   Nach der Traditionellen Chinesischen Medizin ist Ysop erwärmend, salzig und bitter. Er löst Qi und Blutstagnation, tonisiert den Magen und löst Krämpfe.

- **Zimtrinde**

Zimt stammt aus Ceylon, Südindien oder anderen Gegenden Südostasiens. Wir lieben und kennen Zimt schon lange, vor allem durch Punsch, Glühwein, Zimtschnecken, Kekse und diverse andere Süßspeisen. Seine wärmende Wirkung kommt bei uns in der Winterzeit zum Einsatz.

Im Gegensatz zu dem bei uns herkömmlichen Ceylon-Zimt hat der chinesische Zimt eine andere Wirkung und einen anderen Geschmack. Er senkt sehr gut den Blutzuckerspiegel.

Westliche Ernährung   Zimt wirkt keimtötend gegen Bakterien, Viren und Pilze. Er ist ein bewährtes Heilmittel bei Durchfall, Erkältungen und Verdauungsstörungen. Zimt ist reich an Gerbstoffen, ätherischen Ölen und Cumarin. Für Cumarin gibt es Höchstgrenzen für eine tägliche Aufnahme, da es bei zu hoher Dosierung zu Kopfschmerzen, Leberschädigung, Leberentzündung oder auch Krebs führen kann.

5-Elemente-Ernährung   Nach der Traditionellen Chinesischen Medizin ist Zimt heiß, bitter und süß. Er wärmt das Nieren-Yang und darf in der Schwangerschaft nur mit großer Vorsicht eingesetzt werden.

4

4.2   Zucker und Süßungsmittel

© alex9500 / stock.adobe.com

Braucht der Mensch überhaupt Zucker?
Es würde genügen, wenn wir Getreideprodukte, Kartoffeln und viele andere Nahrungsmittel, die Kohlenhydrate enthalten, zu uns nehmen. Kohlenhydrate bestehen nämlich aus vielen kleinen Zuckerbausteinen, der sogenannten Glukose (siehe dazu ▶ Abschn. 2.2.1). Wichtig beim Thema Zucker ist zu wissen, dass er in vielen Fertigprodukten eingesetzt wird, wie in Wurst, Brot, Suppen und Chips, wo wir ihn niemals vermuten würden. Früher und heute ist Zucker ein wunderbares Konservierungsmittel, um Produkte länger haltbar zu machen, beispielsweise bei Marmelade oder Chutneys.

> ❯ **Man sollte versuchen Zucker, so weit wie möglich zu vermeiden oder zumindest weniger davon einzusetzen.**

4.2.1   Zuckerarten

Zucker bleibt Zucker! Zucker sollte nur in kleinen Mengen gegessen werden.

Im Folgenden werden unterschiedliche Zuckerarten aufgelistet und erklärt.
- **Brauner Zucker** ist eine Sammelbezeichnung für Vollzucker aus der Zuckerrübe, Vollrohr- oder brauner Zucker, die mit Sirup gefärbt und karamellisiert wurden. Daher haben diese Arten auch die braune Farbe. Der Zuckersaft und die Melasse wurden bei diesen Zuckerarten nicht entfernt. Brauner Zucker enthält Saccharose, Vitamin B2 und Eisen.

- **Rohrzucker** und **Rübenzucker** bestehen aus Saccharose. Rohrzucker wird aus dem Saft des Zuckerrohrs gewonnen. Oft wird er auch als Rohzucker abgegeben, dann aufgelöst und erneut kristallisiert. Rübenzucker wird aus dem Saft der Zuckerrübe gewonnen. Er enthält Saccharose, Vitamin B2 und Eisen.
- **Rohzucker** oder **Gelbzucker** ist ein nicht gereinigter Zucker aus der Zuckerrübe oder dem Zuckerrohr. Melasse ist in dem Produkt noch vorhanden und daher auch schlechter haltbar.
- **Traubenzucker** wurde ursprünglich in Trauben entdeckt, daher auch der Name. Traubenzucker besteht ausschließlich aus Glukose.
- **Fruchtzucker** oder auch **Fruktose** ist mit Vorsicht zu genießen. Er ist natürlicher Bestandteil von Früchten, allerdings wird er oft Fertigprodukten, Softdrinks, Shakes und vielen anderen Fertigprodukte in großen Mengen zugesetzt. Er ist süßer als der Haushaltszucker. Aus Studien weiß man mittlerweile, dass Fruktose in einem direkten Zusammenhang mit der Entstehung von Adipositas steht. Er wird außerdem von vielen Menschen nicht gut vertragen und führt zu Verdauungsbeschwerden.
- **Kokosblütenzucker** wird aus den Blüten der Kokospalme gewonnen, auskristallisiert und zerkleinert. Er liefert viele Mineralstoffe wie Kalium, Phosphor, Zink, aber auch Vitamin B und C. Er gelangt langsam ins Blut und kann daher den Blutzuckerspiegel recht konstant halten.

Westliche Ernährung Manche Zuckerarten liefern zumindest Vitamin B2 und einige Mineralstoffe und Spurenelemente wie Eisen. Sie sind somit als etwas gesünder einzustufen als andere. Doch auch hier gilt: Die Dosis macht das Gift.

5-Elemente-Ernährung Brauner Zucker und Vollrohrzucker sind nach der Traditionellen Chinesischen Medizin warm und süß. Zucker tonisiert den mittleren Erwärmer und das Qi. Er hat eine entspannende, Stagnation beseitigende Wirkung. Allerdings führt zu viel Zucker zu Qi-Mangel, vermehrter Ansammlung von Feuchtigkeit und Schleim. Weitere Folgen sind Darmträgheit, Blähungen, Verstopfungen, Akne und viele andere Symptome.

4.2.2   Natürliche Süßungsmittel

Was zählt alles zu natürlichen Süßungsmitteln? Sind sie besser als alle anderen?

Dazu ist zu sagen, dass unser Körper ja nicht weiß, ob es sich um Honig, Haushaltszucker oder Ahornsirup handelt. Unser Stoffwechsel funktioniert immer nach dem gleichen Mechanismus, und

4

Es gibt viele verschiedene Honigarten wie Schleuderhonig, Scheibenhonig und Wabenhonig.

irgendwann ist Zucker immer Zucker, egal, ob es sich um Honig oder Haushaltszucker handelt.

Natürliche Zuckerarten haben teilweise positive Inhaltsstoffe, die beim Verzehr mitgeliefert werden. Doch egal welchen Zucker wir zu uns nehmen, zu große Mengen sollten wir auf keinen Fall konsumieren. In vielen Rezepten kommt man mit einer geringeren Menge Zucker aus als angegeben. Wir tauschen oft die Zuckerarten untereinander aus, um so auch eine größere Vielfalt zu erhalten.

Honig

Honig ist der Nektar von Blüten oder der zuckerhaltige Saft von anderen Pflanzen, den die Bienen aufnehmen und mit körpereigenen Stoffen anreichern, dann in Waben einlagern und ihn dort reifen lassen. Seit 9000 Jahren nutzt der Mensch Honig.

Westliche Ernährung   Honig setzt sich aus Fruktose, Glukose (Traubenzucker), Wasser, Pollen, Mineralstoffen, Proteinen, Enzymen, Aminosäuren und Vitaminen A, B, C, D zusammen. Nur ganz spezielle Sorten wie Gebirgs-, Thymian- und Orangenhonig haben natürliche Wirkstoffe und haben entzündungshemmende Eigenschaften. Diese positive Wirkung kommt durch die Inhaltsstoffe des Ursprungsproduktes zustande. Wichtig ist, dass es Naturhonig ist und dass der Honig nicht pasteurisiert wurde.

5-Elemente-Ernährung   Nach der Traditionellen Chinesischen Medizin tonisiert Honig den mittleren Erwärmer, befeuchtet die Lunge und den Dickdarm wirkt hustenstillend und entgiftend.

Sirupe

Sirupe sind dickflüssige, konzentrierte Lösungen, die durch Kochen eingedickt werden. Durch den hohen Zuckergehalt sind sie auch ohne Kühlung haltbar. Bei Fruchtsirupen werden die Früchte mit Wasser gekocht, entsaftet, gezuckert und zuletzt abgefüllt.

Agavensirup stammt aus Mexico. Der Saft wird erhitzt und eingedickt. Er enthält sehr viel Polysaccharid Inulin und Einfachzucker wie Fruktose. Wegen des hohen Fruktosegehaltes sollte auch Maissirup eher vermieden werden. Beide Siruparten haben einen sehr niedrigen glykämischen Index.

Ahornsirup ist der Saft des Zuckerahorns. Er wird an den Bäumen abgezapft und pur erhitzt, damit es zu keiner Gärung kommt. Er enthält viel Saccharose, Proteine, Mangan, Zink, Apfelsäure und Wasser. Es kommt sehr stark auf die Qualität an. Oft werden viele andere Zusatzstoffe zugesetzt.

Weitere Siruparten sind brauner Reissirup, Kokosblütensirup und Dattelsirup.

4.2.3 Süßstoffe und Zuckeraustauschstoffe

Süßstoffe

Sind Süßstoffe die passende Alternative zu Zucker?
Süßstoffe sind künstlich hergestellte Substanzen, die oft als Ersatz
für Zucker eingesetzt werden. Aspartam, Saccharin und Acesulfam
sind kristalline, süß schmeckende Süßstoffe aus Aminosäuren. Für
alle gibt es eine Empfehlung zur maximalen täglichen Menge, die
aufgenommen werden darf. Saccharin ist dabei der älteste Süßstoff
und schmeckt 300- bis 500-mal süßer als Saccharose, Acesulfam K
hingegen 200-mal süßer als Saccharose.

Stevia

Die aus der Steviapflanze gewonnenen Stevioglykoside sind kalo-
rien- und kohlenhydratfrei und erhöhen den Blutzuckerspiegel
nicht. Allerdings ist Stevia nicht unumstritten und wurde erst 2011
von der EU als Lebensmittelzusatzstoff genehmigt. Ursprünglich
stammt die Pflanze aus Paraguay und wird dort schon lange zur
Süßung und als Medizin eingesetzt. Im Vergleich zu Rübenzucker
ist es 150- bis 300-mal süßer als normaler Zucker.

Westliche Ernährung   Stevia besteht aus Stevioglykosiden. Es ist
nicht kariogen und kann bei Diabetes eingesetzt werden. Stevia
werden blutdrucksenkende, antimikrobielle und gefäßerweiternde
Wirkungen nachgesagt.

5-Elemente-Ernährung   Nach der Traditionellen Chinesischen
Medizin werden Stevia oder andere Süßungsmittel nicht empfohlen. Die Magenschleimhäute könnten angegriffen werden, und
sie kommen meist in sehr hoch verarbeiteten Lebensmitteln zum
Einsatz.

Zuckeraustauschstoffe oder Zuckeralkohole

Zuckeraustauschstoffe steigern den Blutzuckerspiegel langsamer
als normaler Haushaltszucker. Sorbitol, Mannit und Xylit wirken
in höheren Dosen abführend. Sorbit oder auch Sorbitol wird in
der Lebensmittelindustrie viel eingesetzt und im Dünndarm zu
Fruktose verstoffwechselt. Sorbit stammt natürlich aus Früchten
wie Birne, Zwetschke, Apfel, Marille, Pfirsich, industriell aus Mais-
und Weizenstärke. Die Süßkraft ist 40–60 % mehr als Saccharose,
und es kommt zu keiner Insulinausschüttung.

Mannit oder auch Mannitol werden aus Salzpflanzen, Algen
und Pilzen gewonnen und sind natürlich auch in diesen vorhanden. Auch Feigen und Oliven enthalten viel Mannit.

Xylit gehört zu den Zuckeraustauschstoffen und ist auch ein
Zuckeralkohol. Er wird als Birkenzucker bezeichnet. Er hat eine
antikarzinogene Wirkung und ist in vielen Gemüsesorten, Hölzern
(Holzgummi) und Früchten vorhanden. Er hat die gleiche Süßkraft

4

wie Saccharose, es kommt zu einer geringeren Insulinausschüttung, und er wird sehr gerne für Süßspeisen verwendet. Wenn man Xylit zum ersten Mal verwendet, sollte man auf die Verträglichkeit achten, da er im Dünndarm resorbiert wird und abführend wirken kann.

4.3   Verdauungshilfen – Unterstützung für die Verdauung

© jedi-master / stock.adobe.com

Verdauungshilfen unterstützen unseren Darm bei seiner unermüdlichen Arbeit.

Verdauungshilfen helfen dem Verdauungstrakt, die aufgenommene Nahrung optimal zu verdauen. Die Darmtätigkeit wird durch diese Nahrungsmittel gefördert und dadurch beschleunigt und vereinfacht.

Helfer für die Kohlenhydratverdauung sind:

- Essigsauervergorenes: nicht pasteurisierter Essig;
- Milchsauervergorenes: rohes Sauerkraut, Mixed Pickles;
- Fermentiertes:
  - Miso, Sojasauce,
  - Umeboshi-Pflaume oder -Paste, Ume Su;
  - Schwarzer und Grüner Tee – beide hemmen allerdings die Eisenaufnahme!

Helfer für die Eiweißverdauung sind:

- frischer Ingwer, Sellerie (Knolle und Grünes);
- enzymreiches Obst:
  - Mangos, Ananas, Kiwi, Feigen und Papaya;
  - sie enthalten proteolytische Enzyme, die Peptidasen;
  - die Wirkung ist abhängig vom Reifegrad – sie sind nur vollreif wirksam;

- Zitronensaft;
- Sojasauce;
- Espresso besonders bei tierischem Eiweiß.

Helfer für die Fettverdauung sind:
- Kren, Meerrettich, Wasabi,
- Essig,
- Senf,
- Bitterstoffe wie Schwedenbitter, Bitterlikör (Magenbitter),
- Espresso.

Gute Verdauungshelfer für jeden Tag
- Aromatische Kräuter und Gewürze
- Bitterstoffe
- Essig
- Sojasauce und Tamari
- Miso
- Wasabi
- Umeboshi

4.3.1 Aromatische Kräuter und Gewürze

Aromatische Kräuter und Gewürze enthalten ätherische Öle, die die Verdauung anregen.
- Aromatische Gewürze: Koriander, Lorbeerblatt, Kümmel, Zimt, Anis, Kardamom etc.
- Frische aromatische Kräuter: Dill, Basilikum, Kerbel, Schnittlauch, Petersilie, Estragon, Koriander, Kresse, Minze, Bohnenkraut, wenig frischer Ingwer, Rucola, Kresse
- Frühlingszwiebeln
- Außerdem: Zitronen-, Mandarinen-, Orangenschalen, Rettichsprossen

---

Tipp

Frische Kräuter immer kleingehackt über die Speise streuen. Nicht mitkochen, dabei gehen die verdauungsfördernden ätherischen Öle kaputt!

4.3.2 Bitterstoffe

Durch den bitteren Geschmack wird die Sekretion von Speichel und Verdauungssäften aus Magen, Leber Bauchspeicheldrüse und

Die Einnahme von Bitterstoffen ist bei einer Entschlackung im Frühjahr besonders wichtig!

Darm angeregt. Die Motilität von Magen und Darm wird dadurch erhöht. Bitterstoffe sind in Gewürzen, Kräutern, Obst und Gemüse enthalten.

- Bitterstoffe in Gemüse:
    - Artischocke, Chicorèe, Radicchio, Rucola, Karfiol, Endiviensalat, Eisbergsalat, Pastinake, Löwenzahn, grüner Salat, Feldsalat, Rote Rüben, Vogerlsalat, Brennnessel, Olive, Kohlsprossen
- Bitterstoffe in Kräutern/Gewürzen:
    - Heiße Gewürze: Ingwer, Bockshornklee
    - Warme Gewürze: Beifuß, Kardamom, Estragon, Liebstöckel, Kerbel, Lorbeer, Majoran, Rosmarin, Thymian, Paprika, Wacholderbeere, Oregano, Ysop, Mohn, Basilikum, Bohnenkraut, Kakao
    - Kühle Gewürze: Kurkuma, Zitronenmelisse, Holunderbeere, Quitte, Grapefruit, Salbei frisch

4.3.3 Essig

Essig ist ein natürliches Produkt. Es entsteht durch Gärung von zuckerhaltigen Flüssigkeiten. In der Luft befinden sich Essigbakterien, welche den Gärungsprozess auslösen. Man unterscheidet zwischen Obstessig, Weinessig und Balsamicoessig. Um den Essig haltbar zu machen, wird er bis zu 65°C erhitzt, d. h., pasteurisiert. In diesem Essig sind die Essigsäurebakterien nicht mehr aktiv. Essig, der die Verdauung fördern soll, darf nicht pasteurisiert werden. Hochwertiger Essig regt die Produktion von Verdauungssäften an und hilft vor allem bei der Verdauung von Eiweiß (z. B. Hülsenfrüchten). Er sorgt für ein ausgeglichenes Säure-Basen-Verhältnis im Körper. Er wird zur Konservierung von Lebensmitteln verwendet, z. B. für Gurken, Mixed Pickles, Rote-Rüben-Salat.

> **Tipp**
>
> Kaufen Sie nicht-pasteurisierten Bio-Essig im Reformhaus.

4.3.4 Sojasauce

Zur Herstellung von Sojasauce oder Tamari werden Sojabohnen gemahlen, gedünstet und mit geröstetem sowie gemahlenem Reis- oder Weizenschrot gemischt. Durch die Anreicherung mit spezifischen Mikroorganismen entsteht Koji, eine Trockenmaische. Anschließend wird Salz und Wasser zugefügt. Es entsteht ein Brei, der in Japan „moromi" genannt wird. Diese Mischung kommt anschließend in Tanks, in denen das Getreide fermentieren kann. Die

Reifedauer kann zwischen 6 und 8 Monaten, aber auch mehrere Jahre, bei manchen Spitzensaucen sogar bis zu 5 Jahren betragen. Am Ende der Reifeperiode wird die fast fertige Sojasauce in Tücher gewickelt, ausgepresst, gefiltert und zum Schluss pasteurisiert, um eine längere Haltbarkeit zu gewährleisten. Die so langsam entstandenen Fermente unterstützen die Verdauung von Kohlenhydraten und Eiweiß. Nur Sojasauce guter Qualität enthält auch wirklich verdauungsfördernde Fermente und Soja. Viele Sojasaucen werden aus Weizen hergestellt und enthalten überhaupt kein Soja mehr. In kleinen Mengen unterstützen Sojasaucen eine gesunde Darmflora.

Es gibt zwei Sorten von Sojasauce:

- Shoyu: (milder im Geschmack) aus Weizen, Sojabohnen, Wasser, Meersalz
- Tamari: (intensiver im Geschmack) aus Sojabohnen, Wasser, Salz

4.3.5 Miso

Miso ist eine japanische Paste aus Sojabohnen. Zur Herstellung werden gedämpfte Sojabohnen mit gedämpftem Reis oder Gerste in Fässer zum Gären gebracht. Zur Gärung wird der Koji-Schimmelpilz verwendet. Die Fermentierung guter Miso-Produkte dauert 6 Monate bis über 2 Jahre. Miso enthält Eiweiß, Vitamin B2, Vitamin E, Lecithin.

Miso ist im asiatischen Raum lange bekannt und beliebt.

Dunkle Miso-Sorten sind länger fermentiert und salziger. Sie wirken nicht so stark kühlend wie hellere Sorten.

Es gibt verschiedene Misosorten:

- Mamemiso: nur aus Sojabohnen
- Komemiso: aus Sojabohnen und Reis
- Mungimiso: aus Sojabohnen und Gerste

Tipp

Ausschließlich nicht pasteurisierter Essig, Miso, Sojasauce und Tamari haben eine verdauungsfördernde und gesundheitsfördernde Wirkung. Sie dürfen erst am Schluss des Kochvorganges zugefügt werden. Diese Verdauungshilfen sollen nicht mehr mitgekocht werden, sonst geht die verdauungsfördernde Wirkung verloren.

4

4.3.6   Wasabi

Wasabi ist ein japanischer Meerrettich. Er gehört zur Familie der Kreuzblütengewächse und stammt ursprünglich von der japanischen Insel Sochalin. Zum Würzen wird das Rhizom (das Speicherorgan der Pflanze) als Pulver oder Paste verwendet. Die Schärfe entsteht durch flüchtige Senföle, deshalb spürt man eine kurze Schärfe in Nase und Rachen. Wasabi fördert die Fettverdauung.

4.3.7   Umeboshi

Japanisch ume = Pflaume, boshi = trocknen. Die Ume-Früchte werden grün geerntet, in Salz eingelegt und in Holzfässern gelagert. Dort kommt es zur Milchsäurevergärung. Die Früchte werden nach 1–2 Monaten getrocknet. Durch das Salz wird den Früchten Flüssigkeit entzogen. Die Ume-Früchte werden dann in Shiso-Blätter (machen die rote Farbe) gewickelt und wieder in diesen Ume-Sud eingelegt, um weiter zu gären. Ume-Früchte wirken stärkend und verdauungsfördernd, sind gut bei Übelkeit und Reisekrankheit. Der Geschmack ist sauer und salzig. Sie enthalten Eisen und sind gut bei Blutarmut. Es kann die ganze Frucht verwendet werden, es gibt jedoch auch Pasten und Umesu-Gewürzsaucen.

4.4   Superfoods

Superfoods sind natürlich vorkommende Lebensmittel, die einen besonders hohen Gehalt an wertvollen Nährstoffen aufweisen. Sie

© bit24 / stock.adobe.com

enthalten zusätzlich meist auch eine große Menge an Antioxidantien. Hülsenfrüchte, Nüsse, Samen, Getreidesorten, Gemüse, Kräuter, Gewürze, Sprossen und Keimlinge gehören zu dieser Gruppe. Man muss nicht immer in den entferntesten Winkeln der Erde nach ihnen suchen, denn auch bei uns in Österreich gibt es viele verschiedene Superfoods, wie Rote Rüben, Grünkohl, Kraut, Walnüsse und Beeren.

An erster Stelle nach Wasser kommen in der österreichischen Ernährungspyramide Gemüse, Salate, Obst, Wildpflanzen und Kräuter vor. Die tägliche Aufnahme ist für unseren Körper sehr wichtig, da sie unter anderem viele Antioxidantien, wie Vitamin C, E, A und Coenzym Q10 enthalten. In dieser Ebene sind auch sehr viele Superfoods enthalten. Vor allem antioxidatienreiches Obst und Gemüse ist wichtig.

Antioxidantien sind Pflanzeninhaltsstoffe, die freien Radikalen (= ungebundene Sauerstoffmoleküle) entgegenwirken. Freie Radikale schädigen intakte Körperzellen. Sie entstehen durch Stress, Rauchen, exzessiven Sport, schlechte Ernährung etc. Sie kommen gemeinsam mit vielen anderen Pflanzeninhaltsstoffen vor, von denen uns viele noch unbekannt sind. Es ist daher wichtig, die Nahrungsmittel in ihrer Gesamtheit zu essen und nicht isolierte Teile in Form von Nahrungsergänzungsmitteln. Einzelne Bestandteile können ganz anders wirken, als natürlich in einem Nahrungsmittel vorkommend. Antioxidantien wirken Herz-Kreislauf-Erkrankungen und erhöhten Blutfetten entgegen. Sie stärken das Immunsystem und halten uns jung.

> Es gibt Superfoods, die schon in kleinen Mengen einen großen positiven Effekt auf unsere Gesundheit und Vitalität haben.

Wertvolle Superfoods

- Heimische Beeren: Himbeere, Brombeere, Heidelbeere, Preiselbeere, Holunderbeere, Maulbeere, Gojibeere, Aroniabeere
- Nicht heimische Beeren: Physalisbeere, Acaibeere, Maquibeere, Büffelbeere
- Obst: Granatapfel, Dattel, Acerola
- Hülsenfrüchte: Nierenbohnen, Luzerne
- Nüsse: Walnuss, Pinienkerne, Cashewnuss, Maroni, Kakaobohne
- Samen: Hanfsamen, Leinsamen, Chiasamen, Erdmandel, schwarzer und weißer Sesam
- Gräser: Weizen-, Dinkel- und Gerstengras
- Sprossen: Kresse, Brokkoli-, Alfalfa-, Senf- und Rettichsprossen
- Gemüse: Knoblauch, Rote Rübe, Artischocke, Pilze, Olive, Avocado
- Dunkles Blattgemüse: Spinat, Mangold, Kohl

4

- Bittere Blattsalate: Endiviensalat, Rucola, Eichblatt, Radicchio, Löwenzahn, Brennnessel
- Gewürze: Ingwer, Kurkuma, Ginsengwurzel, Macawurzel
- Kräuter: Malven- und Korianderblätter, Petersilie, Labkraut, Spitzwegerich
- Tee: Matcha, Moringa
- Bindemittel: Kuzu
- Algen: Chlorella
- Sonstiges: Spirulina

4.4.1   Algen

Algen sind Wasserpflanzen, und man unterscheidet mehrere große Familien, wobei die wichtigsten Rotalgen, Grünalgen und Braunalgen sind. Nori, Dulse und Agar-Agar gehören zur Gruppe der Rotalgen. Kombu, Arame, Hijiki und Wakame sind die bedeutendsten Vertreter der Braunalgen.

Nicht nur in Asien werden Wasserpflanzen seit Jahrtausenden als Lebensmittel genutzt. Auch europäische Völker, die am Meer lebten, wussten um deren Bedeutung. Kelten und Wikinger schätzten Dulse als nährstoffreiches, kompaktes Nahrungsmittel auf ihren Reisen, während die Briten Nori-Algen in ihren Broten verarbeiteten.

Westliche Ernährung   Aus westlicher Sicht ist besonders der hohe Gehalt an Mineralstoffen und Spurenelementen zu erwähnen, aber auch ihre Schleimstoffe. Sie haben einen hohen Gehalt an Mineralien, Salzen sowie Jod und Fluor. Achtgeben muss man bei Schilddrüsenüberfunktion, da Algen einen Einfluss auf die Schilddrüsenfunktion haben.

5-Elemente-Ernährung   Rotalgen haben nach der Traditionellen Chinesischen Medizin einen Lungenbezug, Braunalgen einen Leber-, Magen- und Nierenbezug.

Algen haben einen salzigen Geschmack und sind thermisch sehr kalt bis kühl. Sinnvoll ist es daher, kleine Mengen kombiniert mit wärmenden Nahrungsmitteln und Gewürzen zu verzehren. Sie kühlen Hitze und Feuer, leiten Feuchtigkeit und Schleim aus und tonisieren das Nieren- und Leber-Yin. Sie stärken Qi und Blut und eliminieren Toxine. In der Traditionellen Chinesischen Medizin werden sie zur Beseitigung von Schleimansammlungen und Verhärtungen sowie und bei Lymphstau eingesetzt.

Agar-Agar eignet sich zum Eindicken von Suppen und Soßen. Alle anderen Algenarten kann man vor allem in Suppen gut mitkochen.

Spirulina ist keine Algenart, es handelt sich dabei vielmehr um Cyanobakterien. Sie sind reich an essenziellen Aminosäuren, Mineralstoffen und ß-Carotin, A, E, B12 sowie Kalzium, Eisen und Magnesium. Sie sind aber auch so kalt wie Algen, man sollte sie daher nicht zu lange einnehmen.

4.5 Getränke

© Cpro / stock.adobe.com

„Getränke" ist ein Sammelbegriff für alle möglichen Arten von Flüssigkeiten, die entweder zum Durststillen, für den Flüssigkeitsbedarf des Körpers oder für den Genuss aufgenommen werden.

4.5.1 Wasser

Wasser ist der wichtigste Bestandteil unserer Ernährung. Ohne Wasser kann der Mensch nicht überleben. Der Mensch besteht zu ca. 70 % aus Wasser, je nach Fettgewebeanteil und Geschlecht. Wir sollten daher pro Tag ungefähr 2 Liter Wasser oder Flüssigkeit zu uns nehmen. Wasser guter Qualität ist das Beste, um unseren Durst zu stillen und den Flüssigkeitsbedarf zu decken. Im Sommer oder beim Sport brauchen wir mehr Flüssigkeit als im Winter.

In der Traditionellen Chinesischen Medizin wird heißes Wasser empfohlen, da es den Stoffwechsel positiv beeinflussen kann. Heißes, abgekochtes Wasser führt einerseits dem Körper Energie und Säfte zu, ohne den mittleren Erwärmer zu belasten, andererseits regt es die Entwässerung und die Verdauungsfunktionen an und wirkt Übergewicht entgegen!

Im Unterschied zu Mineralwasser enthält es keine zugesetzten Mineralien, welche die Nieren belasten können, und auch keine Kohlensäure, die die Magenwände angreifen kann.

Wasser ist das beste Getränk.

4.5.2   Tee

Tee und Kaffee fallen unter die Bezeichnung Genussmittel.

> ❯ Genussmittel sind Nahrungsmittel und Getränke, die nicht primär der Ernährung dienen, sondern aufgrund ihres Geschmacks und ihrer Wirkung konsumiert werden.

Achten Sie auf die Menge an getrunkenem Tee und Kaffee.

Es gibt unendlich viele unterschiedliche Teearten. Einige von ihnen enthalten Teein wie Schwarztee, Grüntee und Jasmintee. Machatee, Kräutertee und Früchtetees enthalten kein Teein.

Grüntee

Grüner Tee entsteht durch das Trocknen von frischen Teeblättern. Im Gegensatz zu schwarzem Tee wird er nicht fermentiert, sondern nur kurz geröstet oder über kochendem Wasser gedämpft. Nach dem Rollen wird er bei ca. 70°C getrocknet. Die Farbe bleibt dadurch erhalten. Es gibt unzählig viele unterschiedliche Arten wie z. B. Jasmintee. Er ist vor allem in China, Japan und Indonesien beliebt. Weitere bekannte Grünteearten sind aus China Gunpowder und aus Japan Sencha und Matchatee.

Westliche Ernährung   Grüner Tee ist reich an Koffein, welches im Tee auch als Teein bezeichnet wird. Catechine und Theanin sind für den typischen Geschmack verantwortlich. Weitere Inhaltsstoffe sind Vitamin A, B, C, Kalzium, Phosphor, Kupfer, Zink, Nickel und Carotinoide. Gerbstoffe sind im Grüntee in größerer Menge vorhanden als im Schwarztee.

5-Elemente-Ernährung   Grüner Tee wirkt kühlend und fördert die Verdauung. Er kann Schleim lösen, entgiften und den Cholesterinspiegel senken. Bei Kältesymptomatik, Herzklopfen und Schlafstörungen sollte er nicht getrunken werden. Auch Vegetarier und Veganer sollten diesen Tee nicht zu oft konsumieren, da er zu stark abkühlend wirkt.

> ❯ Gerbstoffe werden auch als Tannine bezeichnet und sind sekundäre Pflanzeninhaltsstoffe. Sie können besonders bei nervösem Magen beruhigend wirken. Ein Nachteil ist, dass Gerbstoffe die Verfügbarkeit von Nahrungseisen herabsetzen, da sie mit dem Eisen schwer lösliche Komplexe bilden.

Oolong

Oolong ist ein halbfermentierter Tee, der geschmacklich zwischen Grüntee und Schwarztee liegt.

Kukichatee

Kukichatee wird aus den Stängeln und Blattrippen des Teestrauches des japanischen Grüntees hergestellt. Der Name bedeutet auch Stängeltee. Diese Sorte wird aus den Überresten von Sencha und Gyokuro zusammengemischt. Die Teeblätter werden erst nach 3 Jahren geerntet und dann 4-mal geröstet, bevor sie verpackt werden. Es handelt sich um einen basischen Tee, der weniger Teein enthält, dafür viele Mineralstoffe. Er kann auch noch spätabends getrunken werden, ohne einen Einfluss auf den Schlaf zu haben.

Zubereitung: Der Tee wird je nach Qualität zwischen einigen Minuten und 10 Minuten mit geschlossenem Deckel gekocht und dann abgeseiht. Je mehr Blätter man verwendet und je länger man ihn kochen lässt, umso stärker wird er.

Schwarztee

Bei Schwarztee werden die gepflückten, gewelkten Blätter gerollt, um die Zellwände aufzubrechen. Danach wird er in Gärkammern bei 35–40°C 2–3 Stunden fermentiert und bei 85°C getrocknet. Pu Er Tee ist eine Schwarzteevariante. Generell ist er thermisch warm, süß und bitter. Er kann Nässe und Feuchtigkeit ausleiten, vertreibt Kälte und Bauchschmerz und wird bei Harnverhalten und Reizblase eingesetzt.

Ein bekanntes Mittel gegen Durchfall ist Schwarztee mit Orangensaft und einer Prise Salz. Er wirkt stopfend vor allem bei allen Arten von Reisedurchfall.

Kräutertee

Kräutertees können aus vielen verschiedenen Pflanzenteilen zubereitet werden, wie Blüten, Früchten und getrockneten Blättern. Kräutertees enthalten viele Vitamine, Mineralstoffe und eine Vielzahl von sekundären Pflanzeninhaltsstoffen. Wichtig dabei ist, dass jedes Kraut eine Wirkung hat und Kräutertees als Medizin eingesetzt werden. Daher gilt, dass auch Kräutertees nicht unbestimmte Zeit getrunken werden sollen, sondern dazwischen eine Pause eingelegt werden sollte (▶ Abschn. 4.1.10).

◙ Tab. 4.4 gibt eine Übersicht über die wichtigsten heimischen Kräutertees.

4.5.3 Kaffee und Getreidekaffee

Kaffee

Kaffee fällt wie Tee unter die Bezeichnung Genussmittel. Kaffee wird aus gerösteten Kaffeebohnen, den kirschähnlichen Samen der Steinfrüchte, gewonnen. Diese werden vor dem Rösten geschält und getrocknet, danach vermahlen. Der qualitativ beste Kaffee ist Espresso, Filterkaffee greift die Magenschleimhäute mehr an. Beim Rösten entwickelt sich das typisch bittere Aroma.

Westliche Ernährung Die wichtigsten Inhaltsstoffe von Kaffee sind Koffein, Niacin, Kalium, Kalzium, Magnesium, Phosphor, sekundäre Pflanzeninhaltsstoffe Polyphenole wie die Chlorogensäure. Chlorogensäure ist für die erhöhte Produktion der Salzsäure

4

◻ Tab. 4.4   Übersicht über die wichtigsten Kräutertees

Teesorte	Pflanzenteil	Wirkung
Brennnesseltee	Blätter	Harntreibend, entgiftend, vertreibt Feuchtigkeit aus Lunge und unterem Erwärmer, bei Gicht, Arthritis, Bronchitis, Zystitis
Birkenblättertee	Blätter	Kühlt Hitze, entgiftet, löst Feuchtigkeit auf und fördert die Harnausscheidung
Chrysanthemen-blütentee	Blüten	Klärt Augen und Hitze, bei Fieber, Kopfschmerzen, Migräne
Eibischwurzel	Wurzel	Kühlend und süß, befeuchtet das Lungen-Yin, befeuchtet zähen Bronchialschleim und fördert das Aushusten
Fencheltee	Früchte des Gewürzfenchels	Bei Übelkeit, Erbrechen, Magenschmerzen, blähungslindernd
Hagebuttentee	Früchte der Hagebutte	Reguliert Verdauung, fördert Durchblutung, reduziert Feuchtigkeit; Achtung: nicht bei Magenproblemen
Himbeerblättertee	Blätter	Stärkt die Gebärmutter, wirkt regulierend auf Menstruation, krampflösend, trocknet feuchte Hitze
Holunderblütentee	Blüten	Entzündungshemmend, schweißtreibend
Johanniskraut	Blätter, Blüten	Antidepressive Wirkung, bewegt Qi und Blut, löst Feuchtigkeit
Kamillentee	Blüten	Magen- und Darmerkrankungen lindernd, entzündungshemmend, Kopfschmerzen, rote Augen
Lindenblütentee	Blüten	Fiebersenkend, schweißtreibend, hustenreizlindernd, bei Halsentzündungen
Löwenzahntee	Blüten und Blätter	Klärt Hitze und Feuchtigkeit, bei Blasenentzündung, Abszessen, löst Stagnationen
Melissentee	Blätter	Krampf- und blähungslösend, schmerzstillend, beruhigend, schlaffördernd
Pfefferminztee	Blätter	Bei Fieber, Kopf- und Halsschmerzen, Verdauungsproblemen, Magenschmerzen, vorbeugend bei Erkältungen
Salbeitee	Blätter	Bei Durchfall, Kopfschmerzen, Sinusitis, Laryngitis, PMS
Schafgarbe	Blätter	Kühlend, scharf, bitter und zusammenziehend, vertreibt pathogenen Faktor – Beginn einer Erkältung, tonisiert Magen
Spitzwegerich	Blätter	Kühlend, bitter, zusammenziehend, Lungenschleimhaut, antibiotische Wirkung
Wermutkraut	Blätter, Stängel	Kühlend, scharf, bitter, tonisiert den Magen, fördert Verdauung, löst Krämpfe

des Magens verantwortlich und sollte daher bei Magen- und Darmbeschwerden nicht vermehrt getrunken werden.

5-Elemente-Ernährung   Kaffee ist Qi-regulierend und -bewegend und kann Hitze und Feuchtigkeit ausleiten. Er ist warm und bitter, dadurch regt er die Verdauung an. Kaffee führt zu Unruhe, Nervosität, Schlafstörungen, Herzklopfen und Schweißausbrüchen. Er wirkt weiters harntreibend, gegen Müdigkeit, bei niedrigem Blutdruck und regt die Diurese an.

Getreidekaffee

Getreidekaffe wird aus den gerösteten Pflanzenteilen unterschiedlicher Pflanzen gewonnen. Gerste, Roggen, Dinkel, Zichorien, Zuckerrübe und Feigen dienen als Rohstoffe für den Kaffee. In Geruch und Geschmack ähnelt er Kaffee. Bei den meisten Sorten handelt es sich um Kaffeeersatz-Mischungen, die aus mehreren Zutaten bestehen. Er wirkt so wie Kaffee harntreibend, appetitanregend und Feuchtigkeit und Hitze ausleitend.

Schon Hildegard von Bingen hat diese Art von Kaffee empfohlen.

4.5.4 Kakao

Kakao wird aus den Samen des Kakaobaumes gewonnen. Dabei werden den reifen Früchten die weißlichen Bohnen entnommen. Diese werden dann bis zu 20 Tage fermentiert. Weiters werden sie getrocknet und in den Konsumländern geröstet. Bei diesem Prozess entwickeln sich die braune Farbe und das typische Aroma. Die Kakaobohnen enthalten ca. 50 % Fett, 15 % Eiweiß, Stärke, Magnesium, Histamin, Gerbstoffe, sekundäre Pflanzeninhaltsstoffe, Flavonoide, Alkaloide und Koffein.

Kakao stärkt das Herz und die Milz, regt den Appetit an und entgiftet, senkt den Blutdruck und kann bei Schlafstörungen eingesetzt werden. Die enthaltenen Flavonoide haben eine kardioprotektive Wirkung. Kakao kann auch als Mittel gegen Stress eingesetzt werden, allerdings nur in geringen Mengen.

4.5.5 Kokoswasser

Kokoswasser wird aus der jungen grünen Kokosnuss gewonnen, indem man ihr den Kopf abschneidet und mit einem Strohhalm den Saft trinkt. Je jünger die Kokosnuss, desto mehr Kokoswasser erhält man. Mittlerweile gibt es das Kokoswasser bei uns in frischer Form samt Kokosnuss oder im Tetrapack zu kaufen. Es ist fast fettfrei, kalorienarm, reich an sekundären Pflanzeninhaltsstoffen, Enzymen, Vitamin B, C, Folsäure, Kalium, Magnesium, Natrium und Chlor. Kokoswasser enthält 50 % Glukose und 15 % Fruktose und ist ein sehr gutes isotonisches Getränk. In der Traditionellen Chinesischen Medizin ist es ein Jing-Tonikum.

4

4.5.6   Säfte

Gekaufte Obstsäfte sind meist eine sehr süße Angelegenheit, die einen sehr hohen Fruchtzuckeranteil oder sogar noch Zucker zugesetzt haben. Frisch gepresste Säfte sind eine gute Alternative zu Cola und Co. und werden in der Traditionellen Chinesischen Medizin auch zu therapeutischen Zwecken verwendet, wie z. B. der Birnensaft zur Stärkung der Lunge.

Weiters gibt es Muttersäfte oder Direktsäfte, die aus der ersten Pressung mit 100 % Fruchtgehalt entstehen. Es werden dazu meist sehr säurereiche, aromatische Früchte wie Beeren, Acerola, Sanddorn und Granatapfel verwendet. Sie können verdünnt oder mit Apfelsaft getrunken werden. Das Einzige, was verloren geht, ist ein Großteil der Ballaststoffe, allerdings bleibt ein Maximum an natürlichen Inhaltsstoffen erhalten.

4.5.7   Alkohol

Alkohol sollte in medizinischen Dosen eingesetzt werden und kann bei der Zubereitung von Gerichten beim Kochen, Backen etc. verwendet werden. Je nach Rohprodukt und Alkoholgehalt ist er warm bis heiß und hat einen scharfen, süßen und zum Teil bitteren Geschmack. Er hat vielfältige Wirkweisen. Generell kann man sagen, dass Alkohol die Durchblutung fördert, Kälte reduziert und den Appetit anregt. Er löst Stagnationen und hat dadurch eine entspannende Wirkung.

Eigenschaften verschiedener alkoholischer Getränke
- Bier ist süß und bitter, kühlend bis kalt.
- Weizenbier kühlt und beruhigt.
- Malzbier wirkt stark kräftigend und aufbauend (in der Rekonvaleszenz – z. B. verquirlt mit Ei).
- Most ist sauer und kühlend, bewahrt und tonisiert die Säfte.
- Weißwein ist meist säuerlich und trocken, unterstützt das Yin.
- Rotwein wirkt wärmend, tonisiert das Yang, vor allem das Yang der Nieren.
- Wermut und Kräuterliköre regen die Verdauungssäfte an, fördern den Appetit, lenken und wärmen das Magen-Qi.
- Liköre werden mit Kräutern versetzt zur Medizin.
- Scharfe Schnäpse und Brände lösen Qi-Stagnationen und vertreiben innere Kälte.

Genussvolles Kochen und Rezepte für Ihre Gesundheit

Inhaltsverzeichnis

Vom Einkauf bis zur Zubereitung

© Springer-Verlag GmbH Deutschland, ein Teil von Springer Nature 2019
V. Ottenschläger, C. Radbauer, *Ea(s)t meets West – Fit und gesund mit der Westlichen 5-Elemente-Ernährung*
https://doi.org/10.1007/978-3-662-56050-1_5

In diesem Kapitel geben wir einen Überblick über optimalen Einkauf, Lagerung von Lebensmitteln und ihre Haltbarmachung. Wir zeigen, dass jeder von uns die Umwelt schonen und bewusst nachhaltiger leben kann. Die Ressourcen unserer Erde sind endlich, daher müssen wir das auch im täglichen Alltag bedenken. Schonende Zubereitungsarten liefern uns besonders viele Nährstoffe. Das ist für unsere Gesundheit enorm wichtig. Denn es geht darum, jeden Tag gute und ausreichend Nährstoffe aufzunehmen. Damit für Kochen und Zubereitung weniger Zeit benötigt wird, geben wir Ihnen Tipps und Anregungen für ein einfaches, schnelles und gesundes Essen.

5.1   Vorratsschrank füllen

Legen Sie einen gut gefüllten Vorratsschrank an. Sie profitieren davon, wenn es einmal schnell gehen soll. Sie können rasch gute und gesunde Gerichte zaubern, ohne extra einkaufen zu gehen. Die Befüllung beginnt mit einem cleveren Einkauf.

5.1.1   Der optimale Einkauf

Wer richtig plant, wirft weniger weg und spart Geld.

Oft ist der Einkauf schon eine Herausforderung. Wir sind umzingelt von Produkten und Verpackungsmaterial. Wer hat da noch den Durchblick?

> **Tipp**
>
> Beachten Sie einige wichtige Punkte beim Einkaufen!
> - Machen sie sich eine Einkaufsliste.
> - Großpackungen nur kaufen, wenn man sie aufbraucht oder teilen kann.
> - Saisonale und regionale Lebensmittel haben einen kurzen Transportweg – weniger CO_2 wird freigesetzt.
> - Umweltschonend erzeugte Produkte und Bio-Produkte sparen schädliche Düngemittel für Erde und Tiere.
> - Stofftasche mitnehmen! Überlegen Sie, wie viele Plastiktaschen Sie sparen können!
> - Offene Nahrungsmittel kaufen! Sie machen weniger Müll.
> - Plastik vermeiden! Das schont die Umwelt.
> - Nicht hungrig einkaufen gehen.

5.1.2 Wie lege ich einen Vorratsschrank an?

© belchonock / Getty Images / iStock

Lange Haltbares: sauber und trocken lagern
- Getreide: Reis, Dinkel, Gerste, Hirse, Hafer, Vollkornnudeln, Mehle, am besten Vollkorn, Getreideflocken, Gries, poliertes Getreide – z. B. Dinkelreis, Rollgerste
- Nüsse, Kerne und Samen: Walnüsse, Mandeln, Haselnüsse, Hanfsamen, Sesam, Mohn…
- Getreidedrinks: aus Reis, Kokos, Mandel, Hafer…
- Hülsenfrüchte: Bohnen, Linsen, Kichererbsen…
- Tomatendose, Kichererbsen und Bohnen im Glas, Pestos…
- Süßungsmittel: Honig, Ahornsirup, Birnendicksaft…

Lange Haltbares: sauber, trocken lagern < 25°C
- Getrocknete Früchte: Datteln, Rosinen, Maulbeeren, Heidelbeeren, Berberitzen…
- Gewürze und getrocknete Kräuter
- Öle: Olivenöl, Rapsöl, Weizenkeimöl, Walnussöl, Kokosfett… Öle nach Öffnen schneller verbrauchen, kaltgepresste Bio-Öle in dunklen Flaschen im Kühlschrank aufbewahren!
- Essig: nicht pasteurisierter Essig enthält Essigsäurebakterien, sie fördern die Verdauung (siehe ▶ Abschn. 4.3.3)

Ein gut befüllter Vorratsschrank spart Zeit und Nerven!

- Tamari, Miso, Tahin, Mandelmus
- Sojageschnetzeltes, Lupinien, Seitan
- Kartoffeln (dunkel lagern), Zwiebeln, Knoblauch, frischer Ingwer und Kurkuma – 2–3 Wochen haltbar; gut im Keller oder in der Speis haltbar

Frische Nahrungsmittel: im Eiskasten lagern (siehe auch ▶ Abschn. 5.1.3)
- Milch und Milchprodukte/Käse
- Eier
- Butter
- Fleisch, Fisch und Wurst

5.1.3 Lagerfähigkeit von Nahrungsmitteln

© Andrey Popov / stock.adobe.com

Eine optimale Lagerung kann Nahrungsmittel länger und frischer halten!

Eine optimale Lagerung ist wichtig! Sowohl frische als auch länger haltbare Nahrungsmittel verderben bei schlechter Lagerung schneller. Krankheitserreger wie Pilze oder Bakterien können die Lebensmittel schneller befallen.

> **Tipps**
>
> - Leicht verderbliche, frische Nahrungsmittel rasch nach Hause bringen. Dann sofort in den Eiskasten geben!
> - Fisch, Fleisch oder tiefgekühlte Lebensmittel immer mit Kühlsackerl transportieren.

> - Wenn die Kühlkette nur kurz unterbrochen wird, vermehren sich Bakterien schnell, z. B. Salmonellen im Hühnerfleisch.
> - Die Art der Lagerung hat einen Einfluss auf die Haltbarkeit
> - Im Eiskasten: Kräuter in feuchte Tücher wickeln, Fleisch, Fisch, Tofu und Wurst in Folien vakuumverpacken, Gemüse und Salat in Frischeboxen mit Siebboden; kühle und dunkle Lagerung erhält Vitamine
> - Trocken lagern: Getreide, Teigwaren, Mehl, Nüsse/Kerne/Samen in luftdichten Gläsern oder Vorratsdosen mit gutem Verschluss, Konserven in den Küchenkasten oder in die Vorratskammer als Schutz vor Schädlingen!

5.1.4 Haltbarmachung von Nahrungsmitteln

Formen der Haltbarmachung

Bei **physikalischen Verfahren** werden Keime abgetötet oder am Wachstum gehindert. Die Konserven können im Regal oder in der Vorratskammer aufbewahrt werden. Mögliche Verfahren zur Haltbarmachung sind hier:

- Sterilisation oder Einkochen bei starker Hitze > 100°C, Keime und Sporen werden abgetötet, bei trockener Lagerung über Jahre haltbar; im Backrohr, Kochtopf, Dampfgarer oder Weckomat für Obst, Gemüse und Fleisch
- Pasteurisation: Hitze 75–100°C; Sporen leben, Haltbarkeit maximal einige Tage bis Wochen; für Gemüse, Früchte und Milch
- Kühlung: Lebensmitteln wird Wärme entzogen bis 0°C, chemische und mikrobiologische Prozesse werden eingedämmt
- Gefrieren: Wärme wird bis -18°C entzogen; Lebensmittel können je nach Sorte bis zu 1 Jahr aufbewahrt werden, nicht geeignet sind Eier, Salat, Gurken, Joghurt und Pudding
- Trocknen: älteste Form der Konservierung, Wasser wird entzogen, bei trockener Lagerung über Monate haltbar; für Kräuter, Obst, Gemüse, Fisch und Fleisch
- Räuchern: durch die entstehende Wärme wird dem Nahrungsmittel Wasser entzogen; für Fisch, Wurst und Fleisch
- Vakuumieren: Lebensmittel wird in eine luftdichte Folie verpackt, die Luft in der Folie wird entzogen, damit wird der Verderb verlangsamt, die Haltbarkeit wird je nach Nahrungsmittel für Tage bis Wochen verlängert
- Bestrahlen: mit Röntgen- oder Gammastrahlen; umstritten

Selbst Haltbargemachtes ist frei von Zusatz- und Konservierungsstoffen. Ein Übermaß an Zucker kann vermieden werden!

Beim **chemischen Verfahren** werden natürliche Stoffe eingesetzt, um die Haltbarkeit zu verlängern:

- Salzen: NaCl in der Höhe 2 %, in Salzlake einlegen oder mit Salz einreiben; für Fleisch, Fisch, Wurstwaren und Kräutersalz
- Zuckern: mindestens 50 % Zucker, für Sirup, Gelee, Marmelade und kandierte Früchte
- Säuern: pH-Wert < 5 %, für Gemüse und Sauerkraut
- Alkohol: 14–20 % Alkohol, für Obst-Rumtopf
- Einlegen in Öl – für Kräuter und Gemüse

Einfaches und schnelles Haltbarmachen

■ Pasteurisieren

Gläser müssen sauber sein! Sonst kommt es zu einem leichteren Schimmelbefall.

Schraubverschlussgläser mit kochend heißer Speise fast voll füllen, fest verschließen, abkühlen lassen und sofort in den Kühlschrank stellen. Sie halten dann ca. 2 Wochen, wenn ein Vakuum entstanden ist.

■ Einlegen in Öl

Pestos aus Kräutern: Frische Kräuter mit Olivenöl, eventuell auch mit Nüssen oder Kernen fein pürieren, in kleine Schraubgläser füllen und mit Öl bedecken. Pestos sind max. 2–3 Wochen im Eiskasten haltbar.

■ Einsalzen

Kräutersalz und Suppenwürze: 6 Teile feinpürierte Kräuter + 1 Teil Salz in kleine Schraubgläser füllen, für die Suppenwürze auch Karotten, Sellerie, Lauch, Zwiebel dazu. Man kann die Suppenwürze im Kühlschrank aufbewahren und für Suppen, Salat und für Gemüse statt Salz verwenden.

■ Was bedeutet „milchsauervergoren"?

Hierbei handelt es sich um eine Art des Säuerns, bei der durch die Aktivität bestimmter Mikroorganismen, nämlich der Milchsäurebakterien, der Geruch und der Geschmack des Lebensmittels verändert wird. Diese sehr alte Konservierungstechnik ist für die Herstellung von Sauerkraut in Europa seit dem 1. Jahrhundert n. Chr. bekannt. Sie hat im asiatischen Raum eine große Bedeutung z. B., das Kimchi in Korea.

Prinzipiell ist jedes Gemüse dafür geeignet: Oliven, Sauerkraut, Gurken, Weißkohl, Artischocken, Rotkohl, Steckrüben, Gemüsepaprika, Möhren, Rote Rüben, Sellerie, Kapern, grüne Bohnen, Pilze, Silberzwiebeln.

Teilweise bleiben die Vitamine erhalten. Milchsauervergorenes wirkt verdauungsfördernd, besonders auf Kohlenhydrate.

5.2   Die Zubereitung von Speisen

5.2.1   Schonende und vitaminreiche Zubereitungsarten

© Jérôme Rommé / stock.adobe.com

Was nützt das beste Nahrungsmittel ohne Nährstoffe? Nahrungsmittel sind wertvoll. Eine schonende Zubereitung erhält wichtige Nährstoffe. Unsere Speisen sind auch leichter verdaulich. Welche Zubereitungsarten wofür geeignet sind, fassen wir im Folgenden zusammen.

Die Zubereitung von Speisen und ihr Nährstoffgehalt wirken sich täglich auf unsere Gesundheit aus.

Schonende Zubereitungsarten im Überblick
- Gemüse und Sprossen dämpfen, dünsten oder blanchieren
- Gemüse bissfest kochen oder anbraten – im Wok oder in der Pfanne
- Gemüse, Fleisch, Fisch und Süßkartoffeln garen in der Folie oder im Backpapier „en papilotte"
- Fleisch mit Niedrigtemperatur garen im Backrohr
- Fisch auf Backblech, bedeckt mit Kartoffeln und Gemüse – „alla Lucia"
- Fischfilet von einer Seite anbraten, bis es gar ist
- Fische pochieren – schonendes Garen im Fischfonds oder Suppe
- Frische Kräuter zum Schluss dazugeben oder über Speise streuen
- Wichtig: Obst, Gemüse und Kräuter so frisch wie möglich kaufen, am besten direkt vom Garten oder Feld

5

Welche Nährstoffe bleiben beim Kochen erhalten?

— Mineralstoffe und Spurenelemente: sind hitzestabil wie Kalzium, Eisen, Zink... (siehe ▶ Abschn. 2.2.2)
— Vitamine (siehe ▶ Abschn. 2.2.2):
  — Fettlösliche Vitamine – A, E, D und K sind hitzestabil
  — Wasserlösliche Vitamine – B und C sind hitzelabil
  — Nach ca. 35–40 Minuten Kochen ist etwa die Hälfte der wasserlöslichen Vitamine denaturiert
  — Bei Kraut und Kohl wird das Vitamin C erst durch das Aufspalten der Zellen mit Hilfe der Fermentation freigesetzt
— Eiweiß: Beim Garen werden die einzelnen Aminosäuren aufgespalten und vom Darm resorbiert, siehe ▶ Abschn. 2.2.1
— Kohlenhydrate: werden ebenfalls beim Garen in Einfach- oder Mehrfachzucker aufgespalten, siehe ▶ Abschn. 2.2.1
— Fette: sind hitzestabil, ausgenommen sind kaltgepresste Öle – Entstehung von Benzpyren bei starker Erhitzung und Braten/ Grillen, siehe ▶ Abschn. 2.2.1

Histamin

- Sogenanntes biogenes Amin entsteht durch den Abbau der Aminosäure Histidin
- Manche Menschen können Histamin im Darm nicht abbauen; sie leiden an einer Histamin-Intoleranz. Die Beschwerden sind unterschiedlich – wie Nesselausschlag, verstopfte Nase, Übelkeit, Magen- und Darm-Schmerzen, Kreislaufkollaps
- Mit zunehmender Lagerungsdauer steigt der Histamingehalt
- Histamin ist hitze- und kältestabil – durch Kochen, Mikrowelle, Einfrieren oder Backen nicht zerstörbar
- Histaminintoleranz entsteht durch Mangel an histaminabbauendem Enzym (Desaminooxidase) im Darm
- Sehr hohe Histaminzufuhr in Speisen wie z. B. Salami, Rotwein, Tomaten, Parmesan

---

In der 5-Elemente-Ernährung gilt es, die eigene Konstitution mit saisonalen, regionalen Nahrungsmitteln und mit erwärmender oder kühlender Zubereitung zu stärken (siehe ▶ Abschn. 1.4.2 und 1.4.3). Mit der geeigneten Kochmethode können Sie Ungleichgewichten in Ihrem Körper entgegenwirken und jahreszeitliche Temperaturschwankungen ausgleichen.

> **Tipp**
>
> Verwenden Sie bei Bio-Obst und Gemüse auch die Schale. Unter der Schale befinden sich wertvolle Vitamine und Mineralstoffe. Äpfel separat lagern, sie setzen Ethylen frei. Das lässt anderes Obst schneller reifen und auch verderben.

5.2.2 Gute Küchenhelfer sind wichtig

Wer jeden Tag kocht, die Speisen vitaminreich und schonend zubereiten will, der braucht ein gutes „Werkzeug" griffbereit und stabil.

Bringen Sie Ihre Messer am besten an einer magnetischen Küchenleiste an, dann haben Sie das richtige Messer schnell zur Hand! Auch ein stabiler Pürierstab, scharfe Schäler und ein gutes Sortiment an Schüsseln und Töpfen sparen Zeit und helfen bei der optimalen Zubereitung.

Küchenmaschinen können den Alltag erleichtern. Unsere Erfahrung ist, dass Küchenmaschinen im Schrank nichts bringen. Optisch schöne Geräte in der Küche geben ein professionelles Bild und sparen Aus- und Einräumzeit. Bauen Sie die Elemente zusammen, die Sie häufig verwenden, das spart Zeit beim Kochen.

Sparen Sie nicht bei guten Küchengeräten! Achten Sie beim Kauf auf beste Qualität.

5.2.3 Lebensmittel sind wertvoll

Eine nachhaltige Verwertung unserer Nahrungsmittel schont die Umwelt und spart Geld. Leider zu oft werfen wir Speisereste oder fast abgelaufen Nahrungsmittel in den Müll.

Lebensmittel einfach wegwerfen? Nein, danke! Eine Verschwendung von Geld und Ressourcen unserer Umwelt.

Reste verwerten

Wenn etwas übrig bleibt, werden Sie kreativ! Was können Sie tun? Wie kann man Lebensmittel verarbeiten?

- Überreifes Obst:
  - Kuchen, Mus, Kompott, Chutney, Marmelade
- Gemüsereste/Kräuterreste:
  - Pesto, Salate, Brotaufstriche
  - Kartoffeln (ungeschält, gekocht): Tortillas
- Getreidereste:
  - Aufläufe, Salate

Abgelaufene Lebensmittel sind häufig nicht verdorben. Überzeugen Sie sich selbst, bevor Sie ein Lebensmittel in den Mülleimer werfen!

- Wie lange sind Reste haltbar?
  - innerhalb von 2–3 Tagen verzehren
  - nicht zu oft aufwärmen
  - Reis innerhalb von einem Tag (Sporen!) verzehren
- Was mache ich mit aufgetauten Lebensmitteln oder Speisen?
  - müssen gegessen werden; nicht wieder einfrieren

5

Mindesthaltbarkeits- und Verfallsdatum

Das Mindesthaltbarkeitsdatum gibt an, wie lange ein Lebensmittel auf alle Fälle haltbar ist, ohne an Farbe, Geruch und Textur zu verlieren. Nahrungsmittel sind nach Ablauf meist noch längere Zeit verzehrbar. Überprüfen Sie die Nahrungsmittel selbst durch Riechen, Schmecken und Aussehen auf Verderblichkeit.

Nach dem Verfallsdatum hingegen dürfen Lebensmittel nicht mehr verzehrt werden. Sie sind krankheitserregend. Das Verfallsdatum wird bei leicht verderblichen Produkten wie Fleisch, Faschiertem, Huhn, Fisch, Wurst etc. angegeben.

5.2.4 Einfach, schnell und gesund kochen

© heinteh / Getty Images / iStock

Wir geben Ihnen Anregungen und Tipps für eine schnelle und gesunde Ernährung für jeden Tag!

Unsere Zeit ist kostbar! Dennoch wollen wir uns gesund ernähren. Einfach und schnell zubereitete Speisen helfen im Alltag.

Ideen fürs Büro und für Zuhause

Wenn eine Kochmöglichkeit im Büro vorhanden ist:
- Bio-Mischungen aus dem Reformhaus oder selbst gemischte Variationen
  - Reis und Quinoa
  - Hirse mit roten/gelben Linsen mit Gewürzen und frischem Gemüse
  - Risotto mit getrockneten Pilzen und Gewürzen
  - können auch im Reiskocher zubereitet werden
- Fisch/Huhn in Folie oder Backpapier
  - mit Kräutern, frischem Gemüse, Süßkartoffeln und Olivenöl im Backrohr
  - Es entsteht kein Geruch!

- Vorgeschnittenes Gemüse und Tofu dämpfen – auf einen Einsatz im Topf oder im Reiskocher garen
- Linsen/Kichererbsen vorgekocht aus dem Glas, Vollkornnudeln mit Pesto und Sesamsalz

---

Tipp

Bio-Obst und -Gemüse kann mit der Schale gekocht werden.

Speziell für die Arbeit

Wasserkocher bei der Arbeit:
- Misosuppe Instant (Reformhaus) mit fein geschnittenem Gemüse, Reisnudeln und Gewürzen nach Wahl
- Couscous mit fein geschnittenem Gemüse und Bio-Kichererbsen/Bohnen oder Mais aus dem Glas
- 2-Minuten-Polenta als Beilage z. B. von Gemüsesalat, Wraps, Spießen, Eintöpfen

Kleinen Vorrat in der Arbeit anlegen:
- Getreide-Hülsenfrüchte-Variationen – Reis/Quinoa- oder Hirse-Mischungen mit Linsen und Kernen/Samen; Gewürzmischungen; Nüsse-Kerne-Samen-Mischungen; Trockenfrüchte-Nuss-Mischungen
- Bei gekauften Mischungen immer auf Zusatzstoffe, Zucker und Fett achten!
- Gewürzsalz, Sesamsalz, Bio-Öle (Walnuss, Kürbiskern, Traubenkern etc.), nicht pasteurisierter Essig, Pestos, Tamari, Sojasauce, Chutney

Auf hochwertige Produkte achten:
- Reformhaus, teilweise auch bei Einkaufsketten
- Soviel wie möglich Bioprodukte kaufen
- Beim Erstkauf Anleitung lesen – E-Nummern, gehärtete Fette, Palmöl, Zucker und Fettgehalt, oft Schummelei bei Kalorien und Gewicht!
- Besonders bei fertigen Mischungen auf Bioprodukte wertlegen und auf Konservierungsstoffe achten

Schnelle Küche zu Hause

Legen Sie sich einen Vorrat für die schnelle Küche zu Hause an:
- Bio-Kichererbsen, Bohnen und Mais vorgekocht im Glas
- Fertige Getreide/Hülsenfrüchte-Mischungen oder selbst gemischt
- Trockenfrüchte/Nuss-Mischungen, Müsliriegel
- Toppings – Samen/Trockenfrüchte Mischungen für den Frühstücksbrei
- Falaffelmischung, Risottomischungen

5

- Frühstücksbrei und Crunchys
- Suppenvariationen, Cups für 1 Portion, Suppenbeutel
- Einkornmischungen
- Bratlinge – Grünkern, Linsen mit Gemüse
- Pastasaucen und Pestos im Glas
- Aufstriche: verschiedene Variationen vegetarisch oder vegan im Glas oder in der Dose
- Muffin- und Kuchenmischungen, Kekse
- Mais/Quinoa-Waffeln und Knäckebrote
- Schnell kochendes Getreide: Couscous, Bulgur, Schnellkoch-Hirse, Quinoa, Amarant, 2-Minuten-Polenta, weißer Reis

„To go" – einfach zum Mitnehmen!

Individuell planen:
- Je nach bestehenden Möglichkeiten – Job, Weg zur Arbeit, Kochmöglichkeit bei der Arbeit etc.
- Je nach Persönlichkeit und Vorlieben

Speise/Warmhalte-Thermos:
- Speise zu Hause warm einfüllen, hält bis zu 6 Stunden warm, am besten aus Metallgehäuse mit Einsatz
  Mitnehmen in Gläsern – wichtig: sauber und dicht!
- Vorgekochte Speisen: Eingekochtes – Obst und Gemüse, Suppen, Eintöpfe; Eingelegtes – Mixed Pickles, Rote-Rüben-Salat, Karotten, Kraut …; Pesto
- Frisch gekocht: Porridge fürs Frühstück, Suppen, Eintöpfe, Aufstriche, Dressings, Tabouleh, Gemüsesalate, Kompotte, Mus, Röster

Jausen-Boxen: Achtgeben auf Dichtheit!
- Wraps (Tortillas) mit Huhn oder Fisch geräuchert, Bio-Graved-Lachs
- Spieße – Fleisch oder Fisch
- Frittata, Auflauf, Muffins, Waffeln, harte Eier, Trockenfrüchte-Nuss-Mix, Hirse/Reis-Bällchen

Rezepte für Ihre Gesundheit

© Springer-Verlag GmbH Deutschland, ein Teil von Springer Nature 2019
V. Ottenschläger, C. Radbauer, *Ea(s)t meets West – Fit und gesund mit der Westlichen 5-Elemente-Ernährung*
https://doi.org/10.1007/978-3-662-56050-1_6

6

Foto: © Christina Anzenberger-Fink

In der westlichen 5-Elemente-Ernährung geht es um Gesunderhaltung und Wohlbefinden. In diesem Sinne haben wir unsere Rezepte ausgewählt. Sie sollen den Alltag erleichtern und trotzdem ausgewogen und saisonal sein. Wir haben uns Mühe gegeben, Rezepte zu verwenden, die leicht nachgekocht werden können. Symbole weisen den Weg und geben wichtige Hinweise zu den Speisen. Es wird bei jedem Rezept der Standpunkt unserer westlichen 5-Elemente-Ernährung näher erläutert. Wichtig ist uns, dass die Kulinarik und der Genuss dabei nicht zu kurz kommen. Menschen sollen Freude am Kochen bekommen und sich dabei auch noch etwas Gutes tun. Wirklich leckeres und gesundes Essen muss nicht kompliziert sein. Man muss sich manchmal einfach nur trauen, es auszuprobieren.

6.1 Genuss und Spaß am Kochen

Für uns ist Kochen eine sehr kreative und auch entspannende Tätigkeit. Man kann den stressigen Alltag hinter sich lassen und die Gedanken auf etwas Schönes konzentrieren. Auch sind der Kreativität keine Grenzen gesetzt. Neue Rezepte und Geschmacksvariationen tun der Seele gut. Nach getaner Arbeit, kommt dann die Belohnung – eine leckere Speise, die in der ganzen Familie für gute Stimmung sorgt. Auch der Genuss kommt nicht zu kurz! Wir essen mit allen Sinnen – riechen, schmecken, tasten. Auch der Anblick von raffiniert garnierten Speisen ruft Wohlbefinden hervor.

6.2 Rezepte nach Nahrungsmittelgruppen

Die Zutaten sind in unseren Rezepten mit unterschiedlichen Mengenangaben versehen. Bitte verstehen Sie diese als Richtwerte. Manchmal muss die eine oder andere Speise auch noch nachgewürzt werden. Einige Lebensmittel werden nur als Stückzahl angegeben, damit Sie eine Größenordnung haben, an die Sie sich halten können.

Der Geschmack der Speisen hängt von dem Reifegrad der Nahrungsmittel und ihrer Qualität ab. Lebensmittel aus biologischem Anbau und reif geerntetes Gemüse und Obst schmecken anders als unreif geerntete Nahrungsmittel, die ihr volles Aroma noch nicht entfalten konnten. Auf diese Merkmale sollte man Acht geben.

Da es uns sehr wichtig ist, wollen wir an dieser Stelle noch einmal das Frühstück für einen gesunden Start in den Tag erwähnen (siehe dazu auch ▶ Abschn. 1.7). In der Früh und zum Mittag sollten drei Viertel der Tagesenergie aufgenommen werden. Wenn man das beachtet, kommt man erst gar nicht in die Verlegenheit, am Abend zu viel und zu schwer zu essen. Damit ist auch der Grundstein für einen guten Schlaf gelegt. Normalerweise geht man von drei Mahlzeiten aus. Je nach Lebensphase sollte man diese Frequenz anpassen. Im höheren Alter und bei chronischen Krankheiten werden häufiger kleinere Mengen verzehrt. Man sollte darauf achten, dass man regelmäßig Essen zu sich nimmt, aber nicht zu oft und auch nicht nebenher. Nicht nur was man zu sich nimmt entscheidet über die Qualität einer Mahlzeit, sondern auch, wie man das tut. Dabei kann man einige Dinge beachten.

Tipps

- Man sollte sich Zeit nehmen für das Essen.
- Stress beim Essen sollte man vermeiden.
- Das Essen gut kauen. Bis zu 20-mal Gekautes erhöht die Verdaubarkeit.
- Nicht nebenbei essen wie beim Fernsehen, neben dem Computer, beim Radiohören oder Lesen.
- Essen Sie nicht im Stehen oder Gehen.
- Wenn Sie essen, tun Sie es mit allen Sinnen und voller Konzentration.

6

6.3 Köstliche Rezepte – Variationen

Abkürzungen der Maßeinheiten

EL Esslöffel
TL Teelöffel
Msp Messerspitze
L Liter

Abkürzungen der Elemente

H Holz
F Feuer
E Erde
M Metall
W Wasser

Icons

 Frühstück

 Mittagsessen

 Abendessen

 Vegetarisch

 Schnelle Küche

6

Zur Erläuterung:

Guten Morgen   Das Frühstück gibt Kraft und Energie für den ganzen Tag. Es soll gekocht, kohlenhydratreich, süß oder pikant sein. Nach einem warmen Frühstück kann eine Scheibe Brot oder Gebäck, am besten getoastet, verzehrt werden. Eine Tasse heißes Wasser oder warmer Gewürztee vor dem Frühstück stärkt die Mitte und fördert die Verdauung.

Mittagstisch   Das Mittagessen spendet Kraft und Ausdauer. Idealerweise besteht es aus 50 % gekochtem Gemüse, 25 % tierischem oder pflanzlichem Eiweiß und 25 % Kohlenhydraten. Eine kleine Schüssel Salat sorgt für die Aufnahme von wasserlöslichen und hitzelabilen Vitaminen. Zuvor kann ein Teller Suppe gegessen werden.

Abendessen   Das Abendessen sollte leicht verdaulich sein und nicht zu spät eingenommen werden, ca. 2 Stunden vor dem Zubettgehen. Gekochtes Gemüse, Suppen, Eintöpfe und etwas Fisch eignen sich besonders gut. Kleine Mengen Eiweiß und Kohlenhydrate runden das Abendessen ab und machen satt. Sollten Sie noch Hunger haben, helfen eine kleine Handvoll Nüsse oder eine Tasse Tee.

Veggie   Unter Veggie haben wir alle Speisen eingeordnet, die kein Fleisch oder Fisch enthalten. Milchprodukte und Eier sind bei unseren Veggie-Gerichten enthalten. Sie werden von Ovo-Lacto-Vegetariern verzehrt.

Schnelle Küche   Für die schnelle Küche haben wir eine Zubereitungszeit von maximal 30 Minuten als Richtwert angesetzt.

6.3.1   Getreidegerichte

© Sondem / stock.adobe.com

6

Element Holz
Fastenspeise des Buddha
Für 4 Personen

Zutaten

H	1 Bund Petersilie fein gehackt
F	½ TL Bockshornklee
F	1 Bund Koriander gehackt
E	200 g Brokkoli
E	5 Shiitake-Pilze
E	100 g Strohpilze
E	1 kleine Gurke
E	1–2 Karotten
E	100 g Wasserkastanien
E	2 EL Öl zum Braten
E	1 EL Sesamöl
E	1 TL Vollrohrzucker (in der Fastenzeit weglassen)
M	etwas Reiswein
M	½ TL Koriander
M	Sezuanpfeffer
W	2 TL Sojasauce
W	1 TL Salz (in der Fastenzeit durch Tamari ersetzen)

Beilage

H	Dinkelreis oder
M	Basmatireis

■ **Zubereitung**

Shiitake-Pilze säubern, Stiele und harte Stellen abschneiden, dann einweichen. Brokkoli waschen, in Salzwasser blanchieren, am Rand eines Tellers als Ring anrichten und warmstellen. Strohpilze halbieren, Wasserkastanien abspülen, Gurke in Stücke schneiden, Karotte schälen und schräg in dicke Scheiben schneiden. In einem Wok Öl erhitzen und die Shiitake-Pilze braten, bis sie duften. Die anderen Zutaten wie Karotten, Wasserkastanien und Pilze zugeben. Die Gurken kommen in den letzten 5 Minuten dazu. 1 knappe Tasse Pilz-Einweich-Wasser zugeben. Mit dem Reiswein und den Gewürzen verfeinern und auf mittlerer Flamme schmoren lassen, einige Male wenden. Die Petersilie und den Koriander fein hacken. Zum Schluss mit Sojasauce abschmecken und im Brokkoli Kranz mit der Petersilie und dem Koriander anrichten. Dinkelreis dazu reichen.

■ **Wirkung**

5-Elemente-Ernährung   Baut Qi und Blut auf, stärkt die Mitte, stärkt das Immunsystem, harmonisiert und entfeuchtet.

Westliche Ernährung Reich an Vitamin B, D, K, Folsäure, Biotin, Kalium, Kalzium, Magnesium, Phosphor, Eisen, Zink, Kupfer und Fluor, Glykosinolate, wirkt basisch.

> **Tipp**
>
> Dieses Gericht eignet sich sehr gut im Zuge einer Fastenkur im Frühling.

Element Feuer
Quinoa-Tabouleh

Für 4 Personen

Zutaten

H	3–4 EL Zitronensaft
F	150 g Quinoa braun
E	3 Karotten mittelgroß
E	3–4 EL Hanfsamen geschält
E	5–6 EL Hanföl
E	4 EL Sesam weiß oder schwarz
M	3–4 Radieschen
M	1 Bund Koriander grün
H	1 Bund Petersilie
W	2 EL Bio Tamari

Variationen

H	2–3 EL Berberitzen
F	Feta-Schafskäse

Garnitur

H	Sprossen nach Wahl

■ **Zubereitung**

Quinoa mit der doppelten Menge an Wasser ca. 15–20 Minuten köcheln lassen oder im Reiskocher zubereiten. 5–10 Minuten nachquellen lassen.

Inzwischen Radieschen und Karotten fein hacken oder mit der Küchenmaschine raspeln. Den frischen Koriander klein hacken. Den gekochten Quinoa in eine Schüssel geben und alle anderen Zutaten beifügen. Abschmecken und zum Schluss mit den Sprossen, Schafskäse oder Berberitzen je nach Geschmack dekorieren.

6

- **Wirkung**

5-Elemente-Ernährung   Tonisiert Qi und Blut, Stärkt Yin und Yang der Nieren.

Westliche Ernährung   Reich an Vitamin B, C, β-Carotin, Eisen, Kalium, Magnesium, Mangan, vollständige Eiweißquelle, alle essenziellen Aminosäuren vorhanden, besonders Lysin, stark antioxidativ.

> **Tipp**
>
> Trinken Sie vor dem Frühstück eine Tasse Tee mit wärmenden Kräutern.

Element Erde
Polentascheiben mit gerösteten Pilzen und Peperonata

Für 3–4 Personen

Zutaten Polenta

H	Saft ¼ Zitrone
F	1 kleine Prise Kurkuma
E	2 Tassen Polenta
E	1 Stück Butter oder Ghee
M	1 Prise Muskat
W	10–14 Tassen Wasser
W	etwas Salz

Zutaten Geröstete Pilze

H	Saft ½ Zitrone
H	1 Bund Petersilie
F	1 Prise Paprika süß
E	½ kg Pilze gemischt (Shiitake, Champignon, Steinpilze oder Eierschwammerl)
E	1 EL Olivenöl zum Braten
E	1 Stück Butter/etwas Leinöl oder Walnussöl kaltgepresst
M	1 mittelgroße Zwiebel
M	1 Prise Pfeffer
M	1 Prise Kümmel
M	2 cm Ingwerscheibe geraspelt
W	1 Prise Salz

Zutaten Peperonata

H	2 Tomaten groß
H	Balsamicoessig
E	3 Paprika rot
E	2 EL Zucker braun
E	2 EL Olivenöl
M	1 Zwiebel klein
M	2 Knoblauchzehen
M	½ Chilischote klein
M	1 Prise Pfeffer
W	1 Prise Salz
W	1 Schuss Wasser
	1–2 EL gehackte frische Kräuter (F – Thymian, M – Majoran, M – Basilikum) oder getrocknet (F – Thymian, F– Rosmarin, F– Oregano)

■ **Zubereitung Polenta**

Polenta in einen Topf mit heißem Wasser geben. Mit einer Prise Salz, Muskat, Kurkuma und einem Schuss Zitronensaft zum Kochen bringen. Ein Stück Butter unterrühren und so lange kochen, bis die Polenta weich ist und das Wasser verdampft ist. Je nach Polenta ist es manchmal nötig, noch mehr Wasser zuzugeben. Ständig rühren, da sonst die Polenta anbrennt und es zu stark spritzt. Die fertige Polenta in ein Keramikgefäß oder Tupperware füllen und erkalten lassen. Dann in Scheiben schneiden und im Rohr aufbacken oder in der Pfanne rösten. Wer es noch gerne etwas cremiger mag, der kann zu Beginn der Zubereitung einen Schuss Milch zugeben.

> **Tipp**
>
> Polenta kann süß oder salzig gegessen werden.

■ **Zubereitung geröstete Pilze**

Zwiebel putzen, klein schneiden und in einer Pfanne mit etwas Öl glasig rösten. Die klein geschnittenen und gewaschenen Pilze, etwas geraspelten Ingwer und die Gewürze dazugeben und alles gemeinsam goldbraun braten. Am Schluss ein kleines Stück Butter oder etwas Öl (kaltgepresste Öle nicht mehr erhitzen) zugeben und mit der gewaschenen und gehackten Petersilie bestreuen.

> **Tipp**
>
> Bei Pilzen darf man nicht so viel Wasser verwenden. Sie saugen sich sonst zu sehr an. Sie werden am besten mit einem kleinen Messer von Schmutz und Erde befreit und dann kurz abgespült.

6

- **Zubereitung Peperonata**

Zwiebel und Knoblauch schälen, fein hacken, in Olivenöl anrösten. Paprika klein würfeln, dazugeben und kurz mitbraten. Tomaten ebenfalls klein würfeln und unterrühren. Chili samt Kernen klein schneiden. Zucker, wenig Balsamicoessig, etwas Wasser, Chili und Kräuter unterrühren und köcheln, bis die Paprika weich sind (ca. 20 Minuten auf niedriger Flamme). Mit dem Stabmixer kurz mixen, sodass die Peperonata schön cremig, aber noch etwas stückig ist. Mit Salz und frisch gemahlenem Pfeffer abschmecken.

- **Wirkung**

5-Elemente-Ernährung Baut Qi und Yin auf, stärkt die Mitte, vor allem den Magen, harmonisiert und entfeuchtet, Nässe ausleitend, bei Schmerzen, vor allem Gelenksschmerzen.

Westliche Ernährung Reich an Vitamin B1, A, Provitamin D, Kalium, Eisen, Kupfer, diuretisch, cholesterinsenkend.

> **Tipp**
>
> Für ein ausgewogenes Mittagessen kann man das Rezept mit Fleisch, Fisch oder Hülsenfrüchten kombinieren.

Element Metall
Rotkraut-Risotto mit Pecorino und gerösteten Walnüssen

Für 4 Personen

Zutaten Rotkraut

H	1 Bio-Orange
H	3 EL Preiselbeerkompott
H	1 EL Balsamicoessig
H	Saft ½ Bio-Zitrone
F	300 ml Rotwein
F	Schale 1 Bio-Orange geraspelt
E	1 Kopf Rotkraut klein
E	4 EL Vollrohrzucker
E	2 EL Olivenöl
E	1 Prise Zimt
E	1 Apfel würfelig geschnitten
M	½ TL Kümmel
M	½ TL Nelken gemahlen
M	Pfeffer
W	Salz

Zutaten Risotto

H	2 Gläser Weißwein
H	2 EL Balsamicoessig
F	Thymian frisch
E	1 L klare Gemüsesuppe
E	2 EL Olivenöl
E	4 EL Butter
E	50 g Walnüsse gehackt und trocken geröstet
M	400 g Risotto Reis
M	1 große Zwiebel, geschält und fein gehackt
M	1–2 Knoblauchzehen, geschält und fein gehackt
W	100 g Pecorino gerieben
M	¼ TL Kümmel
M	½ TL Thymian
M	1 Prise Pfeffer
W	Salz nach Geschmack
W	Wasser

- **Ablauf**

Zuerst das Rotkraut zubereiten und auf den Herd stellen (Gardauer ca. 1½-2 Stunden). Während das Rotkraut köchelt, mit dem Risotto beginnen.

Walnüsse hacken und in einer beschichteten Pfanne trocken rösten und beiseite stellen.

- **Zubereitung Rotkraut**

In einem großen Topf Olivenöl erhitzen, Vollrohrzucker zugeben und das in feine Streifen geschnittene Rotkraut karamellisieren und kurz anrösten. Mit Rotwein und Wasser aufgießen. Zitronensaft, Balsamicoessig, Salz, Pfeffer, Kümmel, Nelken, Orangenschale und Saft, kleingeschnittenen Apfel und etwas Zimt zugeben. Die Preiselbeeren unterrühren. Den Deckel auf den Topf geben und die Hitze etwas reduzieren. Das Kraut sollte zumindest 1½ Stunden köcheln. Danach mit Salz und Balsamicoessig nachwürzen.

- **Zubereitung Risotto**

Suppe zum Kochen bringen. In einem zweiten Topf das Olivenöl und 1 EL Butter erhitzen, die Zwiebeln und den Knoblauch bei niedriger Hitze ca. 5–10 Minuten darin dünsten. Sie sollten dabei keine Farbe annehmen. Den Reis dazugeben und die Temperatur erhöhen.

Den Reis so lange rühren, bis er etwas glasig wird, dann den Weißwein zugeben. Solange weiter rühren, bis sich der Alkoholdunst verzogen hat.

Sobald der Wein in den Reis eingezogen ist, schöpferweise Suppe und Wasser zugeben. Mit etwas Salz, Kümmel, Thymian

6

und Pfeffer würzen. Weiters Zitronensaft dazugeben. Die Temperatur so weit reduzieren, dass der Reis nur leicht blubbert. Weiter schöpferweise Suppe oder Wasser zugeben, dabei aber immer warten, bis die Flüssigkeit wieder aufgesogen wurde, und dann erst nachgießen. Das fertige Rotkraut und den Balsamicoessig zugeben und weiter köcheln. Probieren Sie nach etwa 15 Minuten, ob die Reiskörner weich sind. Sie sollten aber trotzdem noch etwas Biss haben.

Den Topf vom Herd nehmen, Parmesan reiben und gemeinsam mit der restlichen Butter unterrühren. Den Deckel daraufgeben und etwas ziehen lassen.

> **Tipp**
>
> Das Risotto anrichten: Mit Thymianzweigen und den gerösteten Walnüssen garnieren.

■ **Wirkung**

5-Elemente-Ernährung   Qi tonisierend und stärkend, Niere, Milz und Magen stärkend, Blut bewegend und tonisierend und wärmend, wärmt besonders kalte Füße.

Westliche Ernährung   Reich an Vitamin B, C, E, Folsäure, Ballaststoffen, essenziellen Aminosäuren, Eisen, Kalzium, Magnesium, Zink, Glykosinolaten, Flavonoiden, blutreinigend, Blutgefäße schützend, antioxidative Eigenschaften.

> **Glykosinolate sind sekundäre Pflanzeninhaltsstoffe. Sie sind verantwortlich für Geruch und Geschmack (▶ Abschn. 2.2.3).**

Element Wasser
Kräuterhirse

Für 4 Personen

Zutaten

H	3 EL Petersilie
F	1 TL Salbei frisch
F	1 TL Thymian frisch
E	300 g Hirse
M	1 Prise Pfeffer
M	½ Zwiebel
M	2 Knoblauchzehen
W	½ L Wasser
W	1 TL Nori-Flocken (Algen)
W	1 Prise Salz

┌─ **Garnitur** ──────────────────────────────────────┐
│ H   Petersilie gehackt, nach Belieben   │
└───┘

■ **Zubereitung**

Hirse am besten einige Stunden oder über Nacht in reichlich Wasser einweichen. Das Einweichwasser abgießen.

Zwiebel und Knoblauch fein hacken. Mit allen übrigen Zutaten, einschließlich der Hirse, in einem Topf mit dem Wasser bei geschlossenem Deckel zum Kochen bringen. Dann die Temperatur zurückdrehen und bei geringer Hitze ca. 20–30 Minuten ausquellen lassen. Bei Bedarf noch etwas Wasser zufügen. Mit frischer Petersilie garnieren.

■ **Wirkung**

5-Elemente-Ernährung   Kühlend, stärkt Nieren, Magen und Milz.

Westliche Ernährung   Reich an Vitamin C, β-Carotin, Kalzium, Kalium, Natrium, Eisen, Magnesium, Ballaststoffen, mehrfach ungesättigten Fettsäuren, antioxidative Wirkung.

┌───┐
│ **Tipps**   │
├───┤
│ − Gelbe Hirse liefert viel β-Carotin, rote Hirse liefert viele   │
│   Anthocyane.   │
│ − Kann auch zum Mittagessen als Beilage verzehrt werden.   │
└───┘

6.3.2   Salate

© Joshua Resnick / stock.adobe.com

Salate eignen sich besonders gut als Beilage zum Mittagessen. Sie liefern wertvolle Vitamine und Mineralstoffe. Große Schüsseln mit rohem Salat sind schwer verdaulich, besonders abends.

Element Holz
Wildkräutersalat mit Tahin-Vinaigrette und Hanföl

Für 4 Personen

MITTAGS TISCH   SCHNELLE KÜCHE   VEGGIE

┌─ **Zutaten Wildkräutersalat** ─────────────────

4 Handvoll frische Frühlingssalatblätter-Mix: F – Radicchio, F – Löwenzahn, F – Rucola, H – Spinat
2 Handvoll Wildkräuter-Mix: H – Sauerampfer, F – Kerbel, M – Bärlauch, F – Brennnessel, H – Petersilie, H – Vogelmiere, M – Kresse)
E   4 Karotten mittelgroß
M   4 Stück Frühlingszwiebeln

┌─ **Zutaten Dressing** ─────────────────

H   1 Spritzer Zitronensaft
E   2 EL Tahin (Sesammus)
E   2–3 EL Hanföl
M   1 Prise Schwarzer Pfeffer
M   1 EL Koriandersamen
M   1 Bund Schnittlauch
W   1 EL Tamari

┌─ **Garnitur** ─────────────────

H   2 Handvoll Sprossen, je nach Belieben
E   4 EL Samen (Schwarzkümmel, schwarzer Sesam, weißer Sesam)

■ **Zubereitung Dressing**

Koriander in einem Mörser oder in einer Mühle zerkleinern, Tamari, Pfeffer, Tahin und einen Spritzer Zitronensaft gut mischen. Zuletzt das Hanföl dazu gießen und zu einer homogenen Paste verarbeiten. Beiseite stellen.

■ **Zubereitung Wildkräutersalat**

Die Karotten schälen und stifteln, dann in etwas Wasser kurz blanchieren. Die fertigen Karotten beiseite stellen. Blattsalate und Kräuter gut waschen und trocknen, am besten mit einer Salatschleuder. Die Salate in mundgerechte Stücke schneiden. Die Kräuter von den Stielen zupfen und, wenn nötig, ebenfalls zerkleinern. Die Frühlingszwiebeln in Ringe schneiden und die weißen Teile in einer Pfanne mit etwas Öl goldbraun rösten. Die grünen Teile als Garnitur für den Salat aufheben und beiseite stellen. Blattsalate, Kräuter, Karotten und geröstete Zwiebeln mischen, mit dem Dressing übergießen und anrichten. Mit Schnittlauch und grünen Zwiebelringen garnieren, die Samen und Sprossen darüberstreuen.

▪ **Wirkung**

5-Elemente-Ernährung   Qi, Blut und Yin tonisierend, Leber stärkend, Schleim auflösend, Hitze ausleitend, blutreinigend, verdauungsregulierend.

Westliche Ernährung   Vitamin C, B, E, K, Eisen, Natrium, Kalium, ungesättigte Fettsäuren (Linolsäure, Palmitinsäure), Ballaststoffe, Bitterstoffe, harntreibend, gegen Zahnfleischbluten, bei Blähungen und Völlegefühl.

Element Feuer
Rote Rüben-Apfel-Salat

Für 4 Personen

Zutaten Salat

F	600 g Rote Rüben
E	2 Äpfel

Zutaten Dressing

H	80 ml Balsamicoesslg
F	1 Prise Pfeffer
E	40 ml Apfelsaft
E	60 ml Traubenkernöl
M	1 Prise Koriander
W	Salz oder Bio-Tamari nach Geschmack

▪ **Zubereitung**

Die Roten Rüben waschen, weich kochen, schälen und würfelig schneiden. Die Äpfel ebenfalls schälen und würfeln.

Die Zutaten fürs Dressing mischen und abschmecken. Dann das fertige Dressing mit den Roten Rüben und den Äpfeln mischen. Mit Salz abschmecken und servieren.

▪ **Wirkung**

5-Elemente-Ernährung   Baut Blut und Säfte auf, stärkt das Yin.

Westliche Ernährung   Reich an Vitamin A, B, C, Kalzium, Kalium, Eisen, Magnesium, Ballaststoffe, cholesterinsenkend.

Element Erde
Kürbis-Avocado-Dattel-Salat

Für 4 Personen

Zutaten Salat

H	6 Stück Tomaten getrocknet, in Öl eingelegt
H	1 Handvoll Baby-Spinatblätter
F	5 Handvoll Salatmix aus Blattsalat, Radicchio, Rucola
E	150 g Babysaitlinge
E	2 EL Olivenöl
E	2 Stück Avocado
E	½ Muskatkürbis aus dem Ofen
M	4 Frühlingszwiebeln
M	1 TL Koriander gemahlen
M	1 TL Fenchel gemahlen

Garnitur

E	4 EL Pinienkerne geröstet

Zutaten Dressing

H	2 EL Balsamicoessig, nicht pasteurisiert
H	1 Spritzer Zitronensaft
E	2 EL Olivenöl
E	2 Datteln getrocknet
M	1 Prise Chili getrocknet
M	Schwarzer Pfeffer
M	Frühlingszwiebeln, grüne Teile
W	Salz

- **Zubereitung Dressing**

Aus folgenden Zutaten bereitet man ein Dressing zu: 2 EL Olivenöl, Balsamicoessig, etwas Zitronensaft, Salz, fein gemahlener Chili,
Pfeffer, klein geschnittene Datteln und grüne Teile der Frühlingszwiebeln, in feine Ringe geschnitten. Das Dressing kann dann beiseite gestellt werden.

6

■ **Zubereitung Salat**

Den Kürbis von der Schale und den Kernen befreien und in Würfel schneiden. Koriander und Fenchel in einem Mörser oder in einer Mühle zerkleinern und zusammen mit 1 EL Olivenöl über den Kürbis geben. In einer Auflaufform ins Rohr schieben. Ca. 20 Minuten bei 250°C im Rohr belassen, bis der Kürbis goldbraun wird. Dann herausnehmen und auskühlen lassen.

In einer Pfanne die Pinienkerne goldbraun trocken rösten.

Die weißen Teile der Frühlingszwiebel in Ringe schneiden und in einer Pfanne gemeinsam mit den geputzten Saitlingen und etwas Öl rösten. Die Avocados schälen, entkernen und in Stücke schneiden. Die getrockneten Tomaten klein schneiden.

Blattsalate waschen, in mundgerechte Stücke zerteilen. Blattsalate, Kürbis, Pilze, Avocados und Tomaten zusammen auf einem Teller anrichten. Mit dem Dressing marinieren und zum Schluss mit den Pinienkernen bestreuen.

■ **Wirkung**

5-Elemente-Ernährung   Qi, Blut und Yin tonisierend, Leber und Milz stärkend, Schleim auflösend, Hitze ausleitend, kühlend, blutreinigend, verdauungsregulierend.

Westliche Ernährung   Reich an Vitamin C, B, E, β-Carotin, Eisen, Natrium, Kalium, ungesättigten Fettsäuren, Ballaststoffen, Bitterstoffen; Bitterstoffe sind harntreibend.

Element Metall
Wintersalat mit Orangen-Vinaigrette

Für 4 Personen

Zutaten Wintersalat

E	300 g Karotten
E	200 g Gelbe Rüben (= gelbe Karotten)
E	2 reife Avocados
M	1 rote Zwiebel
	2 Handvoll frische Wintersalatblätter wie F – Radicchio, F – Chicoree, F – Rucola

Zutaten Paste

H   1 Schuss Balsamicoessig, nicht pasteurisiert

F   Schwarzer Pfeffer

E   2 TL Fenchel

E   Olivenöl

M   2 TL Kreuzkümmel

M   2 TL Koriandersamen

M   1–2 Chilischoten klein, getrocknet (Achtung auf Schärfe)

M   2 Knoblauchzehen

M   4 Zweige Thymian frisch

W   Meersalz

Zutaten Vinaigrette

H   1 Bio-Orange

H   1 Bio-Zitrone

H   Balsamicoessig, nicht pasteurisiert

E   Olivenöl

E   1–2 EL Walnusskernöl

W   Salz

Garnitur

H   2 Schalen Kresse oder andere Sprossen

E   4 EL Samen (Schwarzkümmel, schwarzer Sesam, weißer Sesam)

▪ Zubereitung Paste

Kreuzkümmel, Koriander, Chili, Salz, Pfeffer, Thymian und Fenchel in einem Mörser fein reiben, zum Schluss den Knoblauch zugeben und zerreiben. Zuletzt das Olivenöl eingießen, einen Schuss Essig hinzufügen und zu einer homogenen Paste rühren.

▪ Zubereitung Vinaigrette

Die gebackenen Orangen und Zitronen in eine kleine Schüssel auspressen und die gleiche Menge Olivenöl zugeben. Salz, Pfeffer, einen Schuss Essig sowie Walnusskernöl zugeben und verrühren.

▪ Zubereitung Wintersalat

Den Backofen auf 180 °C vorheizen. Die Karotten und Gelbe Rüben in mundgerechte Stücke schneiden und in kochendem Wasser blanchieren, bis sie etwas weicher sind. Abtropfen lassen und auf ein Backblech legen.

Die blanchierten Karotten und Gelben Rüben mit den Zwiebeln auf ein Blech legen und mit der Paste vermischen. Das Gemüse soll gut bedeckt sein. Die halbierte Orange und Zitrone mit der Schnittfläche nach unten auf das Blech legen und alles für ca. 25 Minuten ins Rohr schieben, goldbraun braten lassen.

Inzwischen die Avocados halbieren, schälen und entkernen. Längs in Spalten schneiden mit etwas Zitronensaft beträufeln, damit sie nicht braun werden. Gemeinsam mit dem gegarten Gemüse aus dem Backofen in eine Schüssel geben.

Blattsalate waschen und in kleinere Stücke zerteilen. Das Gemüse und die Avocados mit den Blattsalaten vermengen und die Vinaigrette darüber gießen.

Mit der Kresse und den Samen garnieren.

- ▪ **Wirkung**

5-Elemente-Ernährung Qi Aufbau, Mitte und Leber stärkend, Säfte-Aufbau.

6

Westliche Ernährung Reich an Vitamin B, C, β-Carotin, Eisen, Kupfer, Magnesium, Zink, Selen, Kieselsäure, mehrfach ungesättigten Fettsäuren, gut für Herz und Gefäße sowie cholesterinsenkend.

Element Wasser
Shaking Salad – Linsen-Power mit Tahin Dressing
Für 4 Personen

┌─ **Zutaten Linsen-Reis-Mischung** ─────────

F	½ TL Asafoetida
M	100 g Reis
W	100 g Linsen rot oder gelb

└────────────────────────────

┌─ **Zutaten Tahin-Dressing** ─────────

H	1 Schuss Balsamicoessig
H	1½ Bio-Zitronen, Saft und geriebene Schale
F	8 Zweige Thymian frisch
E	8 EL Tahin (Sesammus)
E	8 EL natives Olivenöl
M	2 Knoblauchzehe
M	1 TL Kreuzkümmel gemahlen
M	1 TL Koriander gemahlen
M	1 Prise Schwarzer Pfeffer
W	½ TL Meersalz

└────────────────────────────

┌─ **Zutaten Garnitur** ─────────

H	½ Bund Petersilie, fein hacken
E	4 EL Samen (Schwarzkümmel, schwarzer Sesam, weißer Sesam) oder ein fertiger Kernemix
M	½ Bund Koriander frisch, fein hacken
M	1 Schale Kresse oder andere Sprossen

└────────────────────────────

Zutaten Shaking Salad

H	1 Tomate groß, klein gewürfelt
H	4 Handvoll Spinat (H) oder Mangold (E) oder Brennnessel (F)
F	2 Zweige Thymian getrocknet oder frisch
E	1 Paprika rot
E	1 Paprika gelb
M	1 Zwiebel rot
M	4 cm Ingwerscheibe
M	2 Knoblauchzehen

---

1 Vorratsglas mit Bügelverschluss

■ **Zubereitung Linsen-Reis-Mischung**

Die Linsen-Reis-Mischung in einem Reiskocher oder in einem Topf mit doppelter Menge Wasser und 2 Msp. Asafoetida weichkochen.

■ **Zubereitung Dressing**

Das Dressing zuerst zubereiten. Alle Dressingzutaten in einen Mixer oder in ein hohes Gefäß geben, mit Pürierstab oder Küchenmaschine pürieren und auf die Seite stellen.

■ **Zubereitung Shaking Salad**

Das Olivenöl in einer großen Pfanne erhitzen und gehackte Zwiebeln und Knoblauch darin anrösten. Kleingeschnittene Paprika und Tomaten zugeben, Ingwer darüberraspeln und kurz mitrösten. Zuletzt Spinat unterheben und einige Minuten dämpfen.

Das Vorratsglas wird folgendermaßen zu zwei Dritteln gefüllt: erst das Dressing, dann die Linsen-Reis-Mischung, das Gemüse, die gehackten Kräuter und zuletzt die Sprossen und Samen. Dann wird das Glas geschlossen. Erst vor dem Verzehr wird das noch geschlossene Glas geschüttelt.

■ **Wirkung**

5-Elemente-Ernährung   Qi, Blut und Yin tonisierend, Qi-Aufbau, Mitte und Niere stärkend, Säfte-Aufbau, Feuchtigkeit ausleitend.

Westliche Ernährung   Linsen sind reich an Vitamin B, Paprika ist eine gute Vitamin C Quelle, sekundäre Pflanzeninhaltsstoffe, qualitativ hochwertiges pflanzliches Eiweiß, Kalzium, Zink, Eisen, ballaststoffreich, harntreibend.

Tipp

Rote oder gelbe Linsen müssen nicht eingeweicht werden. Braune Berglinsen oder Belugalinsen über Nacht einweichen, sonst sind sie schwer verdaulich.

6.3.3   Gemüsegerichte

© k2photostudio / stock.adobe.com

Element Holz
Spinatsuppe
Für 4 Personen

> **Zutaten**
>
> H 350 g Spinat
> H 1 Spritzer Zitronensaft
> F Pfeffer
> E 250 g Kartoffeln speckig
> E 3 EL Olivenöl
> E 2 Eier hartgekocht
> M 1 Prise Muskatnuss gemahlen
> M 3 Stangen Frühlingszwiebeln
> W Wasser
> W Salz oder Bio-Tamari
> Ca. ¾ -1 L Gemüsebrühe (aus M – Zwiebel, E – Karotten, E – Gelbe Rüben, M – Lauch, H – Petersilie, H – Petersilienwurzel, F – Wacholder, M – Lorbeer, W – Salz oder Gemüsewürfel von Hildegard von Bingen

- **Zubereitung Gemüsebrühe**

Das Suppengrün waschen, schälen und etwas zerkleinern. Gemüse, Zwiebeln mit Schale und Gewürze in einen Topf mit ca. 2 L Flüssigkeit geben und zum Kochen bringen. Ca. 1½ Stunden köcheln lassen, dann das Gemüse und die Gewürze abseihen und mit Salz und Pfeffer abschmecken.

- **Zubereitung Spinatsuppe**

Den Spinat waschen, kurz blanchieren, abseihen und beiseite stellen. Die kleingeschnittenen Frühlingszwiebeln und die geschälten und kleingeschnittenen Kartoffeln in etwas Öl anrösten und mit der fertigen Gemüsebrühe aufgießen. Alles köcheln lassen, bis die Kartoffeln weich sind. Dann den blanchierten Spinat zugeben und ein paar Minuten mitziehen lassen. Mit Salz oder Tamari, Muskat und Zitronensaft abschmecken, pürieren und mit den kleingehackten hartgekochten Eiern garnieren.

- **Wirkung**

5-Elemente-Ernährung   Blut nährend und tonisierend, Qi und Yin tonisierend, kühlend, das Leber-Blut nährend.

Westliche Ernährung   Reich an β-Carotin, Vitamin C, B2, E, Folsäure, Kalzium, Eisen, Magnesium, Kalium, Oxalsäure, Flavanoiden, verdauungsfördernd, entzündungshemmend.

6

Element Feuer
Tomaten-Kokos-Suppe mit roten Linsen
Für 4 Personen

Zutaten

H	1 Spritzer Zitronensaft
H	2 Dosen a 400 g Tomaten passiert oder 1½ kg Tomaten frisch
F	1 Prise Paprikapulver süß
E	1 Stück Knollensellerie klein
E	1 Karotte
E	1 Dose Kokosmilch (400 ml)
E	1 EL Rapsöl
M	1 Zwiebel
M	1 Knoblauchzehe klein
M	1 Zitronengras (längs aufschneiden und mit dem Nudelwalker quetschen)
M	4 cm Ingwerscheibe frisch, gerieben
M	1 Prise Chili
M	1 Prise Pfeffer
W	2 Hijiki Algen
W	3 EL Linsen rot
W	1 Prise Salz
W	1 heißes Wasser

Garnitur

M	½ Bund Thai-Basilikum

■ **Zubereitung**

In einem Topf werden klein geschnittene Zwiebeln und geraspelter Knoblauch in etwas Öl glasig angeröstet. Dann kommen gewaschene, klein geschnittene Karotten, Sellerie und rote Linsen dazu. Am Ende des Röstens werden alle Kräuter und Gewürze zugefügt und kurz fertig geröstet. Mit den passierten Tomaten aufgießen. Die Tomatengläser oder -dosen mit etwas heißem Wasser ausspülen und das Wasser ebenfalls in die Suppe gießen. Danach wird etwas Salz beigefügt und alles weichgekocht. In etwa 20–30 Minuten ist die Suppe bereit zum Pürieren. Das Zitronengras entfernen; wenn es sehr klein geschnitten wurde, kann es auch mitpüriert werden. Am Schluss die Kokosmilch zugeben und die Suppe mit Thai-Basilikum garnieren.

■ **Wirkung**

5-Elemente-Ernährung   Baut Säfte und Blut auf, tonisiert Leber-Yin, wirkt erfrischend und kühlend (hängt von der Chili-Menge ab), hat einen Bezug zu Magen und Leber.

Westliche Ernährung   Reich an Vitamin C, β-Carotin, Vitamin E, B, Natrium, Kalium, Magnesium, Kalzium, Zink und ungesättigten Fettsäuren.

Tipp

Die Suppe lässt sich sehr gut mit gerösteten Garnelen aufpeppen.

Element Erde
Asiapfanne mit Pilzen und Koriander-Pesto

Für 4 Personen

Zutaten Asiapfanne mit Pilzen

H	1 Schuss Zitronensaft
F	Schale 1 Bio-Zitrone, gerieben
E	300 g Pilze gemischt (Champignons, Steinpilze getrocknet, Austernpilze, Shiitake)
E	2–3 EL Sesamöl
E	1 Apfel
M	3 Knoblauchzehen
M	½ rote Zwiebel gehackt
M	2–3 Scheiben Ingwer
M	½ kleine Chilischote getrocknet
M	½ TL Koriander gemahlen
M	Schwarzer Pfeffer
M	300 g Reisnudeln
W	Meersalz

Garnitur

H	½ Bund Petersilie gehackt

Zutaten Koriander-Cashew-Pesto

H	Saft ½ Bio-Zitrone
H	½ Handvoll Petersilie
F	Schale ½ Bio-Zitrone, gerieben
E	30 g Cashewnüsse
E	4–5 EL Sonnenblumenöl oder Erdnussöl
E	1 Schuss Sesamöl
M	1 Knoblauchzehe
M	1 Bund Koriander frisch
M	Pfeffer
W	Salz

6

▪ Zubereitung Pesto

Petersilie und Koriander gut waschen und etwas trocken tupfen. Cashewnüsse, Knoblauch, Öle, Koriander und Petersilie mit einem Pürierstab pürieren. Den Zitronensaft am Schluss zugeben. Mit Salz, Pfeffer und geraspelter Zitronenschale abschmecken. Eventuell benötigen Sie noch etwas Öl. Vor dem Servieren etwas ziehen lassen, damit sich das volle Aroma entfalten kann.

▪ Zubereitung Asiapfanne mit Pilzen

In einer Pfanne das Sesamöl erhitzen. Die Zwiebeln klein hacken, den Knoblauch raspeln und in der Pfanne rösten. Zuvor die Pilze putzen und kurz abwaschen. Die getrockneten Steinpilze ca. 10 Minuten in lauwarmem Wasser einweichen. Die Pilze in Scheiben schneiden oder vierteln. Die Pilze werden in der Pfanne gemeinsam mit Zwiebeln und Knoblauch angeröstet. Chilischote zerkleinern, Ingwer raspeln und in die Pfanne geben. Mit Salz, Pfeffer und gemahlenem Koriander würzen. Einen Schuss Zitronensaft zugießen. Die Pilze immer wieder in der Pfanne schwenken. Äpfel waschen und in Scheiben schneiden. Die Nudeln kurz mit heißem Wasser übergießen, ziehen lassen, bis sie weich sind. Reisnudeln mit der Pilzpfanne vermischen und anrichten. Pesto darüber geben und mit den Äpfeln garnieren. Zitronenschale reiben und über der Speise verteilen. Mit Petersilie bestreuen.

▪ Wirkung

5-Elemente-Ernährung   Feuchtigkeit und Hitze ausleitend, Schleim transformierend, Qi und Yin tonisierend, Essenz tonisierend, Darm befeuchtend, Nieren stärkend.

Westliche Ernährung   Reich an Ballaststoffen, Vitamin B, D, K, C, Eisen, Kupfer, Zink, Selen, Immunsystem stärkend, entzündungshemmend.

Tipps

- Verwenden Sie Pilze in Bio-Qualität! Pilze speichern besonders gut Schadstoffe.
- Achtung: Reisnudeln sind schnell durch. Sie dürfen nicht zu lange im Wasser bleiben!
- Die Pilzpfanne mit dem Pesto kann man auch gut in Wraps füllen. Am besten gibt man noch frischen Koriander und Minze dazu. Dann wickelt man das Ganze in eingeweichtes Reispapier oder in Tortilla-Wraps. Eine herrlich erfrischende Mahlzeit fürs Büro oder unterwegs.

Element Metall
Rotes Kokos-Gemüse-Curry

Für 4 Personen

Zutaten Curry

H	Saft 1 Zitrone
H	2 Tomaten oder 2 EL Tomatenmark
H	2 Blätter Kaffirlimettenblätter (Lime Leaves)
F	1 Prise Kurkuma
F	Schale 1 Zitrone
E	2 EL Rapsöl
E	1 EL Sesamöl geröstet
E	2 Kartoffeln
E	200 g Paprika
E	150 g Karotten
E	100 g Zucchini
E	1 Dose Kokosmilch
M	4 cm Ingwerscheibe frisch, gerieben
M	2 Stängel Zitronengras
M	1 TL Koriander gemahlen
M	½ TL Kreuzkümmel gemahlen
M	½ frische Chili rot
M	2 Knoblauchzehen
M	3 Frühlingszwiebeln (weißer Teil)
M	1 Zwiebel rot
M	1 Prise Pfeffer
M	1 Bund Koriander frisch
M	Frühlingszwiebel, grüner Teil
W	1 EL Fischsauce
W	1–2 EL Linsen gelb
W	2 EL Tamari
W	Salz

Zutaten Reis

E	1 EL Öl
M	1 Tasse Basmatireis oder Wildreis
M	3 Nelken
W	1 Prise Salz

■ **Zubereitung Curry**

Vom Zitronengras die Enden und harten äußeren Teile entfernen. Die restlichen Stängel in dünne Scheiben schneiden. Chili vom Stiel befreien und klein hacken, Knoblauch und Ingwer schälen und raspeln. In einem Wok oder Topf etwas Rapsöl erhitzen. Die in Ringe geschnittenen Frühlingszwiebeln (weißen Teil), kleingeschnittene rote Zwiebel, gehackten Knoblauch, Tomaten, Toma-

6

tenmark, Zitronengras, Ingwer, geviertelte Kartoffeln und gelbe Linsen anrösten, dann mit etwas Suppe oder Wasser (ca. ½–¾ L) aufgießen und kochen, bis die Kartoffeln und die Linsen weich sind. Koriander, Kreuzkümmel, Kurkuma (Gelbwurz), Fischsauce und geraspelt Zitronenschale zugeben und kochen lassen. Dann mit dem Pürierstab mixen.

Die Kaffirlimettenblätter zu dem Curry geben. Paprika, Zucchini und Karotten in Stifte schneiden. Je nach Gardauer zuerst die Karotten, dann die Paprika und die Zucchini dem Curry zugeben und weiter kochen, bis das Gemüse noch bissfest ist. Die grünen Teile der Frühlingszwiebel in Scheiben schneiden, den Koriander hacken und beiseite stellen. In den letzten 5 Minuten wird die Kokosmilch zugegeben und einmal aufgekocht.

Zum Schluss die Kaffirlimettenblätter entfernen, mit Salz, Pfeffer, wenn nötig noch frischem Ingwer/Chili und mit etwas Kreuzkümmel abschmecken. Mit einem Spritzer Zitronensaft das ganze abrunden und die grünen Teile der Frühlingszwiebel sowie das Koriandergrün untermengen. Zum Schluss kann auch noch ein Schuss Tamari den Geschmack abrunden.

■ **Zubereitung Reis**

Einen mittelgroßen Topf auf mittlere Hitze stellen. Den gewaschenen Reis, Salz, Nelken und Öl zugeben. Kurz anrösten und mit der doppelten Menge Wasser aufgießen (2 Tassen). Den Topf mit dem Deckel schließen und auf niedriger Hitze köcheln lassen. Bei Bedarf noch Wasser zugeben.

■ **Wirkung**

5-Elemente-Ernährung   Tonisiert Blut, Qi und Yin, stärkt die Mitte und die Nieren, wärmt.

Westliche Ernährung   Reich an Vitamin A, C, β-Carotin, Selen, Kieselsäure, Eisen, beinhaltet diverse sekundäre Pflanzeninhaltsstoffe.

> **Tipp**
>
> Besonders gut schmeckt das Curry, wenn noch etwas frische Frucht wie Apfel, Mango oder Papaya untergemengt oder damit garniert wird.

❯ Kaffirlimettenblätter sind ein Gewürz aus der asiatischen, vor allem aus der thailändischen Küche. Sie sind stark aromatisch und geben den Gerichten einen speziellen zitrusartigen Geschmack. Es handelt sich dabei um die Blätter der Kaffirlimette, einer eigenen Limettenart.

Element Wasser
Frühlingspfanne mit Räuchertofu

Für 4 Personen

> **Zutaten**
>
> | | |
> |---|---|
> | H | Saft ½ Zitrone |
> | H | 1 Bund Petersilie frisch |
> | H | 200 g Mungobohnen- oder Sojasprossen |
> | F | ½ TL Kurkuma |
> | F | Schale ½ Zitrone (geraspelt) |
> | E | 1 Paprika rot |
> | E | 1 Paprika gelb |
> | E | 1 Pak Choi groß oder 1 mittlerer Mangold |
> | E | ¼ kg Saitlinge |
> | E | ¼ kg Shiitake-Pilze |
> | E | 1 TL Rapsöl |
> | E | 1 EL Sesamöl geröstet |
> | E | 250 g Tofu geräuchert |
> | M | 1 Bund Koriander frisch |
> | M | 5 Stangen Frühlingszwiebeln |
> | M | 1 TL Ingwer frisch, gerieben |
> | M | 1 Knoblauchzehe |
> | M | 1 Prise Koriander gemahlen |
> | W | etwas Salz |
> | W | 1 TL Misopaste |
> | W | 1/8 L Wasser |

■ **Zubereitung**

Im Wok das Olivenöl erwärmen. Die Frühlingszwiebeln waschen und die weißen Teile in Ringe schneiden, gemeinsam mit dem Knoblauch und Ingwer anbraten. Die Saitlinge und die Shiitake-Pilze putzen und von den Wurzeln oder braunen, erdigen Stielen befreien. Kurz abspülen, in Scheiben schneiden und mitrösten. Den Mangold oder Pak Choi waschen, teilen und in feine Streifen schneiden. Erst die weißen Teile rösten und wenn alle Zutaten goldbraun angeröstet sind, die grünen Blätter hinzugeben. Die Paprika in Streifen schneiden und kurz gemeinsam anbraten. Mit Sesamöl, Zitronenschale, Kurkuma und Koriander (gemahlen) abschmecken. Misopaste mit etwas Wasser vermischen und zugeben. Zuletzt die Mungobohnen- oder Sojasprossen unterheben und 1–2 Minuten mit braten.

Den geräucherten Tofu in Würfel schneiden und in einer extra Pfanne knusprig rösten. Den Tofu mit dem frisch gehackten Koriander und Petersilie sowie den grünen Zwiebelteilen vermengen. Gemüse und Tofu gemeinsam servieren.

▪ **Wirkung**

5-Elemente-Ernährung   Stärkt die Mitte, baut Säfte auf, löst Stagnationen, Pilze wirken diuretisch und entfeuchten.

Westliche Ernährung   Reich an Vitaminen, besonders C, D, B, K, Eisen, Kalzium, Magnesium, Zink und Selen.

> **Tipp**
>
> Statt dem Tofu kann man wunderbar gebratene Hühnerstreifen dazu servieren.

6

6.3.4 Hülsenfrüchte

© monticellllo / stock.adobe.com

6

Element Holz
Kichererbsen-Kräuter-Salat
Für 4 Personen

Zutaten

H	1 Spritzer Umesu
F	1 Prise Asafoetida
E	400 g Kichererbsen trocken oder gekocht aus dem Glas
E	4 EL Olivenöl
M	1 TL Bohnenkraut getrocknet
W	1–3 EL Bio-Tamari
	1 Handvoll frische Kräuter, H – Petersilie und
	M – Koriander

■ **Zubereitung**

Kichererbsen aus dem Glas im Sieb gut waschen. Bei schlechter Verträglichkeit von Hülsenfrüchten mit der doppelten Menge Wasser einmal aufkochen, Bohnenkraut (in einem Teesäckchen) und Asafoetida zufügen. Wenn Schaum beim Kochen entsteht, gleich abschöpfen. Etwa 10 Minuten köcheln lassen.

Inzwischen Kräuter fein hacken und die Marinade zubereiten: Bio-Tamari, Olivenöl und die Kräuter vermengen, mit Umesu abschmecken.

Die gekochten Kichererbsen mit der Kräutermarinade vermischen und ca. 30 Minuten ziehen lassen.

■ **Wirkung**

5-Elemente-Ernährung   Leitet Feuchtigkeit aus, stärkt das Qi von Milz, Nieren und Herz.

Westliche Ernährung   Reich an Vitamin A, C, Folsäure, essenzielle Aminosäuren Lysin und Threonin, Eisen, Magnesium, Natrium, Kalium, Kalzium.

❯ **Umesu ist eine Verdauungshilfe, die beim Vergären der Umeboshi-Pflaume entsteht. Es handelt sich dabei um den wässrigen Rückstand aus der Vergärung.**

Element Feuer
Schwarze Linsen-Kräuter-Ziegenkäse-Salat
Für 3–4 Personen

Zutaten

H	1 Bund Petersilie frisch
H	2 EL Balsamicoessig, nicht pasteurisiert
F	Bockshornkleesamen
F	Kurkuma
E	150 g Ziegenkäse
E	1 Paprika rot
E	1 Paprika gelb
E	2 EL Olivenöl
M	½ Bund Dille frisch
M	1 daumengroße Ingwerscheibe
M	1 Frühlingszwiebel
M	¼ TL Chili getrocknet
M	Schwarzer Pfeffer
W	½ TL Meersalz
W	150 g Linsen schwarz

■ **Zubereitung**

Linsen in einem Topf mit genügend Wasser und einer Scheibe Ingwer weichkochen. Die Frühlingszwiebel waschen und in Ringe schneiden. Die Paprika klein schneiden. Zwiebeln und Paprika unter die Linsen mengen. Kräuter waschen und fein hacken. Die restlichen Gewürze sowie Essig und Öl mit den Linsen würzen, mischen und abschmecken. Den Käse in kleine Würfel schneiden und zuletzt unter den Salat heben. Mit den frischen Kräutern garnieren und servieren.

■ **Wirkung**

5-Elemente-Ernährung Qi, Blut und Jing tonisierend, Qi-Aufbau, Mitte und Niere stärkend, Säfte-Aufbau, Feuchtigkeit ausleitend.

Westliche Ernährung Linsen sind reich an Vitamin B, Folsäure, Eisen und Ballaststoffen. Paprika ist eine gute Vitamin C Quelle, außerdem hat das Gericht viele sekundäre Pflanzeninhaltsstoffe, qualitativ hochwertiges pflanzliches Eiweiß, Kalzium, Zink, Magnesium, Eisen, Kupfer, ballaststoffreich, diuretisch.

Tipp

Das Gericht eignet sich auch sehr gut zum warmen Verzehr. Man kann alle Zutaten mischen, solange die Linsen noch warm sind, und dann servieren.

6

Element Erde
Kürbis-Rote Linsen-Suppe
Für 4–5 Personen

Zutaten

H	1 Schuss Zitronensaft
F	½ TL Paprikapulver süß
F	Schale ½ Zitrone, gerieben
E	3 Kartoffeln
E	1 Kürbis (Hokkaido), ca. 500 g
E	1 Karotte
E	1 Gelbe Rübe
E	1EL Olivenöl
E	1 EL Kürbiskerne
E	Kürbiskernöl
M	1 Zwiebel mittelgroß
M	1 Knoblauchzehe
M	1 Prise Pfeffer
M	½ TL Kümmel
M	1 Prise Liebstöckel
W	2 EL Linsen rot
W	Salz
W	1 L Wasser

■ **Zubereitung**

Man kann die meisten Gemüsesorten für eine Cremesuppe verwenden. Die Zubereitung verläuft immer gleich. Man nimmt einen Topf, schneidet Zwiebeln und Knoblauch klein und röstet sie in etwas Olivenöl glasig an. Klein geschnittene Kartoffeln, Karotten, Kürbis, rote Linsen und Gelbe Rüben dazugeben und rösten. Die Gewürze hinzufügen und noch etwas weiterrösten. Dann wird mit ca. 1 L Wasser aufgegossen und etwas Salz und Zitronensaft beigefügt. In etwa 20–30 Minuten je nach Gemüseart ist alles weichgekocht. Dann pürieren und vor dem Servieren noch einmal abschmecken. Bei Bedarf Wasser zugegeben. Die Suppe kann mit Kokosmilch, Chili- oder Kürbiskernöl sowie Kürbiskernen verfeinert werden.

■ **Wirkung**

5-Elemente-Ernährung   Tonisiert Jing, Blut und Qi, stärkt die Mitte, stärkt und tonisiert die Nieren, leitet Hitze und Feuchtigkeit aus, kann Sehschwäche vorbeugen, gut bei Gastritis.

Westliche Ernährung   Reich an Vitamin B, C und β-Carotin, Folsäure, Eisen, Kupfer, lockert den Stuhl auf, diuretisch, harntreibend.

Element Metall
Orientalischer Kichererbseneintopf

Für 4–6 Personen

Zutaten

H	400 g Tomaten gewürfelt
H	2 EL Tomatenmark
H	½ Bund Petersilie
F	etwa 750 ml heißes Wasser
F	1 TL Asafoetida
F	1 TL Paprikapulver
E	2 kleinere Melanzani (Auberginen)
E	3 Zucchini
E	4 Karotten rot oder gelb
E	125 ml Olivenöl
M	1 Stange Lauch
M	1 EL Garam Masala
M	3–4 Knoblauchzehen
W	800 g Kichererbsen, gekocht aus dem Glas
W	120 g Linsen rot oder gelb
W	Salz

■ **Zubereitung**

Das Öl in einem hohen Topf erhitzen, Gewürze (außer Salz und Petersilie), Linsen, gewürfelte Melanzani, Karotten und geschnittenen Lauch zufügen und anrösten. Mit Wasser knapp bedecken, aufkochen lassen und ca. 10 Minuten auf kleiner Flamme kochen. Die Kichererbsen aus dem Glas gut mit Wasser abspülen. Dann Zucchiniwürfel, Tomatenwürfel und Kichererbsen in den Topf dazugeben und mit Salz abschmecken. 15–20 Minuten auf kleiner Flamme bissfest kochen, regelmäßig umrühren.

Eine Tasse aus dem Eintopf entnehmen, mit dem Stabmixer pürieren und zurück in den Topf geben. Petersilie zufügen und nochmals abschmecken.

■ **Wirkung**

5-Elemente-Ernährung   Gibt Kraft, stärkt Herz und Nieren.

Westliche Ernährung   Reich an Vitamin A, B, C, Folsäure, essenzielle Aminosäuren Lysin und Threonin, Eisen, Magnesium, Natrium, Kalium, Kalzium.

6

Element Wasser
Kartoffel-Gelbe Linsen-Aufstrich
Für 250 ml Aufstrich

Zutaten

H	2 EL Topfen (Quark)
H	2 EL Sauerrahm
H	1 Schuss Zitronensaft
F	1 Prise Paprika süß
E	3 Kartoffeln mehlig
M	1 Prise Kümmel
M	etwas Schwarzer Pfeffer aus der Mühle
M	3 EL Schnittlauch
M	1 Ingwerscheibe frisch, gerieben
W	2 EL Linsen gelb
W	½ TL Salz

Garnitur

E	2–3 EL Sonnenblumen- oder Kürbiskerne

- **Zubereitung**

Die gelben Linsen mit Wasser und einer Scheibe Ingwer kochen, bis sie weich sind, dann abseihen und pürieren. Kartoffeln mit der Schale kochen, bis sie weich sind, schälen und mit einem Stampfer oder einer Presse zerkleinern. Die Linsen, Kartoffeln und Gewürze mit dem klein geschnittenen Schnittlauch vermischen. Abschmecken und bei Bedarf nachwürzen. Am Schluss mit gerösteten Sonnenblumenkernen oder Kürbiskernen garnieren.

- **Wirkung**

5-Elemente-Ernährung   Qi und Blut tonisierend, Hitze reduzierend, Nieren und Mitte stärkend, befeuchtend.

Westliche Ernährung   Reich an essenziellen Fettsäuren, vor allem Linolsäure, Vitamin B und C, Folsäure, Magnesium, Kalium, Eisen, Kupfer.

> **Tipp**
>
> Der Aufstrich wird auch gerne von Kindern gegessen. Es stellt einen guten Ersatz für Wurst dar.

6.3.5 Fleisch

© karepa / stock.adobe.com

6

Element Holz
Hühnerspieße und Ofengemüse-Allerlei

Für 3–4 Personen

Zutaten Hühnerspieße

H	400 g Huhn, am besten Brust ohne Haut
H	Saft ½ Zitrone
F	Schale ½ Zitrone
F	1 TL Bockshornkleesamen
E	4 EL Ghee oder Kokosöl
E	1 EL Honig oder Dattelsirup
M	4 cm Ingwerscheibe frisch geraspelt
M	1 EL Koriander
M	½ TL Nelken
M	Pfeffer
W	2 EL Bio-Tamari oder Sojasauce
W	Salz
W	1 Schuss Wasser

Zutaten Ofengemüse-Allerlei

F	3 Rote Rüben mittelgroß
E	4 Karotten
E	4 Gelbe Rüben
E	½ Hokkaidokürbis
E	4 Kartoffeln
E	2–3 EL Olivenöl
M	3 Frühlingszwiebeln
M	1 Knoblauchzehe geraspelt oder klein geschnitten
M	Pfeffer
M	1 TL Fenchel gemahlen
M	1 TL Koriander gemahlen
M	2 TL Schwarzkümmel
W	Salz

▪ Zubereitung Ofengemüse-Allerlei

Das Backrohr auf 190°C vorheizen. Das Gemüse waschen, wenn nötig schälen und in Stifte schneiden. Die Frühlingszwiebeln von der äußersten Schicht befreien, waschen und in 3 cm große Stücke schneiden. Auf ein Blech Backpapier geben. Am besten gruppiert man das Gemüse nach Sorten, also Kartoffeln in eine Ecke oder sogar auf ein anderes Blech (brauchen länger), Karotten und Gelbe Rüben zusammen und so weiter. Das in Stifte geschnittene Gemüse auf das Backblech legen, mit Olivenöl, Salz, Pfeffer, den gemörserten Gewürzen und geraspeltem Knoblauch bestreuen. Ins Rohr schieben und 20–30 Minuten im Rohr lassen, bis das

Gemüse knusprig ist. Eventuell sind Karotten und Kürbis vor den Kartoffeln fertig, dann kann man diese rausnehmen.

■ **Zubereitung Hühnerspieße**

Für die Hühnerspieße wird das Huhn in kleine Würfel geschnitten und auf Holzspieße gesteckt. Bräter oder Auflaufform mit Kokosfett oder Ghee einfetten. Alle Spieße hineinlegen und mit frisch geraspeltem Ingwer, gemahlenem Koriander, gemahlenen Bockshornkleesamen, Nelken, Salz, Pfeffer, Honig, Tamari (Sojasauce) und etwas Zitronensaft würzen. Die Spieße in der Sauce gut wenden und zum Gemüse ins Rohr stellen. Das Huhn braucht weniger lang als das Gemüse. Am besten übergießt man die Spieße immer wieder auch mit etwas Wasser. Wenn das Gemüse aus dem Rohr ist, kann man die Temperatur noch einmal für die Spieße höher drehen auf 250–300°C. Eventuell muss man Flüssigkeit in Form von Wasser nachgießen und die Spieße wenden. Es sollte ein Saft für die Spieße übrigbleiben, sonst sind die Spieße zu trocken.

■ **Wirkung**

5-Elemente-Ernährung   Stärkt die Mitte und die Leber, wärmt, gut für den Qi-Aufbau, Blut tonisierend, stärkt das Immunsystem, Feuchtigkeit ausleitend.

Westliche Ernährung   Reich an Vitamin C, B, A, β-Carotin, Kalium, Kalzium, Zink, Selen, Magnesium, Immunsystemstärkend, antiviral, entgiftend, verdauungsfördernd.

> **Tipp**
>
> Das perfekte Gericht, wenn es schnell gehen soll. Für das Ofengemüse kann prinzipiell fast jedes Gemüse verwendet werden.

Element Feuer
Chili con Carne mit Polenta

Für 4 Personen

6

Zutaten Chili con Carne

H	1 EL Essig nicht pasteurisiert
H	1 EL Zitronensaft
H	500 g Tomaten passiert
H	1 EL Tomatenmark
H	2 Tomaten kleinwürfelig
F	1 TL Paprikapulver
E	1 Paprika grün
E	1 Paprika rot
E	1 Dose Mais klein (250–300 g)
E	1 EL Rohrohrzucker
E	700 g Rindfleisch (faschiert = gehackt)
E	4 EL Olivenöl oder Rapsöl
E	2 Karotten mittelgroß
M	1 Zwiebel rot
M	2 Knoblauchzehen
M	1 TL Kümmel gemahlen
M	1 TL Koriander gemahlen
M	4 cm Ingwerscheibe frisch geraspelt
M	2 Prisen Chilipulver (auf Schärfe achten!)
W	1 Dose Kidneybohnen klein (400 g)
W	Salz
W	etwas heißes Wasser

Garnitur

H	Petersilie oder
M	Koriander grob gehackt

Zutaten Polenta

H	2–3 EL Zitronensaft
F	1 kleine Prise Kurkuma
E	2 Tassen Polenta
E	1 Stück Butter oder Ghee
M	1 Prise Muskat gemahlen
W	5–6 Tassen Wasser
W	etwas Salz

- **Zubereitung Chili con Carne**

Karotten, Knoblauch und Zwiebeln schälen und klein schneiden. Paprika entkernen und kleinwürfelig schneiden. Öl in einem Topf erhitzen, Zwiebeln, Knoblauch und Karotten darin anrösten, Fleisch und Gewürze dazugeben und weiter rösten. Mit passierten Tomaten und Tomatenmark aufgießen und auf niedriger Stufe weiterköcheln lassen. Mais, Paprika und Kidneybohnen unterrühren und maximal 15–20 Minuten mitkochen. Vor dem Servieren mit Salz und Essig und bei Bedarf mit Gewürzen abschmecken. Mit grob gehackter Petersilie oder Koriander garnieren.

- **Zubereitung Polenta**

Polenta in einen Topf mit heißem Wasser geben. Mit einer Prise Salz, Muskat, Kurkuma und einem Schuss Zitronensaft zum Kochen bringen. Ein Stück Butter unterrühren und so lange kochen, bis die Polenta weich ist und das Wasser verdampft. Ständig rühren, da die Polenta leicht anbrennt und es stark spritzt. Die fertige Polenta in ein Keramikgefäß oder Tupperware füllen und erkalten lassen. Dann in Scheiben schneiden und im Rohr aufbacken oder in der Pfanne mit Butter rösten. Wer es noch gerne etwas cremiger mag, kann zu Beginn einen Schuss Milch zugeben.

- **Wirkung Chili con Carne**

5-Elemente-Ernährung   Stärkt die Mitte und die Nieren, Qi, Säfte- und Yin-Aufbau.

Westliche Ernährung   Reich an Vitamin B, Vitamin B12, Vitamin C, Folsäure, Eisen, Magnesium, Zink, ballaststoffreich, mehrfach ungesättigte FS, verdauungsfördernd, cholesterinsenkend.

- **Wirkung Polenta**

5-Elemente-Ernährung   Baut Qi auf, stärkt die Mitte.

Westliche Ernährung   Reich an Vitamin B, Folsäure, Zink, Eisen, Kalium.

> **Tipps**
>
> − Polenta kann süß oder salzig gegessen werden.
> − Nicht pasteurisierten Essig zum Schluss in die Speise dazugeben, damit die Essigsäurebakterien aktiv bleiben. Essigsäurebakterien fördern die Verdauung.

MITTAGS TISCH

Element Erde
Rinder-Tajine mit Polentascheiben
Für 4 Personen

6

┌─ **Zutaten Suppe** ─────────────────────────────────┐

E   3 Stück Rindsknochen, 1 Stück Beinfleisch für die Suppe
M   2 Zwiebeln
M   2 Lorbeerblätter
M   1 Knoblauchzehe

└──┘

┌─ **Zutaten Tajine** ─────────────────────────────────┐

H   2 EL Zitronensaft
F   1 Bio-Zitronenschale geraspelt
F   ½ TL Paprikapulver süß
E   1½ kg Rindfleisch (Gulaschfleisch)
E   6 EL Olivenöl
E   5 Karotten
E   3 Gelbe Rüben
E   1 Pfirsich
E   1 Melanzani (Auberginen)
E   7 Safranfäden
E   1 Zimtstange
E   6 Stück Datteln
M   3 Zwiebeln rot, mittelgroß
M   2 Knoblauchzehen
M   2 Lorbeerblätter
M   2 TL Koriandersaat
M   3 Kapseln Kardamom
M   2 Sternanis
M   1 Prise Pfeffer
M   ½ TL Kreuzkümmel
W   Salz

└──┘

┌─ **Garnitur** ───────────────────────────────────────┐

H   Petersilie grob gehackt
E   Mandeln oder Pinienkerne grob gehackt

└──┘

■   **Zubereitung Safranwasser**

7 Fäden Safran in etwas lauwarmem Wasser ca. 20–30 Minuten stehen lassen. Das Wasser färbt sich rötlich und fängt an zu duften.

- **Zubereitung Suppe**

Knochen und Beinfleisch rösten, dann die Zwiebeln vierteln, Knoblauchzehe halbieren und Lorbeer zugeben. Für 5 Minuten anbraten. Mit 1–1½ L Wasser auffüllen und bei mittlerer Hitze ca. 30–60 Minuten köcheln lassen. Dann den Fond abseihen.

- **Zubereitung Tajine**

Koriander, Kardamom, Sternanis, Pfeffer, Kreuzkümmel und Paprika in einem Mörser zerstoßen. Zimtstange in Stücke brechen. Fleisch mit Safranwasser, Gewürzmischung, etwas Öl und Zimt mischen.

Rote Zwiebeln vierteln oder achteln und die Knoblauchzehen halbieren. Butter und 3 EL Öl in einem großen Wok oder einer Tajine erhitzen. Zwiebeln und Knoblauch kurz anbraten. Das mit den Gewürzen marinierte Fleisch mitbraten. Mit dem Fond aufgießen und 60–90 Minuten schmoren. In der Zwischenzeit das Gemüse vorbereiten. Karotten und Gelbe Rüben schälen, längs halbieren und stifteln. Melanzani in längliche Scheiben schneiden und dann in Streifen. Pfirsich von dem Kern und, wenn möglich, von der Haut befreien und vierteln. Datteln halbieren und entkernen. Mandeln oder Pinienkerne grob hacken und in einer Pfanne hellbraun rösten. Gemüse und Nüsse mit dem restlichen Öl mischen und Salz zugeben. Nach 60 Minuten dem Fleisch untermischen und mitschmoren. Am Schluss die gehackten Kräuter darüber streuen.

Wenn gewünscht, können auch Kartoffeln mitgegart werden.

- **Wirkung**

5-Elemente-Ernährung Nicht bei Yang-Fülle oder Qi-Stagnation, stärkt besonders die Mitte und die Nieren, wärmt, Qi und Yin Aufbau, stark bewegend und entfeuchtend.

Westlich Ernährung Reich an Vitamin A, B, β- Carotin, Kalium, Eisen, Magnesium.

> **Tipp**
>
> Besonders gut ist dieses Gericht in der kalten und feuchten Jahreszeit geeignet. Es macht kalte Füße und Hände schnell wieder warm.

MITTAGS TISCH

Element Metall
Asia Krautwickerl mit Süßkartoffelwedges
Für 8 Personen

6

Zutaten Krautwickerl

H	Saft ½ Zitrone
F	Schale ½ Zitrone geraspelt
E	8 Blätter Weißkrautkopf
E	400 g Rind (faschiert)
E	1 EL Kokosöl
E	1 TL Kuzu oder Maizena zum Binden der Sauce
E	1 EL Rapsöl
M	2 Zwiebeln rot
M	1 Knoblauchzehe
M	¼ TL Sezuanpfeffer
M	1 Bund Koriander frisch
M	½ TL Kreuzkümmel
M	3 cm Ingwerscheibe frisch, gerieben
W	1 Prise Salz
W	1 EL Tamari

Zutaten Sauce

E	1 Dose Kokosmilch (400 ml)
E	¼ L Gemüsesuppe
M	1 TL Curry (gelb)

Zutaten Süßkartoffelwedges

E	3 Süßkartoffeln
E	Olivenöl
M	1 Prise Chili getrocknet (auf Schärfe achten!)
W	Salz

- **Zubereitung der Krautwickerlfülle**

Zwiebeln und Knoblauchzehe klein schneiden und in einer Pfanne mit etwas Rapsöl rösten. Fleisch, geraspelten Ingwer und die zerkleinerten Gewürze daruntermischen und weiter braten. Tamari und 1 Schuss Zitronensaft zugeben. Den frischen klein gehackten Koriander erst zum Schluss unterrühren und alles beiseite stellen.

- **Krautzubereitung**

Am besten schneidet man eine Scheibe vom Weißkraut unten ab. Dann kann man vorsichtig die Blätter vom Weißkrautkopf lösen und den Strunk in einem schmalen Dreieck herausschneiden. In einem Topf 8 Weißkrautblätter ca. 3 Minuten weich blanchieren, bis das Kraut grün wird. Dann Blätter herausnehmen und etwas abkühlen lassen.

Für die Wickerl Krautblätter nebeneinander auslegen. Jeweils einen Teil der Fülle in der Mitte der Blätter verteilen. Blätter von links und rechts über der Füllung einschlagen und zu einer Roulade wickeln. Mit Küchengarn oder Zahnstochern fixieren.

1 EL Kokosöl in Bräter oder Pfanne erhitzen und die Rouladen ca. 2 Minuten goldbraun von allen Seiten anrösten. Mit Kokosmilch und etwas Gemüsesuppe aufgießen und mit Curry und Salz würzen. Zugedeckt ca. 20–30 Minuten köcheln lassen. Nach 10 Minuten die Rouladen wenden. Am Schluss die Rouladen aus der Sauce nehmen und, wenn nötig, die Sauce mit Kuzu oder Maizena binden. Das Kraut und die Sauce mit Tamari abschmecken, mit Schwarzkümmel bestreuen und servieren.

- **Zubereitung Süßkartoffelwedges**

Süßkartoffeln gut waschen und schälen. Kartoffeln halbieren und dann die Hälften in kleine Streifen schneiden. Mit dem Öl und den Kräutern mischen und bei zunächst 180°C im Rohr goldbraun backen. Für die letzten 5–8 Minuten kann das Rohr auf 250°C hochgedreht werden.

- **Wirkung**

5-Elemente-Ernährung   Baut Qi auf und reguliert das Qi, stärkt den Magen und die Nieren, entfeuchtet, verdauungsfördernd, wirkt Nahrungstagnation entgegen.

Westliche Ernährung   Reich an Vitamin A, B, C, E; essenzielle Aminosäuren, Eisen, Kalzium, Kalium, Zink.

Tipp
1 TL Schwarzkümmel eignet sich als hervorragende Dekoration. Es schaut nicht nur schön aus, sondern er ist auch besonders reich an Vitamin A, C, Zink, Eisen, Mangan, Selen, Jod, Magnesium, Kupfer und sekundären Pflanzeninhaltsstoffen. Er eignet sich auch zur Stärkung des Immunsystems und hat eine keim- und pilztötende Wirkung.

Element Wasser
Kraut mit Knusperrippchen Asia

Für 4 Portionen

Zutaten

H	1 Packung Sauerkraut (500 g)
H	1 Schuss Balsamicoessig, nicht pasteurisiert
F	7 Wacholderbeeren
F	½ TL Paprika edelsüß
E	2 EL Ahornsirup
E	2 EL Butter
E	750 ml Gemüsesuppe oder Wasser
E	3 EL Olivenöl
E	½ TL Butter
M	1 Knoblauchzehe
M	1 Zwiebel
M	4 Lorbeerblätter
M	Pfeffer
M	½ TL Koriander gemahlen
W	2 Packungen Selchrippchen à 400 g
W	Salz
W	2 EL Sojasauce (Tamari)

Beilage

E	Kartoffeln gekocht und geschält

■ **Ablauf**
- Sauerkraut zubereiten
- Rippchen kochen
- Kartoffeln kochen
- Zum Schluss die Rippchen für 10 Minuten ins Rohr schieben

■ **Zubereitung Rippchen**

Von den Rippchen 4 Stücke abschneiden und für das Sauerkraut bereitstellen. Die restlichen Rippchen in Wasser mit 1 Lorbeerblatt und 3 Wacholderbeeren ca. 30 Minuten weichkochen. Das Rohr auf 300°C vorheizen. Dann die fertigen Rippchen in eine Auflaufform geben. Mit 2 EL Ahornsirup, Sojasauce, einem Schuss Essig, dem Koriander und etwas Öl marinieren. 10 Minuten ins Rohr schieben und knusprig braten.

■ **Zubereitung Sauerkraut**

2 EL Öl in einem Topf erhitzen. Knoblauch und Zwiebeln fein schneiden und anbraten. Paprika einstreuen und sofort mit etwas Wasser oder Suppe aufgießen. Die 4 Rippchen, Sauerkraut, Küm-

mel, 3 Lorbeerblätter, die restlichen Wacholderbeeren, etwas Pfeffer, Butter und eine Prise Salz zugeben und gemeinsam garen. Nach Bedarf immer wieder Flüssigkeit zugeben. Die Gardauer beträgt ca. 80–90 Minuten. Am Schluss mit Salz abschmecken.

- **Wirkung**

5-Elemente-Ernährung Qi regulierend und tonisierend, Nahrungsmittelstagnation auflösend, befeuchtend, Blut tonisierend, Nässe, Hitze und Toxine ausleitend.

Westliche Ernährung Reich an Vitamin A, C, Natrium, Kalium, Kalzium, Selen, Kalium, Eisen, Magnesium, Milchsäurebakterien, cholesterinsenkend, probiotisch.

6.3.6   **Fisch**

© wideonet / stock.adobe.com

Element Holz
Fisch gebraten an Fenchel, Tomaten, Weißwein, Gemüse und Süßkartoffeln

Für 4 Personen

Zutaten Fisch gebraten

H	7 EL Dinkel-Vollkornmehl
F	1 Prise Paprikapulver edelsüß oder geräuchert
E	3–4 EL Olivenöl
M	1 Prise Pfeffer
W	1 Prise Salz
W	600–700 g Saibling- oder Forellenfilets

Zutaten Fenchel, Tomaten, Weißwein, Gemüse

H	400 g Tomaten gewürfelt
H	80 ml Weißwein
F	½ TL Rosmarin
F	½ TL Thymian frisch
E	3 EL Olivenöl
E	1 Fenchelknolle
M	3 Frühlingszwiebeln kleingeschnitten
M	2 Knoblauchzehen geraspelt
M	1 Prise Pfeffer
M	½ TL Basilikum
W	½ TL Salz

Zutaten Süßkartoffeln

E	700–800 g Süßkartoffeln
E	5–6 EL Olivenöl

■ **Zubereitung Fisch gebraten**

Etwaige Gräten der Fischfilets mit einer Pinzette entfernen. Die Hautseite salzen, das Paprikapulver darüber streuen und in Dinkelmehl drücken. Die Fleischseite pfeffern. In einer beschichteten Pfanne das Olivenöl bei mittlerer Hitze erwärmen. Sobald das Fett heiß ist, die Fischfilets mit der Hautseite nach unten einlegen, sanft und langsam braten lassen, nicht wenden. Die Bratzeit hängt von der Filetdicke ab. Der Fisch ist gar, wenn das Fischfleisch hell ist. Die Filets mit Zitronensaft beträufeln und sofort servieren.

■ **Zubereitung Fenchel, Tomaten, Weißwein, Gemüse**

Die Frühlingszwiebeln und den Knoblauch klein hacken und mit dem Olivenöl in einem Topf anrösten. Inzwischen den Fenchel in feine Streifen schneiden und in den Topf geben. Einige Minuten

6

rösten lassen, dann mit dem Weißwein ablöschen und gut um-rühren. Den Weißwein für 3–4 Minuten reduzieren lassen, die gewürfelten Tomaten (aus der Dose) und die Gewürze hinzufügen. Weiter köcheln lassen, bis der Fenchel bissfest ist.

■ Zubereitung Süßkartoffeln

Die Süßkartoffeln schälen (Bio-Süßkartoffeln gut waschen, sie müssen nicht geschält werden) und in ca. 1 cm dicke Streifen schneiden. In einen Bräter geben, mit Olivenöl beträufeln und bei 180°C etwa 30–40 Minuten bei Ober- und Unterhitze braten.

■ Wirkung

5-Elemente-Ernährung   Wärmt, stärkt die Nieren und wirkt sich positiv auf unseren gesamten Stoffwechsel aus.

Westliche Ernährung   Reich an Vitamin B, C, D, E, Provitamin A, Selen, Magnesium, Zink, Kalium, Kalzium, Eisen, Phosphor, mehrfach ungesättigte Fettsäuren, verdauungsfördernd, carminativ, stimulierend, Östrogenwirkung verstärkend, krampflösend.

> **Tipp**
>
> Wird der Fisch bei sanfter Temperatur gebraten, bleibt möglichst viel der wertvollen Omega-3-Fettsäure erhalten!

Element Feuer
Tartar von geräucherten Forellen mit Roten Rüben-Nockerln

Für 4 Personen

┌─ **Zutaten Tartar** ─────────────────────────────

H	2 EL Sauerrahm
H	Saft ½ Zitrone
F	1 Prise Paprikapulver edelsüß
F	Schale ½ Zitrone
E	1 Schuss Sonnenblumenöl, nativ
M	½ Bund Dille frisch
M	½ TL Koriander gemahlen
M	1 Prise Sezuanpfeffer
M	1 daumengroßes Stück Ingwer geraspelt
W	1 Prise Salz
W	1 Schuss Tamari
W	2 Forellenfilets geräuchert

Zutaten Rote Rüben-Nockerl

H   Saft ¼ Zitrone
F   3 Rote Rüben mittelgroß gekocht
E   1 EL Olivenöl
M   1–2 TL Kren frisch, gerieben
M   Pfeffer
M   ½ TL Kümmel
W   Salz

- **Zubereitung Tartar**

Die Fischfilets entgräten und fein hacken. Alle restlichen Zutaten gemeinsam mit der gehackten Dille unterrühren und noch einmal abschmecken. Etwas ziehen lassen. Mit einem Löffel Nockerl formen und auf einem Teller gemeinsam mit den Roten Rüben anrichten.

- **Zubereitung Rote Rüben-Nockerl**

Die Roten Rüben kochen, bis sie weich sind, oder gekochte Rote Rüben kaufen. In warmen Zustand schälen und grob pürieren oder reiben. Mit allen restlichen Zutaten mischen und nach Geschmack würzen. Sternförmig mit dem Tartar anrichten.

- **Wirkung**

5-Elemente-Ernährung   Qi und Blut tonisierend, reguliert Qi und bewegt, entfeuchtet, tonisiert Magen- und Milz-Qi, stärkt die Mitte, verdauungsfördernd.

Westliche Ernährung   Reich an Vitamin A, B, C, D, β Carotin, Eisen, Kalium, Kalzium, Phosphor, Magnesium, Folsäure, Omega-3- und Omega-6-Fettsäuren, essenzielle Aminosäuren, schmerzstillend, entblähend.

Tipp

Kartoffelpuffer oder Kartoffelpüree passen ganz besonders gut zu diesem Gericht, und so wird eine Vorspeise zu einer Hauptspeise.

Element Erde
Ofenfisch alla Lucia mit Kartoffeln

Für 4 Personen

Zutaten

M	4–5 Knoblauchzehen
H	½ Bund Petersilie
F	4–5 Oliven
E	8 EL Olivenöl
E	700–800 g Kartoffeln
E	1 Paprika rot oder gelb
E	4–5 Karotten mittelgroß
E	1 Zucchini
M	Pfeffer
M	2–3 Zwiebeln
W	Salz
W	2 Stück Saiblinge oder Forellen

6

■ **Zubereitung**

Die Kartoffeln schälen und in mundgerechte Stücke schneiden. In einem Topf mit Wasser ca. 20 Minuten bissfest kochen.

Die Fische ausnehmen und mit Wasser gut abspülen. Die Fischbäuche mit den Knoblauchzehn und der Petersilie füllen. Auf ein mit Olivenöl bestrichenes Backblech legen. Die Fische mit den Kartoffeln und dem grob geschnittenen Gemüse und Oliven bedecken. Danach mit Olivenöl beträufeln, wenig salzen und pfeffern. Bei 180°C Ober- und Unterhitze für ca. 45 Minuten garen.

■ **Wirkung**

5-Elemente-Ernährung   Stärkt die Mitte und die Nieren, baut Blut auf.

Westliche Ernährung   Reich an Vitamin A, B, C, D, β-Carotin, Omega-3-Fettsäuren, Magnesium, Kalium, Selen und Eisen.

Element Metall
Fischcurry
Für 2–3 Personen

Zutaten

H	3 EL Zitronensaft
F	1 TL Zitronenschale, gerieben
E	3–4 EL Olivenöl
E	½ Paprika rot
E	100–150 g Zuckerschoten
E	4–5 Safranfäden
E	400 ml Kokosmilch
M	1 Bund Frühlingszwiebeln
M	1 EL Ingwerscheibe frisch, gerieben
M	2 TL Currypulver
M	Chilischote (Dosierung je nach Schärfe)
W	Salz

■ **Zubereitung**

Den Seelachs würfelig in mundgerechte Stücke schneiden. In eine Schüssel geben, mit Zitronensaft beträufeln und etwas Salz hinzufügen.

Die Frühlingszwiebeln und den Paprika fein streifig schneiden. Das Grün der Frühlingszwiebeln kann mitverwendet werden. In einer Pfanne Olivenöl erhitzen, die Frühlingszwiebeln und den geriebenen Ingwer dazugeben und anrösten. Dann die Zuckerschoten und die Paprikastreifen ca. 5 Minuten mitanrösten. Mit der Kokosmilch aufgießen, mit dem Curry, den Safranfäden, Zitronenschale und Chili würzen. Den Seelachs dazugeben, mit Salz abschmecken und etwa 15–20 Minuten fertig köcheln lassen.

■ **Wirkung**

5 Elemente-Ernährung   Stärkt das Nieren Qi und Jing, tonisiert die Mitte und verteilt das Qi im Körper.

Westliche Ernährungsweise: Reich an Vitamin B, C, β-Carotin, Folsäure, Kalium, Phosphor, Chlorid, Fluorid, Jodid, Natrium, Kalzium.

Tipp

Dazu kann gekochter Basmatireis als Beilage serviert werden.

6

Element Wasser
Karpfen mit Räucherkruste und Linsen
Für 4 Personen

Zutaten Geräucherter Karpfen

H	7 EL Dinkel-Vollkornmehl
F	4 TL Paprikapulver geräuchert (spanisches oder ungarisches Pimenton)
F	Pfeffer gemahlen
E	Olivenöl
W	Salz
W	600–700 g Karpfenfilets

Zutaten Linsengemüse

	1 Bund Wurzelgemüse (E – Karotten, E – Gelbe Rüben, M – Lauch, E – Sellerie, H –Petersilienwurzel), klein geschnitten
H	1 Spritzer Zitronensaft
H	1 Bund Petersilie frisch
F	Pfeffer
F	2 Zweige Thymian frisch
F	7 Wacholderbeeren
F	1 TL Bockshornkleesamen
E	etwas Olivenöl
E	Walnussöl kaltgepresst
M	2–3 Lorbeerblätter
M	1 TL Koriander gemahlen
M	2 cm Ingwerscheibe frisch, geraspelt
M	1 Zwiebel kleingeschnitten
M	1 Knoblauchzehe geraspelt
M	1 Prise Kümmel
W	Wasser zum Aufgießen
W	1 Streifen Alge (Wakame)
W	250 g Linsen braun oder im Glas, gekocht
W	1 Schuss Tamari
W	Salz

▪ Zubereitung Karpfen

Karpfen portionieren, wenn nötig, in kleine Filetstreifen schneiden und mit lauwarmem Wasser waschen. Abtupfen, einsalzen und pfeffern. Dinkelmehl mit dem Paprikapulver mischen und die Fischfilets beidseits darin wenden.

In einer Pfanne das Öl erhitzen und die Filets langsam auf der Hautseite knusprig braten. Einmal kurz wenden und dann auf der Hautseite zu Ende braten.

- **Zubereitung Linsengemüse**

Die braunen Linsen waschen, mit kaltem Wasser und einem Stück Ingwer und Algen über Nacht stehen lassen (mind. 8 Stunden, am besten 12 Stunden). Einweichwasser wegschütten, Ingwerstück und Alge ebenfalls weggeben. Linsen noch einmal waschen, dann mit der doppelten Menge Wasser, Lorbeerblätter, Ingwer und Wacholderbeeren langsam 20–30 Minuten köcheln. Die Linsen sollen noch nicht ganz durch sein. Schaum, der entsteht, immer wieder abschöpfen. Wenn man bereits gekochte Linsen verwendet, entfällt dieser Kochschritt.

In der Zwischenzeit Öl in einer Pfanne erhitzen und die gehackten Zwiebeln, Knoblauch sowie das geschnittene Wurzelgemüse anrösten. Vorgekochte, abgeseihte Linsen zugeben. Dann erst mit Zitronensaft, Thymian, Bockshornkleesamen, Koriander, Kümmel und Pfeffer würzen und alles fertig garen. Mit Wasser immer wieder nachgießen. Zum Schluss mit Salz, fein gehackter Petersilie, Walnussöl und einem Schuss Bio-Tamari abschmecken.

- **Wirkung**

5-Elemente-Ernährung   Wärmt und stärkt das Immunsystem, Qi, Blut, Yin tonisierend, Mitte und Nieren stärkend, verdauungsregulierend.

Westliche Ernährung   Reich an Vitamin B, K, D, Eisen, Kalium, Kalzium, Phosphor, Magnesium, Folsäure, Kupfer, Omega-3- und Omega-6-Fettsäuren, essenzielle Aminosäuren.

6.3.7 Süßes

© bit24 / stock.adobe.com

Element Holz
Dinkel-Beeren-Tricolore – Dinkelcongee mit Beerengrütze und Chia-Kokos-Mandel-Mus

Für 4–6 Personen

Zutaten Congee

H	100 g Dinkel über Nacht eingeweicht
M	1 cm Ingwerscheibe frisch, geraspelt
W	1 L Wasser

Zutaten Chia-Kokos-Mandelmus

H	Etwas Zitronensaft
F	Schale ½ Zitrone
F	4 EL Chiasamen
E	2 EL Mandelmus
E	2 EL Dattelsirup oder 3 Datteln ganz
E	4 EL Kokosflocken
E	¼ L Kokos-Reis-Drink
M	½ TL Nelken gemahlen
W	1 Schuss Wasser

Zutaten Beerengrütze

H	400 g Beeren rot (Himbeeren, Heidelbeeren, Ribiseln)
H	Saft ½ Zitrone
F	Schale ½ Zitrone
F	1 Prise Kakao
E	2 EL Himbeersirup
E	1–2 EL Kuzu
E	½ TL Vanille
E	1 Prise Zimt
E	1 TL Ahornsirup bei Bedarf
M	1 Prise Kardamom
W	300 ml Wasser

■ **Zubereitung Congee**

Den Dinkel über Nacht in Wasser einweichen, am Morgen abseihen und Einweichwasser wegschütten. Als Alternative kann man Dinkelreis verwenden, der muss nicht eingeweicht werden. Den Dinkel oder Dinkelreis in einen Kochtopf geben, in 1 L Wasser mit einer Scheibe Ingwer einmal aufkochen. Dann die Temperatur reduzieren und mit halbgeschlossenem Deckel etwa 1–1½ Stunden lang köcheln lassen. Regelmäßig umrühren und bei Bedarf Wasser nachgeben. Je länger die Kochzeit, desto besser. Nach der Fertigstellung wird das Congee püriert.

6

> **Tipp**
>
> Abwandlungen – Verfeinerung: Um das Nieren-Yin zu toni-
> sieren, können Sie zum Schluss Weizenkeimöl-, Lein- oder
> Sesamöl beifügen. Zum Wärmen des Nieren-Yang eignen sich
> Zimt, Nelken, Sternanis und frischer Ingwer. Sie können auch
> Dinkelflocken verwenden. Die Dinkelflocken zunächst in
> Wasser ca. 20 Minuten einweichen, dann weich kochen.

■ **Zubereitung der Beerengrütze**

Kuzu in etwas kaltem Wasser anrühren, Beeren waschen, entstielen
und wenn nötig halbieren. 300 ml Wasser aufkochen, Zitronensaft,
Himbeersaft, Vanille, Kardamom, Zimt und Kuzu unterrühren.
Abschmecken und eventuell nachwürzen. Beeren und Zitronenschale einrühren und kurz aufkochen. Beiseite stellen und auskühlen lassen.

■ **Zubereitung des Chia-Kokos-Mandel-Mus**

Chiasamen mit etwa 1/8 des Kokos-Reis-Drinks ca. 20 Minuten
einweichen. Währenddessen Mandelmus mit restlichem Kokos-
Reis-Drink, Kokosflocken und Datteln sowie Nelken mit einem
Pürierstab pürieren. Zuletzt die gequellten Chiasamen untermischen.

In einem Glas zunächst püriertes Dinkelcongee einfüllen, dann
Chia-Kokos-Mandel-Mus und zuletzt die Beerengrütze.

■ **Wirkung**

5-Elemente-Ernährung   Baut Qi, Blut und Yin auf, stärkt die
Mitte, harmonisiert, stärkt das Lungen-Qi, entfeuchtet und ist ver-
dauungsharmonisierend.

Westliche Ernährung   Reich an Vitamin E, B, Folsäure, Kalium,
Kalzium, Eisen und Magnesium, Ballaststoffe und viele mehrfach
ungesättigte Fettsäuren.

Element Feuer
Buchweizen-Knusperwaffeln mit Zwetschkenröster
Für 4 Personen

> **Zutaten Waffeln**
>
> | | |
> |---|---|
> | H | 1 Spritzer Zitronensaft |
> | H | 2 TL Weinsteinpulver |
> | F | 1 TL Kakaopulver |
> | F | 120 g Buchweizenmehl |
> | E | 125 g Butter weich |
> | E | 4 Eier |
> | E | 100 ml Milch |
> | E | 80 g Vollrohrzucker oder Reissirup |
> | E | 1 TL Vanille |
> | E | 120 g Dinkelvollkornmehl |
> | E | 1 Schuss Rapsöl |
> | W | 50 ml Mineralwasser |
> | W | Prise Salz |

> **Zutaten Zwetschkenröster**
>
> | | |
> |---|---|
> | H | ½ kg Zwetschken |
> | H | 1 Spritzer Zitronensaft |
> | F | 1 Schuss Wasser heiß |
> | E | 2 EL Rohrohrzucker |
> | E | 1 TL Zimt |
> | E | ½ TL Vanille |
> | M | 1 Prise Nelkenpulver |
> | W | Prise Salz |

■ **Zubereitung Waffeln**

Zu Beginn das Waffeleisen vorheizen. Butter und Zucker cremig rühren. Die Eier einzeln untermengen. Mehl mit Backpulver (Weinsteinpulver), der Vanille, Kakao und Salz vermischen. Abwechselnd die Mehlmischung und das Mineralwasser sowie die Milch unter die Eier-Butter-Mischung rühren. Zum Schluss auch noch einen Spritzer Öl und Zitronensaft dazugeben. Das Waffeleisen gut einfetten und mit einem Schöpfer Teig anfüllen. Die Waffeln so lange in dem Waffeleisen lassen, bis sie goldbraun gebacken sind und angenehm zu duften beginnen.

■ **Zubereitung Zwetschkenröster**

Zwetschken waschen, entkernen und vierteln. Die Zwetschken mit allen anderen Zutaten in einen Topf geben und so lange auf kleiner Flamme köcheln, bis die Zwetschken weich, aber noch nicht ganz zerkocht sind. Abschmecken und servieren. Den übrigen heißen Röster in Einweckgläser füllen und verschließen.

■ **Wirkung**

5-Elemente-Ernährung   Blut und Yin tonisierend, Mitte und Herz stärkend und befeuchtend, leitet Nässe und Hitze aus, bei Durchblutungsstörungen.

Westliche Ernährung   Reich an Vitamin B und Folsäure, hochwertigem Eiweiß, liefert alle 9 essenziellen Aminosäuren, enthält außerdem Kalzium, Kalium, Magnesium, Phosphor, Eisen und Zink.

Element Erde
Apfel-Birnen-Mandel-Creme mit Goji-Beeren

Für 2 Personen

┌─ **Zutaten** ─────────────────────────────────

H	Schale ½ Bio-Zitrone
F	1 Msp Kurkuma
E	2 EL Mandelmus
E	1 Birne
E	2 Äpfel
E	2 Msp Vanille
E	2 EL Goji-Beeren
M	3 Msp Kardamom
M	3–4 EL Haferflocken oder andere Flocken nach Wahl
W	etwa 150 ml Wasser

┌─ **Garnitur** ─────────────────────────────────

E	2 TL Hanfsamen
E	Goji-Beeren

■ **Zubereitung**

1 Birne und 1 Apfel schälen, in Stücke schneiden und in einen Topf geben. Gemeinsam mit den Haferflocken, den Gewürzen sowie den Goji-Beeren und Wasser kurz aufkochen. Langsam gar werden lassen. Dann das Mandelmus hinzufügen und mit dem Stabmixer pürieren. Den 2. Apfel reiben, gemeinsam mit der geriebenen Zitronenschale darunterheben. In kleinen Schüsseln anrichten. Hanfsamen und einige Goji-Beeren darüberstreuen.

■ **Wirkung**

5-Elemente-Ernährung   Baut Säfte und Blut auf, tonisiert Herz und Leber Blut, wirkt erfrischend und kühlend.

Westliche Ernährung   Reich an Vitamin C, β-Carotin, Vitamin E, B, Natrium, Kalium, Magnesium, Kalzium, Zink und Omega-3- und -6-Fettsäuren.

Tipps

- Nach Belieben mit Nüssen, Samen oder hochwertigen Ölen verfeinern.
- Datteln oder andere Trockenfrüchte können zum Süßen verwendet werden.

Element Metall
Hirseauflauf mit Preiselbeeren und Mandeln
Für 12 Portionen

Zutaten

H	Saft ½ Bio-Zitrone
H	100 g Preiselbeeren (Konfitüre oder Kompott)
F	Schale ½ Bio-Zitrone, gerieben
F	1 Msp Kakao
E	4½ TL Ahornsirup oder Honig
E	1½ TL Kokosfett oder Butter
E	50 g Mandeln gehackt oder Mandelblättchen
E	200 g Hirse
E	420 ml Mandel- oder Kokos-Reis-Drink
E	½ TL Vanillepulver
M	1 TL Zimt
M	1 Msp Kardamom
W	220 ml Wasser
W	Prise Salz

Zubereitung

Die Hirse in einer Schüssel mit der doppelten Menge Wasser bedecken und 1–2 Stunden einweichen. Dann die Hirse in einem Sieb abgießen, abspülen und abtropfen lassen.

Die Hirse mit 220 ml Mandeldrink, 220 ml Wasser, 1 Prise Salz, Vanille, Zimt, Kardamom, Kakao, Zitronensaft und geriebener Schale sowie 3 EL Ahornsirup in einem beschichteten Topf aufkochen. Die Hitze reduzieren und weitere 5 Minuten köcheln lassen. Die Masse vom Herd nehmen und weitere 10 Minuten zugedeckt ziehen lassen.

Den Ofen inzwischen auf 180°C Umluft vorheizen.

Eine Auflaufform mit Kokosfett oder Butter einfetten. Das restliche Kokosfett schmelzen. Das Kokosöl mit den gehackten Nüssen und dem restlichen Ahornsirup mischen und anrösten.

Die gequollene, gekochte Hirse mit dem übrigen Mandeldrink (200 ml) mischen und in die eingefettete Form füllen. Die Preiselbeeren darauf verteilen und zuletzt die Nussmischung darüber streuen.

Im Rohr bei 180°C ca. 20 Minuten goldbraun backen.

6

- ▪ **Wirkung**

5-Elemente-Ernährung   Qi und Blut tonisierend, Lunge und Niere stärkend, Hitze ausleitend.

Westliche Ernährung   Reich an Vitamin C, A, B, Magnesium, Kalium, Kalzium, Eisen, Zink, gut für Knochen, Haut, Haare, Nägel, Lunge, Blase.

> **Tipp**
>
> Wenn die Zeit knapp ist, die Hirse mit heißem Wasser abspülen. Sonst kann die Hirse bitter schmecken!

Element Wasser
Schoko-Sesam-Hummus
Für 4 Personen

Zutaten

H	1 kleiner Schuss Zitronensaft
F	5 TL Kakao
E	2 EL Tahin (Sesammus)
E	2 EL Ahornsirup oder Honig
E	50 g Datteln weich
E	½ TL Vanillepulver
E	½ TL Zimt
E	150–180 ml Reisdrink
M	1 Prise Kardamom
W	350 g Kichererbsen gekocht im Glas
W	Wasser

Garnitur

F	Bio-Zitronenschale oder Bio-Orangenschale gerieben
E	2–3 EL Hanfsamen geschält

- ▪ **Zubereitung**

Die Kichererbsen gut mit Wasser abwaschen und in eine Schüssel geben. Danach alle Zutaten bis auf den Reisdrink zu den Kichererbsen dazugeben. Mit einem kleinen Schuss Wasser und Zitrone pürieren. Verwenden Sie eine Küchenmaschine oder einen robusten Stabmixer. Den Reisdrink nach und nach dazu geben, bis die Masse cremig ist. Abschmecken, in Dessertschüsseln füllen, mit den geriebenen Zitronen- oder Orangenschalen und Hanfsamen bestreuen und in Dessertgläser servieren.

■ **Wirkung**

5-Elemente-Ernährung   Qi, Yin und Blut tonisierend, Niere und Jing stärkend, Shen beruhigend, wirkt Darmträgheit entgegen, transformiert Feuchtigkeit.

Westliche Ernährung   Reich an Vitamin A, B1, B2, C, E, Natrium, Zink, Selen, Kalium, Magnesium, Eisen, Aminosäure Tryptophan, Serotonin, Ballaststoffen, ungesättigte Fettsäuren, Polyphenolen, Flavanoiden, senkt Cholesterinspiegel, antioxidativ.

Tipp
Bei schlechter Verträglichkeit von Hülsenfrüchten kann man die Kichererbsen noch ein zweites Mal für ca. 20 Minuten köcheln.

6.3.8   Getränke für jede Jahreszeit

© Studio Dagdagaz / stock.adobe.com

Element Holz
Grüner Superfood-Smoothie

Für 2 Personen

Zutaten

H	1 Orange groß gepresst
H	Schale ½ Bio-Orange
H	1 Handvoll Baby-Spinatblätter
F	1 Handvoll Vogerlsalat
E	1 Avocado
M	1–2 Scheiben frischer Ingwer
M	3–4 Minze Blätter
W	Wasser je nach gewünschter Konsistenz zugeben (zuerst nur wenig)

■ **Zubereitung**

Alle Zutaten zunächst mit nur wenig Wasser mixen. Nach und nach mit dem ganzen Wasser und Orangensaft auffüllen. Zum Schluss die Orangenschalen mit einer Raspel hineinraspeln.

■ **Wirkung**

5-Elemente-Ernährung   Blut, Yin und Säfte aufbauend, Hitze ausleitend, stark kühlend, nicht für kalte Wintertage geeignet. Menschen mit Verdauungsproblemen, vor allem mit weichem Stuhl, sollten darauf verzichten.

Westliche Ernährung   Reich an Vitamin A, C, Folsäure, Eisen, Kalium, Kalzium, Chlorophyll, Antioxidantien, Hauttonikum, cholesterinsenkend, gegen Blutmangel. Durch das Vitamin C der Orangen kann das Eisen des grünen Blattgemüses besser aufgenommen werden.

Tipp

Damit der Smoothie an Süße gewinnt, kann man 2–3 entkernte, geviertelte Datteln hinzufügen.

❯ Chlorophyll wird durch das Mixen mit einem starken Mixer (2PS) aus den grünen Blättern herausgelöst. Chlorophyll ist der grüne Blattfarbstoff und wirkt besonders blutaufbauend.

Element Feuer
Erdbeer-Mandel-Hafer-Smoothie
Für etwa ½ L

Zutaten

H	250 g Erdbeeren
H	1 Schuss Zitronensaft
F	Schale ½ Bio-Zitrone gerieben
F	1 Msp Kurkuma
E	1 TL Vanille
E	2 EL Zuckerrohrmelasse oder 3 Datteln
E	100 ml Mandeldrink
M	50 g Haferflocken
W	50 ml Wasser heiß
W	1 Prise Salz

6

■ **Zubereitung**

Die Haferflocken mit der doppelten Menge Wasser weich kochen. Erdbeeren waschen und mit allen anderen Zutaten in den Mixer geben. Mandeldrink und Wasser bis zur gewünschten Konsistenz zugeben. Dazwischen immer wieder mixen und darauf achten, dass der Smoothie nicht zu flüssig wird. Dieser Smoothie eignet sich auch ganz besonders gut als Frühstück.

■ **Wirkung**

5-Elemente-Ernährung   Qi und Yin tonisierend, Blutaufbau, Nässe und Feuchtigkeit ausleitend, Geist beruhigend, bei hohem Cholesterinspiegel und Bluthochdruck.

Westliche Ernährung   Vitamin C, A, Folsäure, Kalium, Magnesium, Kalzium. Enthält viele Polyphenole, die antioxidativ wirken, entzündungshemmend, entgiftend.

> **Tipp**
>
> Statt der Mandelmilch kann auch Kokosmilch verwendet werden.

Element Erde
Gewürztee

Für ¼ Liter Tee

Zutaten

H	Schuss Zitronensaft
F	½ TL Bockshornkleesamen
E	½ TL Fenchelsamen
M	½ TL Kardamom gemahlen
M	½ TL Kümmel gemahlen
M	½ TL Koriander gemahlen
M	1–2 dünne Scheiben Ingwer
W	250 ml Wasser

■ **Zubereitung**

250 ml Wasser zum Kochen bringen. Die Gewürze in einen Tee-
beutel geben und mit dem kochenden Wasser aufgießen. 15 Minuten ziehen lassen. Eventuell mit einem Schuss Zitronensaft verfeinern.

■ **Wirkung**

5 Elemente-Ernährung   Stärkt die Mitte, wärmt und leitet Feuchtigkeit aus. Stärkt das Immunsystem und hilft bei Verdauungsproblemen.

Westliche Ernährungsweise   Reich an Vitamin A, C, Kalzium,
Magnesium, Eisen, sekundären Pflanzeninhaltsstoffen wie Bor-
neol, Cineol, Terpineol, Limonen, Eisen und Kampfer. Wirkt antibakteriell, appetitanregend, entblähend und krampflösend.

Tipp

Im Winter kann man 2 Nelken und/oder ½ TL Anissamen dazugeben. Zum Süßen eignet sich 1 TL Süßholz. Besonders gut als
Frühstückstee.

Element Metall
5-Elemente-Kakao
Für 1 Tasse

Zutaten

H	1 Spritzer Zitronensaft
F	2 TL Kakao
E	150 ml Kuhmilch, Mandel-, Reis- oder Kokosdrink
E	1 Prise Zimt
E	1 TL Rohrzucker/Honig oder Ahornsirup
M	¼ TL Kardamom gemahlen
M	2 Nelken ganz oder gemahlen
W	100 ml Wasser
W	1 Prise Salz

▪ **Zubereitung**

Alle Zutaten in einen Kochtopf geben, zum Kochen bringen und aufwallen lassen. Abschmecken und dann langsam in eine Tasse gießen.

▪ **Wirkung**

5-Elemente-Ernährung   Qi-Aufbau, immunstärkend, wärmend, nährend, beruhigend, schlaffördernd.

Westliche Ernährung   Reich an Vitamin A, B, D; Folsäure, Kalzium, Magnesium, Polyphenole, Flavonoide.

Tipp

Gut im Winter für Kinder und Erwachsene, die nicht an Übergewicht leiden.

Element Wasser
Energiedrink

Für 1 Portion = ¼ L

Zutaten

H	1 gute Handvoll Petersilie mit Stängel
F	1 Prise Kakao
E	3–5 Walnüsse grob gehackt
E	2 Datteln oder 2 chinesische rote Datteln
M	1 Prise Kardamom
W	¼ L Wasser

■ **Zubereitung**

Walnüsse grob hacken. Die Datteln in kleine Stücke schneiden. Die Petersilie inklusive Stängel einige Male durchschneiden. Dann alle Zutaten ins Wasser geben. Kurz aufkochen und ca. 25–35 Minuten köcheln lassen, abseihen.

■ **Wirkung**

5-Elemente-Ernährung   Stärkt Yin und Yang und baut das Blut auf.

Westliche Ernährung   Enthält Vitamin C, Omega-3- und -6-Fettsäuren, Eiweiß.

Tipps

- Trinken Sie 2 Tassen täglich!
- Bei Husten, besonders bei trockenem Husten, kann man zusätzlich 3 Mandeln pro Portion hinzufügen.

6.3.9 Original chinesische Kraftsuppen

© pipop_b / stock.adobe.com

Chinesische Gemüsekraftsuppe

Für 3–4 L

Zutaten

H	1 Bund Petersilie
H	2 Petersilienwurzeln
F	¼ Karfiol
F	5 Wacholderbeeren
F	1–2 TL Bockshornkleesamen
E	1 EL Olivenöl
E	4 Karotten
E	2 Gelbe Rüben
E	1 Brokkolistrunk
E	1 Stück Sellerie
M	1 Stange Lauch
M	1 Zwiebel
M	1 Kohlrübe
M	3 Lorbeerblätter
M	1 cm Ingwerscheibe frisch, geraspelt
M	½ Bund Liebestöckel frisch
M	1–2 TL Koriander gemahlen
M	3–4 Nelken
W	1 TL Meersalz
W	3 L Wasser

▪ Zubereitung

Das Gemüse putzen und waschen, grob zerkleinern. Einen Teil des Gemüses klein schneiden und zur Seite stellen. Es wird zum Schluss als Einlage verwendet.

Gemüse, Zwiebeln mit Schale und Gewürze in einen Topf mit ca. 3–4 L Flüssigkeit geben und zum Kochen bringen. 1 Schuss Öl dazugeben. Aufkochen, dann 2–4 Stunden köcheln lassen. Das Gemüse und die Gewürze abseihen und mit Salz abschmecken.

Das lang gekochte Gemüse wird verworfen, da keine Inhaltsstoffe mehr enthalten sind. Die Gemüsebrühe nochmals auf den Herd stellen und das zuvor klein geschnittene Gemüse für ca. 15–20 Minuten bissfest köcheln.

Als Suppeneilage eignet sich gekochter Dinkel oder Quinoa. Den Dinkel über Nacht einweichen, das Wasser wegschütten, dann mit ausreichend frischem Wasser weich kochen. Quinoa kann direkt der Suppe zugegeben und mitgekocht werden. Es ist besonders eiweißhaltig. Die Suppe mit einem Schuss Tamari abschmecken und mit frischen Kräutern garnieren.

■   **Wirkung**

5-Elemente-Ernährung   Befeuchtet die Lunge, transformiert Schleim, befeuchtet den Dickdarm.

Westliche Ernährung   Reich an Fetten, Eiweiß, Kalzium, Eisen, Magensium, Phosphor, Vitamin A, C, B.

Chinesische Kraftsuppe Rind mit Shiitake-Pilzen und Goji-Beeren

Für 4–5 L

┌─ **Zutaten** ──────────────────────────────────┐

H	Schale ½ Bio-Zitrone
H	1 Bund Petersilie frisch
F	6 Wacholderbeeren
E	500 g Rindfleisch
E	2 Rindermarkknochen
E	1 Stück Beinfleisch, Rind
E	2 Stück Ochsenschlepp
	2 Bund Suppengrün, bestehend aus
E	Karotten
E	Gelbe Rüben
E	Sellerie
M	Lauch
H	Petersilienwurzel
M	1 Zwiebel mit Schale
M	3 Lorbeerblätter
M	2 cm Ingwerstück frisch
M	5 Pfefferkörner rosa oder schwarz
M	1 TL Liebstöckel
M	1 TL Senfkörner
W	3 Stück Algen – Wakame
W	4–5 L kaltes Wasser

└──┘

In Fleischkraftsuppen sind verdauungsfördernde Gewürze wie Ingwer, Senfkörner, Zitronenschalen (auch getrocknet), Lorbeerblatt, Nelken und Chen Pi wichtig. Bei Bedarf kann man die letzten beiden Gewürze in folgender Menge zugeben:

┌─ **Zusätzliche Gewürze** ──────────────────────┐

F	5 g Chen Pi (getrocknete Zitrusschalen in der TCM)
M	3–5 Stück Nelken

└──┘

Zutaten Suppeneinlage

E Goji-Beeren (Bocksdornfrüchte) – Menge nach Belieben

E 100 g Shiitake-Pilze und Mai Take (Klapperschwamm)

M 1 Bund Frühlingszwiebeln

M 1 Schuss Reiswein

M 2 cm Ingwerscheibe frisch, geraspelt

■ **Zubereitung**

Goji-Beeren in Wasser einweichen und zur Seite stellen.

Bevor die Suppe mit dem Gemüse zubereitet wird, wird das Fleisch zur Entgiftung blanchiert.

Entgiften: Fleisch und Markknochen mit Ingwer und Sezuanpfeffer oder rosa Pfefferkörnern in einem Topf mit Wasser aufsetzen. Kurz zum Kochen bringen und das schäumende Eiweiß, das sich aus dem Fleisch löst, abschöpfen. Das Fleisch aus dem Topf nehmen und kurz kalt abspülen.

Das blanchierte Rindfleisch in einen Topf mit frischen Wasser geben. Alle anderen geschälten und gewaschenen Zutaten (auch ungeschält bei Bioqualität) zugeben, inkl. chinesische Kräuter. Wasser zum Kochen bringen. Danach 2–5 Stunden leicht köcheln lassen. Wenn man ein Stück Rindfleisch als Einlage für die fertige Suppe benötigt, nach ca. 35–45 Minuten ein Stück Rindfleisch herausnehmen und beiseite stellen.

Die fertige Suppe abseihen und den Inhalt verwerfen. Um den Fettgehalt der Suppe zu reduzieren, wird mit einer Mager-Fettkanne entfettet oder nach dem Kühlstellen der Suppe die sich bildende Fettschicht abgeschöpft.

In die fertige Suppe die geschnittenen Frühlingszwiebeln, Shiitake-Pilze, Reiswein, Goji-Beeren und kleingeschnittenes Rindfleisch einstreuen. Sanft einmal aufkochen lassen, salzen und mit einem Schuss Tamari würzen.

■ **Wirkung**

5-Elemente-Ernährung Qi stärkend, nährt das Leberblut; bei Augenflimmern und trockenen Augen, Muskelverspannung und Wadenkrämpfen; bei Blutleere.

Westliche Ernährung Reich an Vitamin B, Eisen, Kalium, Magnesium, Kalzium.

Serviceteil

© Springer-Verlag GmbH Deutschland, ein Teil von Springer Nature 2019
V. Ottenschläger, C. Radbauer, *Ea(s)t meets West – Fit und gesund mit der Westlichen 5-Elemente-Ernährung*
https://doi.org/10.1007/978-3-662-56050-1

Literatur und Links

Literatur

Beinfield H, Korngold E (2003) Traditionelle Chinesische Medizin und Westliche Medizin, 2. Aufl. O.W. Barth, Müncehn

Biesalski HK, Fürst P et al. (1995) Ernährungsmedizin. Thieme, Stuttgart

Biesalski HK, Grimm T (2007) Taschenatlas Ernährung, 5. Aufl. Thieme, Stuttgart

Blarer Zalokar U von et al. (2009) Praxisbuch Nahrungsmittel und Chinesische Medizin. BACOPA, Schiedlberg/Austria

Brockhaus (2008) Ernährung, 3. Aufl. FAB, Leipzig, Mannheim

Daiker I, Kirschbaum B (2004) Die Heilkunst der Chinesen, 7. Aufl. Rowohlt Taschenbuch Verlag, Reinbeck bei Hamburg

Elmadfa I (2009) Ernährungslehre, 2. Aufl. Eugen Ulmer, Stuttgart

Elmadfa I, Aign W et al. (2013) Die große GU Nährwert Kalorien Tabelle. Gräfe und Unzer, München

Elmadfa I, Aign W, Fritzsche D (2008) Nährwerte, 5. Aufl. Gräfe und Unzer, München

Engelhardt U, Hempen CH (2002) Chinesische Diätetik, 2. Aufl. Urban & Fischer, Müchen

Flaws B (1998) Chinesische Heilkunde für Kleinkinder. Joy, Sulzberg

Franke H, Trauzettel R (2011) Das Chinesische Kaiserreich. Nikol, Hamburg

Heider de Jahnsen M (2006) Das große Handbuch der chinesischen Ernährungslehre. Windpferd, Aitrang

Herold G et al. (2012) Innere Medizin. Dr. Gerd Herold, Köln

Heseker H, Heseker B (2012) Die Nährwerttabelle, 2. Aufl. Neuer Umschau Buchverlag, Neustadt an der Weinstraße

Kastner J (2003) Propädeutik der Chinesischen Diätetik, 2. Aufl. Hippokrates, Stuttgart

Kink B (2012) Ernährung - Spätmittelalter/Frühe Neuzeit. Historisches Lexikon Bayerns. http://www.historisches-lexikon-bayerns.de/Lexikon/Ernährung

Maciocia G (1997) Die Grundlagen der chinesischen Medizin, 2. Aufl. Verlag für ganzheitliche Medizin, Kötzting

Nertby Aurell L, Clase M (2017) Food Pharmacy – Essen ist die beste Medizin. Hölker, Münster

OGSE, Lamprecht M et al. (2017) Lehrbuch der Sporternährung. Clax, Graz

Paltrow G, Turshen J (2014) Meine Rezepte für Gesundheit und gutes Aussehen. AT Verlag, Aarau, München

Pernkopf I, Haider W (2009) Die Vorratskammer. Pichler, Wien, Graz, Klagenfurt

Ploberger F (2004) Westliche Kräuter aus Sicht der Traditionellen Chinesischen Medizin, 3. Aufl. Bacopa, Schiedlberg

Ross J (1999) Zang-Fu. Die Organsysteme der traditionellen chinesischen Medizin, 3. Aufl. Medizinisch-Literarische Verlagsgesellschaft, Uelzen

Saum K, Mayer JG, Witasek A (2006) Heilkraft der Klosterernährung. Zaberth Sandmann, München

Schneider K (2002) Kraftsuppen nach der Chinesischen Heilkunde, 5. Aufl. Joy, Sulzberg

Seifert C (2014) Das 5-Elemente-Kochbuch für Einsteiger, 3. Aufl. TRIAS, Stuttgart

Siedentopp U, Hecker HU (2004) Chinesische Diätetik. Siedentopp & Hecker, Kassel

Silbernagl S, Despopoulos A (1991) Taschenatlas der Physiologie, 4. Aufl. Thieme Verlag, Stuttgart und dtv, München

Temelie B, Trebuth B (2003) Die Fünf-Elemente-Ernährung für Mutter und Kind, 10. Aufl. Joy, Sulzberg

Temelie B, Trebuth B (2005) Das Fünf Elemente Kochbuch. 21. Aufl. Joy, Sulzberg

VFED e.V. (2002) Praxis der Diätetik und Ernährungsberatung, 2. Aufl. Hippokrates, Stuttgart

Widhalm K (2009) Ernährungsmedizin, 3. Aufl. Verlagshaus der Ärzte, Widhalm, Wien

Yanping W (2005) Ernährungstherapie mit chinesischen Kräutern. Urban & Fischer, München

Zimmermann M, Schurgast H, Burgerstein UP (2007) Burgersteins Handbuch Nährstoffe, 11. Aufl. Karl F. Haug, Stuttgart

Links

http://www.oege.at/index.php/bildung-information/empfehlungen/allgemeine-empfehlungen/2-uncategorised/1126-empfehlungen-10-regeln-dge

http://www.oege.at/index.php/bildung-information/empfehlungen/personengruppen/1133-personengruppen-sport-ernaehrung

http://www.planet-wissen.de/gesellschaft/medizin/beruf_arzt_die_geschichte_des_heilens/index.html

http://www.richtigessenvonanfangan.at/eltern/richtig-essen/kleinkinder/

http://www.richtigessenvonanfangan.at/eltern/richtig-essen/schwangere-und-stillende/

https://de.wikipedia.org/wiki/Jäger_und_Sammler#.C3.9Cbergang_zu_Ackerbau_oder_Viehzucht_ab_12.000_v._Chr (Jäger und Sammler)

https://de.wikipedia.org/wiki/Urkaiser_Chinas

https://www.ages.at/service/sie-fragen-wir-antworten/trans-fettsaeuren/

https://www.bmgf.gv.at/home/Ernaehrungspyramide

https://www.bmgf.gv.at/home/Oe_Ernaehrungspyramide_Schwangere_Stillende

Sachverzeichnis